高分子材料与工程专业系列教材

高分子材料助剂

钱立军　邱　勇　王佩璋　编著

中国轻工业出版社

图书在版编目（CIP）数据

高分子材料助剂/钱立军，邱勇，王佩璋编著. —北
京：中国轻工业出版社，2025.3
ISBN 978-7-5184-3042-0

Ⅰ.①高…　Ⅱ.①钱…②邱…③王…　Ⅲ.①高分子
材料-助剂　Ⅳ.①TB324

中国版本图书馆 CIP 数据核字（2020）第 103801 号

责任编辑：杜宇芳

策划编辑：林　媛　杜宇芳　　责任终审：李建华　　封面设计：孙　进
版式设计：霸　州　　　　　　责任校对：晋　洁　　责任监印：张　可

出版发行：中国轻工业出版社（北京鲁谷东街 5 号，邮编：100040）
印　　刷：三河市国英印务有限公司
经　　销：各地新华书店
版　　次：2025 年 3 月第 1 版第 2 次印刷
开　　本：787×1092　1/16　印张：13
字　　数：380 千字
书　　号：ISBN 978-7-5184-3042-0　定价：48.00 元
邮购电话：010-85119873
发行电话：010-85119832　　010-85119912
网　　址：http://www.chlip.com.cn
Email：club@chlip.com.cn
版权所有　侵权必究
如发现图书残缺请与我社邮购联系调换
250331J1C102ZBW

前　　言

　　材料发展水平是一个社会重要的文明标志之一。当前，材料、能源、信息、生物技术已经成为现代科学技术的基础。而材料更是现代工业发展的基础，是先进高端制造业发展的先导。高分子材料是材料领域之中的后起之秀，它的出现，推动了现代制造业的快速发展，也极大地丰富了人们的日用生活产品。

　　高分子材料主要包括塑料、橡胶、纤维、高分子复合材料、高分子涂料和黏合剂，种类繁多。最终进入工业应用领域的高分子材料主要由聚合物树脂和各种助剂混合组成，并经过加工过程制得的各种制品。本书着重讲述高分子材料助剂基础知识，与高分子材料基础知识相结合，并进行高分子材料配方设计，从而实现获得具有更优异综合性能的高分子功能性材料。

　　本书为适应新的学生群体的阅读学习特点，以凝练的语言、深入浅出的语言风格对高分子材料学知识进行了分析讲解，便于学生和读者理解、掌握和应用。本书适合高分子材料与工程及其相关专业的教学使用，也是从事高分子材料加工应用技术开发人员很全面的参考书。本书可以单独使用，也可以与《高分子材料基础》合并使用。

　　本书由 8 章组成：第 1 章绪论、第 2 章力学性能助剂、第 3 章稳定化助剂、第 4 章加工用助剂、第 5 章功能性助剂、第 6 章配方设计基础、第 7 章聚合物制品配方设计实例、第 8 章塑料母粒配方设计。

　　全书 1～5 章由北京工商大学钱立军、王佩璋撰写，第 6～8 章由邱勇、王佩璋撰写。在全书的编写过程中得到课题组各位研究生同学的协助，对此一并感谢。在全书编写过程中，参考了书后所列的相关专业书籍和文献。由于经验不足、水平有限，所编写的内容有不妥之处恳请批评指正。

　　本书由北京工商大学、山东海洋化工科学研究院、山东兄弟科技股份有限公司等单位共同完成，获得了北京市长城学者培养计划项目（CIT&TCD20180312）、北京市属高校青年拔尖人才项目的资助（CIT&TCD201704040）。本书是在北京高等教育"本科教学改革创新项目"和北京工商大学本科教学改革重点项目的支持下完成的。

钱立军

2020 年 8 月

目　　录

第1章 绪 论

1.1 高分子材料功能化

高分子材料改性朝功能化方向发展，它是高分子材料领域在市场中最为成熟的技术，它有着发展快、应用广的特点。高分子材料的功能化是将工业生产的通用高分子材料通过引入不同的助剂进行复合或者对高分子材料进行接枝改性或者将不同的高分子材料制备成合金材料，或者上述几种方法协同使用，使功能化后的高分子材料除了具有原聚合物的一般力学性能、热性能和物理机械性能以外，还具有符合应用需要的良好的加工性、耐热、耐光、耐老化、透明、结晶、阻燃、抗菌、色彩等性能，也可能具有特殊的电磁性能、光电性能、医用性能等。

在本书中将主要介绍我们在目前社会生产生活中应用广泛的基础的高分子材料功能化手段，即通过配方设计，运用高分子助剂与聚合物熔融共混加工方式对高分子材料进行功能化改性。这是极为经济、高效的一类高分子材料功能化手段。

1.2 高分子材料助剂产生与应用

高分子材料助剂对高分子树脂性能具有明显的功能化改性作用，它伴随着树脂的开发、孕育而生，并且倚靠树脂的发展，不断壮大。目前，高分子材料助剂的产量占树脂产量的 40%～60%，已经成为高分子材料在实际应用中不可缺少的一部分。

高分子材料助剂是为了使聚合物原料顺利成型加工并获得所需性能而添加到原料树脂中的化学品或其他物质。高分子材料助剂在聚合物中的添加方式包括：在聚合物聚合过程中或在聚合物合成后处理过程中加入；在树脂成型加工前配料时加入；在塑料制品表面进行涂敷、浸渍等处理时加入。

高分子材料的助剂种类极为繁多，可以简单把众多的助剂分为：力学性能助剂、加工助剂、稳定和防护性助剂、功能性助剂等。其中部分助剂自身有一定特有的性能，无论加入到什么树脂中都可以发挥其特有的功能。如颜料助剂是表明功能助剂的一种，加入到任何树脂中都可以起到着色的作用；又如紫外线吸收剂是稳定和防护助剂的一种，它有吸收紫外线的能力，加到任何树脂中都可以起到吸收紫外线抗老化的作用；另外一种稳定与防护助剂是抗氧剂，它加入到任何聚合物都可以起到热稳定作用，因为氧都要参与热降解反应。还有部分助剂则是有针对性的助剂，它只是针对某类聚合物开发的助剂，不具有通用性，例如，增塑剂是改变 PVC 分子之间作用力的助剂，加入到 PVC 中可以使 PVC 材料塑性增加，但它不能改变结晶类聚合物的分子之间作用力。因此，在运用高分子材料助剂的过程中，一是根据高分子材料应用加工的功能需求，选择合适种类助剂；二是综合性能需求进行配方设计，从而获得具有最佳综合性能的高分子功能化材料，满足生产生活的差异化需求。

1.3　高分子助剂的主要品种

按助剂的功用来进行分类，主要包括力学性能助剂、加工助剂、稳定和防护性助剂、功能性助剂等及其他助剂。

（1）稳定化助剂　高分子材料在生产过程中就已经开始了老化过程，因此使用稳定化助剂对于延长高分子材料使用寿命、保持高分子材料良好的物理机械性能是至关重要的。这类助剂主要使高分子材料对热、光、氧、火焰等作用产生稳定效果，阻止或延缓聚合物在贮存、加工及使用过程中的老化（图1-1），提高聚合物在成型加工中的热稳定性，主要包括抗氧剂、光稳定剂、热稳定剂等。

图1-1　塑料制品老化龟裂

（2）改善力学性能的助剂　高分子材料在应用过程中根据实际情况需要进一步改进其力学性能（图1-2），添加这类助剂可使高分子材料的力学性能如抗冲击强度、拉伸强度、模量、耐蠕变性能、耐热性、尺寸稳定性等性能得到明显提高，主要包括：增塑剂、抗冲击改性剂、增强剂、成核剂、偶联剂、填充剂等。

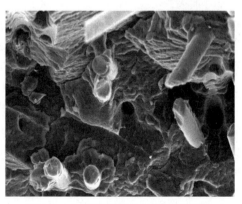

图1-2　玻纤增强尼龙扫描电镜图片

（3）加工助剂　高分子材料在进行功能化的过程中不可避免地需要使用加工设备，而具有良好的加工性能对于提高生产效率、提高产品质量、降低成本具有重要的意义。加工助剂能改善树脂配合料在成型加工中的流动性、熔体的强度、防止熔体与加工机械表面的粘附，利于从模具中脱出，从而使生产能顺利进行；一些加工助剂也可以实现高分子材料加工过程中的交联、发泡（图 1-3）、防焦等功能，主要包括润滑剂、脱模剂、加工改性剂、橡胶软化剂、发泡剂、交联剂和防焦剂。

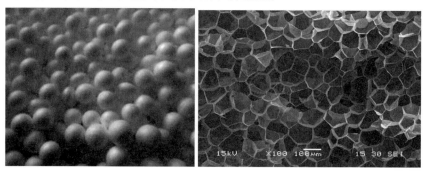

图 1-3　发泡聚苯乙烯颗粒以及微观扫描电镜图

（4）功能性助剂　功能性助剂主要用赋予高分子制品各种功能性，均具有明确的功能特性，用于满足相对独特的制品功能需求。它可以赋予高分子材料表面特殊的色光效果（图 1-4）、防止细菌霉菌滋生，也可以实现高分子材料制品的阻燃、抗静电、防雾等效果，主要包括：阻燃剂、抗静电剂、防雾滴剂、着色剂、荧光增白、抗菌剂、防霉剂等。

图 1-4　带有警示色的塑料安全头盔

（5）其他助剂　高分子材料应用和功能化发展十分迅速，各种功能化助剂层出不穷，例如光降解剂和生物降解剂等，只要能够赋予高分子材料良好的应用效果，同时又具有良好的使用和环境安全性，都是值得进一步发展的。

1.4　高分子材料的功能化配方设计

高分子材料在进行助剂使用的选择过程中，尤其是要注意助剂使用的场所、对人的安全性和环境安全性特质。虽然目前常用的高分子助剂的生物安全性已经十分清楚，但是一些化学助剂，由于在加工和使用过程中常常会发生复杂的化学过程，有的化学助剂其长期的降解转化过程也并不是十分清楚，因此，在使用高分子材料化学类助剂过程中，慎重考虑应用场所、品种和与人接触的状况等条件仍然是十分必要的。

在进行助剂的使用并进行配方设计时，紧紧抓住理解聚合物的关键特性、助剂的特性和作用原理、二者的相互作用效果，掌握配方设计的基本原理，灵活地在实际生产和科研工作中应用。值得注意的是，在使用高分子助剂进行功能化的过程中，在综合考虑制品性能、成本的前提下，尽可能减少助剂的使用是值得鼓励的。因为大量的助剂添加会对材料的加工性能和物理机械性能产生不确定的影响，特别是一些化学助剂，有可能会在加工应用过程中与高分子材料产生复杂的化学作用，因此，减少助剂的使用或者在最低限度使用助剂，对于高分子材料制品的稳定生产和应用是有正面意义的。

第 2 章　力学性能助剂

高分子材料的力学性能主要是由分子链的组成、分子链的聚集状态、分子链之间的作用力所决定的。在一般的情况下，分子链组成是由高分子合成过程决定的，在加工中，更多地采用添加助剂改变分子链的聚集状态以及改变分子链之间的作用力来改变高分子材料的力学性能。因此，本章主要介绍改变分子链间作用力和聚集状态的助剂，这些助剂包括增塑剂、增韧剂、增强剂、填充剂、偶联剂、成核剂和相容剂。

2.1　增　塑　剂

2.1.1　增塑剂简介

增塑剂是指添加到高分子材料中，能够起到降低材料的玻璃化转变温度、提高材料的柔韧性、塑性或可加工性的作用，而又不影响聚合物本质特性的一类物质。

增塑剂种类和产量在所有塑料助剂中排在首位，约占塑料助剂总产量的 60%。由于增塑剂的增塑作用，不仅赋予高聚物许多优良的性能，扩充高聚物应用的范围，又便于制品的成型加工。增塑剂主要是通过改变聚合物分子之间的作用力来发挥增塑作用。

2.1.2　发展历史及主要生产商

早期，人类使用的增塑剂都是天然化合物，如 Hyatt 在 1868 年将樟脑用于硝基纤维素使其具有可塑性。直到 1912 年，磷酸酯、邻苯二甲酸酯类化合物对纤维素树脂的增塑功能被发现，拉开了合成酯类增塑剂开发研究的序幕。

1935 年，PVC（聚氯乙烯）生产工业化后，增塑剂的发展与 PVC 制品的广泛应用密切相关。如今，增塑剂在 PVC 树脂中的应用占全部增塑剂用量的 80% 以上。这是因为 PVC 属于强极性聚合物，分子间作用力大，并且在高温条件下易脱去 HCl，从而发生降解。加入增塑剂能提高 PVC 分子链的柔顺性，从而制备一系列软质 PVC 制品；此外还能在一定程度上降低 PVC 聚合物的加工温度，从而抑制材料的降解。

除用于 PVC 以外，增塑剂在氯乙烯的共聚树脂、聚偏二氯乙烯、纤维素树脂、聚醋酸乙烯酯、（ABS）、聚乙烯醇等材料中也有应用。

目前工业上的增塑剂品种已有百余种，主要包括邻苯类、对苯类、偏苯类、环氧类、柠檬酸酯类等，其中应用最普遍的为邻苯二甲酸酯类化合物，以邻苯二甲酸二（2-乙基己酯）（DOP）用量最大，约占总量的 80%。2018 年我国 DOP 产量高达 137 万 t。

但近年来增塑剂的安全问题和环境问题引发了人们的关注，传统的增塑剂由于其存在致癌嫌疑和毒性，在国际上已经在一些领域禁用，如欧盟已禁止邻苯二甲酸酯类增塑剂在儿童口咬玩具中使用。绿色环保无毒增塑剂替代邻苯二甲酸酯类增塑剂已成为行业发展的必然趋势。

我国主要增塑剂生产企业包括山东齐鲁石化增塑剂股份有限公司、南京金陵石化研究院有限责任公司、山东宏信化工股份有限公司、爱敬（宁波）化工有限公司、浙江建德建业有机化工有限公司等。

2.1.3 增塑作用

2.1.3.1 增塑剂的与聚合物的作用

在聚合物-增塑剂体系中主要有两种作用：

（1）聚合物与聚合物之间的相互作用

① 聚合物间作用力小时，增塑剂易插入其中，如非极性聚合物。

② 聚合物间作用力大时，增塑剂不易插入其中，如极性聚合物。

（2）聚合物与增塑剂之间的相互作用

① 聚合物与增塑剂间作用力小时，不易混进聚合物分子链。

② 聚合物与增塑剂间作用力大时，削弱聚合物间的作用力，达到增塑的目的。

而增塑的目的就是要削弱聚合物分子间的作用力。对于极性聚合物，可以选择带极性基团的增塑剂，让增塑剂极性基团与聚合物极性基团作用代替聚合物极性分子间的作用；对于非极性聚合物，可以选择易插入聚合物分子链间的增塑剂来降低大分子间的作用力，从而起到增塑作用。

2.1.3.2 增塑方法

（1）内增塑作用 将一些单体与需增塑的聚合物单体通过共聚或接枝等方法连接在一起，从而破坏大分子的规整度，降低了分子结晶度或加大了分子链间距离，减弱分子间的作用力，最终达到增加分子可活动链段的长度，使聚合物的可塑性、韧性增加。

例如：采用醋酸乙烯酯与氯乙烯的共聚，以极性较弱、柔性的醋酸乙烯酯链段加入到 PVC 链段中，一方面降低 PVC 分子间的偶极距键，另一方面破坏原来聚氯乙烯的分子链规整度性，加大分子链间距离，从而增加链段的柔性，使产生的氯醋树脂的冲击性能明显提高。内增塑剂的不挥发、不析出性使塑料在较长时期内保持柔韧性。

（2）外增塑作用 是把相对分子质量低的化合物或聚合物添加到需要增塑的聚合物中，这些小分子进入到要增塑的聚合物分子链段之间，加大了分子链段的距离，改变原来分子之间的作用力，增加分子可活动链段的长度，使聚合物的可塑性、韧性增加。

此外，对于分子间作用力很强的聚乙烯醇树脂，如果没有增塑剂的配合，其成型加工十分困难，甚至根本无法进行，因为在对其加热成型时，未达到其熔化温度，就会发生明显的分解，但只要加入适量的增塑剂后，使其熔化温度大大下降，因而可在较低温度成型加工而不致分解，使聚乙烯醇树脂加工成型能够顺利进行。

2.1.4 增塑机理

解释增塑作用的主要表观理论有润滑作用、解除凝胶化作用、自由体积效应、遮蔽效应、偶合作用。

（1）润滑理论　聚合物塑性形变困难是由于其分子间作用力大、分子摩擦力大导致难以发生相对运动，增塑剂通过润滑作用使聚合物分子链间容易移动，提高其热塑性形变性能。

（2）凝胶理论认为　在无定形非结晶聚合物中存在由分子链缠结形成的三维凝胶态，增塑剂进入树脂中破坏聚合物分子间的缠结作用点，使分子间容易移动。

（3）自由体积效应　非极性增塑剂对非极性聚合物增塑通常可以用这一理论解释。增塑剂的作用主要使大分子间距离增大，聚合物体系的自由体积增加，黏度和 T_g 下降、塑性增大。增塑的效果与加入增塑剂的体积成正比。但是它不能解释许多聚合物在增塑剂量低时所发生的反增塑现象等。

（4）遮蔽效应　如图 2-1 所示，非极性增塑剂加到极性聚合物中增塑时，非极性的增塑剂分子遮蔽了聚合物的极性基团，使相邻聚合物分子的极性基团不发生或者很少发生"作用"，从而削弱了聚合物分子间的作用力，达到增塑的目的。

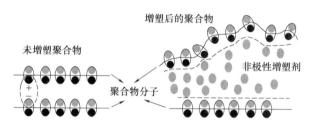

图 2-1　非极性增塑剂的遮蔽作用示意图

（5）偶合作用　如图 2-2 所示，极性增塑剂与极性聚合物分子中的极性基团的偶合甚至建立更强的氢键等作用代替了高分子链间的相互作用（减少了连接点），从而削弱了高分子链间的作用力。其增塑效果不仅与增塑剂物质的量成正比关系，而且与增塑剂和聚合物分子间的极性基相互作用代替高分子链间的极性引力的能力有关。

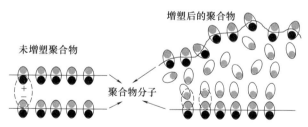

图 2-2　极性增塑剂偶合作用增塑示意图

事实上，增塑过程中可能同时存在好几种作用。如在 DOP 增塑 PVC 的过程中，升温时，DOP 分子插入到 PVC 分子链间，一方面 DOP 的极性酯基与 PVC 的极性基团"相互作用"减少了 PVC 大分子间的极性作用力，从而塑性增加；另一方面，DOP 的非极性的亚甲基夹在 PVC 分子链间，把 PVC 的极性基遮蔽起来，也减少了 PVC 分子链间的作用力，这样有利于加工时分子链的移动。

2.1.5　反增塑作用

当增塑剂的用量减少到一定程度后反而会引起高分子材料的硬度增大、断裂伸长率降低、冲击强度降低的现象，称之为反增塑作用。其原因在于少量的增塑剂适当地增加了自由体积，使分子链的活动能力增强，促进了聚合物无定形区的定向排列从而结晶，造成塑性下降。在 PVC 中反增塑现象较为常见。

2.1.6　增塑剂的分类

（1）按相容性分类　按增塑剂与材料基体的相容性可分为：主增塑剂、辅助增塑剂和增量剂三类。

主增塑剂与被增塑物相容性良好，质量相容比可达 1:1，可单独使用。其能够同时插入极性树脂的非晶区域和结晶区域，又称溶剂型增塑剂，如邻苯二甲酸酯类。

辅助增塑剂与被增塑物相容性良好，质量相容比可达 1:3，一般与主增塑剂配合使用。其只能插入极性树脂的非晶区域，又称非溶剂型增塑剂，如直链酯及酸酯类、磷酸三苯酯类，氯化石蜡等。

增量剂与被增塑物相容性较差，但与主、辅助增塑剂有一定的相容性，用以降低成本和改善某些性能，如含氯化合物。

（2）按作用方式　按作用方式可分为外增塑剂和内增塑剂。外增塑剂是在塑料配料过程中加入，增塑剂与树脂之间无化学键连结；内增塑剂是在聚合物聚合过程中引入的第二单体，与聚合物链段具有稳定的化学结合。

（3）按相对分子质量大小　按增塑剂相对分子质量大小可分为单体型和聚合型。相比于低相对分子质量的增塑剂（200～500g/mol），聚合型增塑剂（＞1000g/mol）通常耐迁移、耐析出性较好，而且可以改善聚合物的力学性能。

（4）按应用性能　根据增塑剂的应用性能可分类成耐寒性增塑剂、耐热性增塑剂、阻燃性增塑剂、防霉性增塑剂、抗静电性增塑剂、防潮性增塑剂、耐候性增塑剂等。

（5）按照化学结构　按照增塑剂的化学结构分类，可分为邻苯二甲酸酯类、脂肪族二元酸酯类、磷酸酯类、环氧化合物类、聚酯类、脂肪酸酯类、多元醇酯类、含氯增塑剂等。

2.1.7　重要增塑剂产品

2.1.7.1　苯二甲酸酯类

包括邻苯、间苯和对苯二甲酸酯三类，以邻苯二甲酸酯类应用最广（表 2-1），其中使用多是邻苯二甲酸酯二丁酯（DOP）。间苯二甲酸酯中主要是间苯二甲酸二己酯（DOIP），可以代替部分 DOP 应用。在对苯二甲酸酯中，由于直链醇酯容易结晶，必须用带支链的醇的酯才有实际用途，以对苯二甲酸二（2-乙基）己酯（DEHTP）和对苯二甲酸二异辛酯（DOTP）为代表，在性能方面 DOTP 表现出更好的持久性，是一种无毒增塑剂，允许用于医用 PVC 制品、儿童玩具等。苯二甲酸酯类增塑剂的特点是性能较全面，与 PVC 相容性较好，加工性良，一般可以作为主增塑剂。邻苯二甲酸酯结构式如下：

$$
\begin{array}{c}
O \\
\parallel \\
C-O-R_1 \\
C-O-R_2 \\
\parallel \\
O
\end{array}
$$

表 2-1　　　　　　　　　　　　　　　邻苯二甲酸酯类增塑剂主要产品

增塑剂名称	性　　能	主 要 用 途
邻苯二甲酸二辛酯(DOP)	具有比较全面的性能	通用型增塑剂
邻苯二甲酸二丁酯(DBP)	相容与加工性良、塑化效率高、挥发性大	通用型增塑剂、清漆溶剂
邻苯二甲酸二异辛酯(DIOP)	电绝缘性良、耐油性好、耐热耐寒性差	电线、板材
邻苯二甲酸二庚酯(DHP)	加工性良、经济、挥发性大	通用型增塑剂
邻苯二甲酸二正辛酯　(DnOP)	对光、热稳定性良、耐寒性良、增塑糊黏度稳定	农用薄膜、电线、增塑糊
邻苯二甲酸丁,卞酯(BBP)	耐久性加工性良,耐污染、耐寒性差	板材、人造革、电线
对苯二甲酸二异己酯(DOTP)	挥发性低、低温性好、增塑糊黏度稳定性好	通用型增塑剂

注：DOP 结构中的辛酯的具体结构为：(2-乙基)己酯。

　　邻苯二甲酸酯类的结构类似，不同品种产生的原因是其非极性脂肪链（R）的差异造成的。例如，DBP 比 DEP 的耐低温性能更好，这是因为脂肪链越长，在增塑过程中起到了更好的隔离作用，使被增塑物质的塑性提高，因此链段的运动能力更强，表现出更好的耐低温性。邻苯二甲酸酯类增塑剂在 PVC 产品中的添加量大，与树脂结合紧密，但在加工过程中易挥发，加入到产品中会有一定的渗出性和挥发性，造成对环境的污染和对生物的危害。近年来就有研究表明，部分产品存在潜在的致癌风险，因此其使用受到了一定的限制。

2.1.7.2　二元脂肪酸酯类

　　链状脂肪酸酯类的结构通式如下，R_1、R_2 一般为 $C_4 \sim C_{11}$ 的烷基或环烷基，具体品种如表 2-2 所示。

$$
\begin{array}{c}
\quad\quad\quad O \quad\quad\quad\quad\quad O \\
\quad\quad\quad \parallel \quad\quad\quad\quad\quad \parallel \\
R_1-O-C-(CH_2)_n-C-O-R_2
\end{array}
$$

表 2-2　　　　　　　　　　　　　　二元脂肪酸酯类增塑剂的主要品种

增塑剂名称	性　　能	主 要 用 途
癸二酸二辛酯　(DOS)	耐寒性好,低挥发性,相容性与耐油性差	耐寒性辅助增塑剂
壬二酸二辛酯　(DOZ)	耐寒性好,低挥发性,相容性与耐油性差	耐寒性辅助增塑剂
己二酸二辛酯　(DOA)	耐寒性好,相容性与耐油性差	耐寒性辅助增塑剂
丁二酸二异癸酯(DIDSn)	耐寒性好,低挥发性,相容差	耐寒性辅助增塑剂
癸二酸二丁酯(DBS)	耐寒性好,无毒,相容性与耐油性差	食品包装

注：其中 DOS、DOZ、DOA 结构中辛酯的具体结构为：(2-乙基)己酯。

　　链状脂肪酸酯类增塑剂的突出特点是耐低温性好，加入它可以大大提高耐低温性能，代表品种是癸二酸二辛酯（DOS）和己二酸二辛酯（DOA）。DOS耐低温性能优异，加热损失小，是应用较为广泛的耐低温增塑剂；DOA耐低温性能好，可用于一般耐低温配方中，但不适合在高温加工条件下使用。由于它们与树脂的相容性不太好，只能作为辅助增塑剂使用，在配方中的用量一般为增塑剂总用量的20%左右。

此外，环己烷-1，2-羧酸酯类增塑剂（环氢化邻苯二甲酸酯）是一类环保无毒的增塑剂，结构式如下。与邻苯二甲酸酯类增塑剂不同，其分子结构中没有芳环，如环己烷-1,2-二羧酸二异壬酯（DINCH），但其具有和DOP相似的结构，并且其综合功能变现更加优秀，其低温性能远优于DOP。DINCH产品符合欧盟REACH的各项严格要求，是食品包装、医疗器械、儿童玩具及与人体密切接触的PVC制品的理想增塑剂。

2.1.7.3　其他脂肪酸酯类

其他脂肪酸酯类增塑剂中，最具代表性的为柠檬酸酯类增塑剂（表2-3），也是最具前景的增塑剂之一。

表2-3　　　　　　　　　　　　柠檬酸酯类增塑剂主要品种

增塑剂名称	性　　　能	主　要　用　途
柠檬酸三丁酯（TBC）	无毒增塑剂，且具有防霉性。耐光、耐寒性良好	用于食品包装材料
乙酰柠檬酸三丁酯（ATBC）	无毒、低吸湿性，耐水性良好	食品包装材料，硝酸纤维素软片

柠檬酸酯类增塑剂的合成原料来自于植物经过发酵产生的柠檬酸，具有安全无毒的优点，目前国外已经实现了工业化生产，其主要品种有柠檬酸三丁酯、乙酰柠檬酸三丁酯等。柠檬酸酯能有效降低被增塑制品的T_g，改善断裂生产率，具有良好的增塑效率，生物降解性好，挥发性低，耐候性强，耐光性好，是一类性能优良、安全无毒的增塑剂。可以作为稳定剂、粘合改良剂、香料的溶剂、化妆品添加剂等，但是成本较高限制了其发展。

2.1.7.4　多元醇酯类

多元醇酯类增塑剂主要包括乙二醇、缩乙二醇、丙三醇、季戊四醇等酯类（表2-4），以及耐低温性好的乙二醇5～9碳酸酯（代号0259）和乙二醇7～9碳酸酯（代号0279），它们都可以作为辅助耐低温增塑剂，价格低，但挥发性大，色泽较深，有气味，可代替脂肪酸酯，一般加入量为增塑剂总用量的10%～20%。如异山梨醇二正己酸酯是一种新型环保增塑剂，并且在聚乳酸中表现出典型的增塑作用。

表2-4　　　　　　　　　　　　多元醇酯类增塑剂主要品种

增塑剂名称	性　　　能	主　要　用　途
一缩二乙二醇二苯甲酸酯（DEDB）	耐污染性与耐抽出性好，耐寒性差	地板料、板材
油酸四氢糠醇酯（THFO）	作为辅助增塑剂可增强塑化效果	纤维素类增塑剂
一缩二乙二醇6～9酸酯	耐寒性好	丁腈橡胶、氯丁橡胶

2.1.7.5　苯多酸酯类

苯多酸酯类增塑剂包括偏苯三酸酯和均苯四酸酯。这类增塑剂特点是相对分子质量大、挥发性低、耐抽出性好等特点，适合应用于聚氯乙烯、氯乙烯共聚物和硝酸纤维素等树脂的增塑，可用于制造耐热电缆料、高级耐热人造革、增塑糊和涂料等。

2.1.7.6　磷酸酯类

磷酸酯类增塑剂包括磷酸三芳基、三烷基、烷芳基酯（表 2-5），其结构通式如下，R_1、R_2、R_3 分别可以为烷基、卤代烷基或芳基。

$$O=P { \begin{array}{c} O-R_1 \\ O-R_2 \\ O-R_3 \end{array} }$$

表 2-5　　　　　　　　　　　磷酸酯类增塑剂的主要产品

增塑剂名称	性　　能	主　要　用　途
磷酸三甲苯酯(TCP)	相容性良,有阻燃性,耐水与耐菌性能好,耐寒性差	电线、清漆、纤维素
磷酸三苯酯(TPP)	阻燃性良,相容性良,耐寒性差	电线、合成橡胶、纤维素
磷酸三(2-乙基)己酯(TOP)	低挥发性、耐菌性与耐寒性好	电线、阻燃材料
磷酸二苯基辛酯(DPOP)	耐候性、相容性好,耐寒性差	电线、阻燃材料

磷酸酯类增塑剂结构中的磷元素是典型的阻燃元素之一，因此其突出优点是阻燃性好，此外还表现出优异的电绝缘性、耐磨性、防霉性；缺点是有毒，绝大部分磷酸酯耐低温性差。如磷酸三甲苯酯是阻燃性较好的增塑剂，可以制造阻燃性要求较高的产品，如煤矿运输带等。

2.1.7.7　环氧化合物类

环氧类增塑剂的突出特点是热、光稳定性较好，它既是增塑剂也是热稳定剂，特别是和金属皂类、稀土类热稳定剂并用有协同作用。它除热、光稳定性较好外，耐低温性也较好，绝大部分品种无毒。但环氧类增塑剂与树脂相容性不好，属于辅助增塑剂。环氧增塑剂通常与主增塑剂苯二甲酸酯类并用，一般用量为增塑剂总用量的 10% 左右。

环氧植物油类增塑剂由于没有芳香环结构，原料无毒及可再生性，目前已广泛应用于食品包装、塑料加工、涂料工业等领域，具体品种如表 2-6 所示。

表 2-6　　　　　　　环氧化油及环氧化油酸酯类增塑剂的主要产品

增塑剂名称	性　　能	主　要　用　途
环氧化大豆油(ESO)	光、热稳定性良,低挥发性,表面易渗出	农膜,电缆料的耐热辅助增塑剂
环氧硬脂酸丁酯(DBSt)	光、热稳定性良,耐寒性好,相容性差	耐候性和耐寒性辅助增塑剂
环氧硬脂酸辛酯(EOSt)	光、热稳定性良,耐寒性好,相容性差	耐候性和耐寒性辅助增塑剂
环氧四氢邻苯二甲酸酯(EPS)	相容性良,具有和 DOP 一样较全面的性能,耐候、无毒、耐热、耐菌性好、价格高	经常用于特殊制品如 PVC 输液袋、血浆袋医疗制品

2.1.7.8　聚酯类及共聚物

聚酯型增塑剂是具有较大相对分子质量的聚合物，原料中常用的二元酸有己二酸、癸二酸、苯二甲酸等，二元醇有乙二醇、1,3-丙二醇、1,3-丁二醇等，端基结构常为辛酸、丁醇、月桂酸、2-乙基-己醇等，结构通式如下所示。

$$R_3—\overset{O}{\overset{\|}{C}}—O—R_2—O—\overset{O}{\overset{\|}{C}}—R_1—\overset{O}{\overset{\|}{C}}—O—R_2—O—\overset{O}{\overset{\|}{C}}—R_3$$

聚酯型增塑剂与小分子增塑剂相比，具有挥发性低、迁移性小、耐高温、不易被水和溶剂抽出等优点，享有"永久性增塑剂"的美誉，是一类新型且发展较快的增塑剂。

2.1.7.9 含氯增塑剂类

含氯增塑剂类主要包括氯化石蜡和氯代脂肪酸酯类（表2-7）。它们的突出特点是阻燃性，电绝缘性及低价格。这类增塑剂与PVC的相容性较差，增塑效率低，但在实际应用中含氯类增塑剂仍是应用较普遍的增塑剂，主要做降低成本使用。

表 2-7 氯化石蜡增塑剂列表

增塑剂名称	性　　能	主　要　用　途
氯化石蜡（含氯42%）	电绝缘性与阻燃性好，价廉，热稳定性与塑化效率差	辅助增塑剂、电线、板材
氯化石蜡（含氯52%）	光、热稳定性良，耐寒性好，相容性差，价廉	
正构氯化石蜡（含氯50%）（氯烃-50）	电绝缘性，阻燃性与耐寒性好，热稳定性差	

作为PVC的含氯增塑剂应以含氯量40%～50%为好。含氯50%的氯化石蜡即氯烃-50具有较好的相容性和一般氯化石蜡的优点，可代替通用邻苯二甲酸酯类主增塑剂的15%～50%，氯烃-50的缺点是耐热性差（分解温度135℃），耐寒性很差，相容性不好。

2.1.7.10 其他类型增塑剂

其他类型增塑剂还包括石油磺酸苯酯、N,N-二取代脂肪族酰胺、石油酯、樟脑等物质。

为了提高增塑剂在塑料制品中的保留性能，将某些带有双键的增塑剂如富马酸酯、马来酸酯、邻苯二甲酸二烯丙酯、烯丙基磷酸酯等与氯乙烯等单体共聚，使其成为树脂分子的组成部分，即为内增塑剂；或者将带有双键的增塑剂与引发剂直接加入到PVC树脂中，在塑炼中发生反应，接枝到PVC分子链上，即为反应性增塑剂。

2.1.8 增塑剂结构与性能之间的关系

2.1.8.1 相容性

按照"相似相容"的原则，极性相近且结构相似的增塑剂与被增塑树脂相容性好。例如，对于极性大的醋酸纤维素、硝酸纤维素等树脂，采用邻苯二甲酸二甲酯（DMP）、邻苯二甲酸二乙酯（DEP）、邻苯二甲酸二丁酯（DBP）和磺酰胺等作为增塑剂，其相容性良好。

对于PVC树脂而言，烷基碳原子数为4～10的邻苯二甲酸酯主增塑剂与其相容性良好，如果烷基碳原子数进一步增加，其相容性急剧下降。目前工业上使用的邻苯二甲酸酯类增塑剂的烷基碳原子数不超过 13 个。其他像环氧化合物、脂肪族二元酸酯、聚酯和氯化石蜡等辅助增塑剂与 PVC 的相容性较差。

2.1.8.2　增塑效率

增塑剂的主要作用是降低聚合物的软化温度，降低聚合物的刚性，增加聚合物的柔软程度。由于不同的增塑剂结构不同，对聚合物分子的作用程度也不相同。为了衡量一定量的增塑剂对聚合物增柔的效率，确定增塑剂的增塑效率，以 DOP 加入 PVC 的用量作为基准（DOP 是一种有较好综合性能的增塑剂），即物理性能指标是弹性模量（温度为 25℃，伸长率为 100%）为 6.94MPa 时，增塑剂达到此值所加入的量与 DOP 加入量的比值为增塑剂的增塑效率。表 2-8 中列举了一些常用增塑剂的增塑效率比值。

表 2-8　　　　　　　　　　　一些常用增塑剂的增塑效率比值

增塑剂名称	效率比值	增塑剂名称	效率比值
邻苯二甲酸二辛酯(DOP)	1.00	癸二酸二辛酯(DOS)	0.93
邻苯二甲酸二丁酯(DBP)	0.81	癸二酸二异丁酯(DIOS)	0.85
邻苯二甲酸二异丁酯	0.87	癸二酸二环己酯	0.98
邻苯二甲酸二异辛酯(DIOP)	1.03	癸二酸 7~9 醇酯	0.90
邻苯二甲酸二仲辛酯	1.03	己二酸二辛酯(DOA)	0.91
邻苯二甲酸二庚酯	1.03	己二酸二(丁氧基)乙酯	0.80
邻苯二甲酸二壬酯	1.12	磷酸三甲苯酚酯(TCP)	1.25
邻苯二甲酸二正辛酯(D_nOP)	0.98	磷酸三(二甲基)苯酯	1.08
癸二酸二丁酯(DBS)	0.80	环氧硬脂酸丁酯	0.89
氯化石蜡-40	1.80	环氧硬脂酸辛酯(EPS)	0.91
烷基磺酸苯酯(M-50)	1.04	环氧乙酸蓖麻油酸丁酯	1.03

2.1.8.3　耐寒性

增塑剂的耐寒性是指增塑剂增塑的 PVC 制品的耐低温性（如低温脆化温度、低温柔曲性）。增塑剂的耐低温性能主要取决于增塑剂的结构（链长短、分支、官能团）。一般相容性好的增塑剂耐寒性都较差，尤其是带有环状结构的增塑剂耐寒性更差。具有直链烷基的增塑剂的耐寒性比其支链异构物好，并且烷基链越长，耐寒性越好。因为环状或带有支链结构的增塑剂在低温下在聚合物中运动变得更困难。

增塑剂黏度越大，流动活化能越大，则耐寒性越差。分子中具有醚基、硫醚基时其耐寒性提高，而含有氯原子、环氧基、双键时则耐寒性降低。因此，乙二醇酯、缩乙二醇酯具有优良的耐低温性。由于通常的耐寒增塑剂对 PVC 树脂的相容性差，而且耐气候老化性也差，只能作辅助增塑剂使用。环氧增塑剂的耐候性较好，如环氧脂肪酸单酯、环氧硬脂酸辛酯有比较好的耐候性和耐寒性，但相容性不好。因此这些耐寒增塑剂往往按主增塑剂的 15%～20% 并用，一些耐寒增塑剂与 DOP 配合时的柔软温度如表 2-9 所示。

表 2-9 一些耐寒增塑剂与 DOP 配合时的柔软温度

增塑剂的组成/份	$T_1/℃$	$T_2/℃$	增塑剂的组成/份	$T_1/℃$	$T_2/℃$
DOP50	−10.0	−25.0	DOP40　DOZ10	−16.0	−33.5
DOP45　DOA5	−13.0	−30.0	DOP45　油酸丁酯5	−16	−33.0
DOP40　DOA10	−16.0	−32.5	DOP45　油酸辛酯5	−14.5	−33.0
DOP35　DOA15	−18.5	−35.5	DOP4　乙酸蓖麻酸甲酯5	−14.0	−31.0
DOP45　DIDA5	−12.5	−28.5	DnOP50	−16.0	−34.5
DOP40　DIDA10	−14.5	−30.5	DnOP40　DOA10	−22.5	−42.5
DOP45　DOZ5	−13.8	−30.5			

注：T_1——刚度为 $3.1×100$MPa 的温度，

　　T_2——刚度为 $9.8×100$MPa 的温度。

2.1.8.4 增塑剂的稳定性

增塑剂的稳定性和耐气候老化性的优劣，直接影响到材料整体的耐老化性能，由于某些增塑剂在加工和使用过程中容易发生氧化降解、光老化降解、挥发、析出、酸解、水抽出等，造成该制品较早的老化，缩短了制品的使用年限。因此，为了提高制品的耐老化性，就应该选用稳定性好的、抗老化的增塑剂，或采取添加抗氧剂和紫外线吸收剂来阻止增塑剂及聚合物本身的老化。

一般烷基支链多的增塑剂，其耐热性相对较差；具有支链醇酯增塑剂的耐热性比相应的正构醇酯差；具有叔丁基碳链结构的增塑剂，耐热性、耐氧化性较差；而具有季碳原子结构的增塑剂，对热、氧都较稳定。

一般来说，支链较多的增塑剂耐老化性较差，当含有增塑剂的树脂在加工温度高达200℃时，一般酯类增塑剂可能发生氧化分解，而直链的苯二甲酸酯的耐氧化性更好。一般酯类增塑剂加热到 200℃容易分解生成的酸会影响聚合物材料的稳定性。正构烷氧基酯比异构烷氧基酯稳定，例如，邻苯二甲酸二正辛酯比邻苯二甲酸二（2-乙基）己酯稳定；环氧酯类增塑剂的稳定性更好。抗氧老化的情况也是具有直链烷基的增塑剂稳定些，增塑剂的氧化稳定性的顺序可以归结为如下三类。

氧化稳定性高的：TPP、TCP、BBP、石油酯（M50）、环氧酯。

氧化稳定性较高的：DBP、DnOP、DEP、DOP。

氧化稳定性较低的：DIBP、DIOP、DOS、DOA。

一般说来，DOP 在许多试验中既没有表现出很高的氧化稳定性，但也不属稳定性差的增塑剂。实验指出，DOP 在高温时（>150℃）易被氧化，但在低于 120℃时则有较好的耐热氧化性能。石油磺酸苯酯是耐氧化的增塑剂，M50 有较高的耐候性，环氧化油或酯有优良的耐热氧化性能。

2.1.8.5 增塑剂对材料力学强度的影响

一般情况下，加入增塑剂可增大材料的柔韧性，使材料的拉伸强度降低，拉伸伸长率增加，冲击强度增加。增塑剂对材料力学性能的影响与其加入量有关，与增塑剂的种类有关，也与温度有关。但在有些情况下，少量的增塑剂反而会引起材料硬化的现象，例如极性特别大的 TCP 少量加入时，能使 PVC 的冲击强度显著降低，拉伸强度升高，这就是反增塑现象。但加入量加大后都会使材料的拉伸强度降低，冲击强度升高。一些增塑剂的加入量对硬度的影响见表 2-10，对 PVC 材料拉伸强度和伸长率的影响见表 2-11。

表 2-10　　　　　一些增塑剂的加入对 PVC 材料的硬度（邵氏 A）影响

种类	硬度			
	增塑剂添加量 25%	增塑剂添加量 30%	增塑剂添加量 35%	增塑剂添加量 40%
DBP	90	84	76	68
DOP	95	91	82	77
DINP	98	94	86	79
DOA	91	86	77	70

表 2-11　　　　增塑剂的加入对 PVC 材料拉伸强度和伸长率的影响　　　　温度：20℃

种类	增塑剂用量			
	25%	30%	35%	40%
	拉伸强度 MPa /伸长率%	拉伸强度 MPa /伸长率%	拉伸强度 MPa /伸长率%	拉伸强度 MPa /伸长率%
DBP	24/250	21/300	18/350	15/375
DOP	27/250	24/300	21/325	18/400
DINP	29/225	26/275	23/325	19/375
DOA	26/275	27/325	20/375	16/400

2.1.8.6　增塑剂的电学性能

PVC 树脂的电性能很好，但加入增塑剂后会使电绝缘性降低。其中极性较低的耐寒增塑剂如癸二酸酯类，使 PVC 的体积电阻率降低最大，而极性较强的增塑剂如磷酸酯类却有较好的绝缘性能，这是因为极性较低的增塑剂允许聚合物链上的偶极有更大的自由度，从而增大导电率，降低绝缘性。另一方面，分子内支链较多，塑化效率差的增塑剂却有较好的绝缘性能。此外，增塑剂中的离子杂质可能会影响其电性能。

目前，在 PVC 电线、电缆料尤其是耐热级（90℃级和 105℃级）配方中常用的是 TCP、DIOP、DNP、DINP、DIDP、DTDP、TOTM、氯化石蜡、聚酯等增塑剂。

2.1.8.7　耐久性

耐久性是指增塑剂加入到材料中以后的耐挥发性、耐抽出性和耐迁移性。增塑剂的挥发性是指增塑剂从塑料中扩散到空气中的能力；抽出性是指扩散到液体中的能力；而迁移性是指增塑剂向固体介质扩散过程的能力。在这些过程中，增塑剂都是从其浓度较高的塑化物通过一些接触面扩散到另一个与之接触的浓度低的物质中。PVC 软制品发生迁移现象会引起软化、发脆，甚至表面碎裂等，同时还会造成其他制品的污染。

一般相对分子质量较低，与 PVC 相容性好或空间位阻较小的增塑剂的挥发性大，易于被汽油或油类溶剂抽出。相对分子质量高的增塑剂闪点也高，挥发性小，抽出性小，迁移性也小。在分子结构组成中烷基结构多的增塑剂被汽油或油类溶剂抽出的可能性也大些，而苯基、酯基多的极性增塑剂和支链多的烷基增塑剂就难于被抽出。

耐久性好的增塑剂，主要是聚酯型，如聚癸二酸丙二醇酯、聚己二酸丙二醇酯，相对分子质量为2000～8000，它的挥发性小，耐抽出性和迁移性也小，耐高温和耐低温性良好，适宜作室内装饰材料、冰箱、内衬、医疗器械等。但是聚酯增塑剂加工性较差，相容性不好，只能作辅助增塑剂，一般加入量为增塑剂总量的10%～20%。

相对分子质量较高或者直链醇酯，其耐久性也较高，如在电缆配方中，用邻苯二甲酸二13碳醇酯作主增塑剂可大大提高耐高温性，可制造90℃级高温电缆。但是相对分子质量高的增塑剂，增塑效率也差，所以一般只可用它代替20%的邻苯二甲酸二辛酯。

2.1.8.8 阻燃性

含有磷和氯等阻燃元素的增塑剂通常具有阻燃性，比如磷酸酯类、氯化石蜡、卤代脂肪酸酯类。而其他一般增塑剂的加入均能增大材料的燃烧性，特别是脂肪族类和邻苯二甲酸类的增塑剂能明显增加材料的燃烧性。磷酸酯类与含卤增塑剂配合使用具有良好的阻燃协同效应，使用含卤阻燃增塑剂时一般加入少量三氧化二锑以增大阻燃效果。

2.1.8.9 防霉性与毒性

邻苯二甲酸酯类增塑剂由于存在潜在致癌风险，在一些地区现已经被禁止使用在食品包装和儿童玩具的塑料材料中。此外，比较明确的毒性较强的有磷酸酯类和含卤化合物，会使内脏和神经系统损坏。在磷酸酯类中，磷酸三甲酯毒性最强，氯化芳烃的毒性比氯化脂肪烃强。柠檬酸酯类增塑剂是众所周知的无毒增塑剂。

邻苯二甲酸酯和磷酸酯类有强的抗菌性（毒性大抗菌性也大），磷酸酯防霉菌性最好，如磷酸三甲苯酯、磷酸三辛酯。而脂肪酸酯、环氧大豆油、环氧脂肪酸酯是霉菌的营养源，它们的防霉性最差，不能用于防霉配方中，苯二甲酸酯类介于两者中间，防霉菌性不太好。

根据以上内容，将增塑剂的各种性能从大到小排序见表2-12。

表 2-12　　　　　　　　　　　增塑剂的各种性能从大到小排序

性　能	排　序
相容性	（好）DBP→DOP、TPC、DIP→聚酯、氯化石蜡（差）
挥发性	（大）DBP→DOA→DOP 氯化石蜡→TCP→DIDP→酯聚（小）
硬度	（软）DBP→DOA→DOP→DIDP→TCP→聚酯→氯化石蜡（硬）
耐寒性	（好）DOA、DOS→DOP→DIDP→TOP、ED₃→DBP→氯化石蜡→聚酯→TCP（差）
电绝缘性	（高）聚酯→TCP→DIDP、氯化石蜡→DOP→DOA→DBP（低）
水抽出性	（大）DBP→DOA→聚酯→DOP、DIDP→氯化石蜡→TCP（小）
石油抽出性	（大）DOA→DIDP、DOP→DBP→氯化石蜡、TCP→聚酯（小）
燃烧性	（大）DBP、DOP、DOA、DIDP→聚酯→氯化石蜡、TCP（小）
热老化性	（差）DBP→DOA→氯化石蜡→DOP、TCP→DIDP→聚酯（好）
耐热性	（好）双季戊四醇酯 TOTM、TOMP→单季成四醇酯→DTDP→DNP→IDIDP、苯二甲酸二十三酯→DOP、TCP、DOS、M-50（差）
毒性	（小）DID、DTDP→聚酯→TOP→DHP、DOP→三甘醇二酯→DCHP→DIDA→DBP→DIBP→四甘醇二辛酯→二丙二醇二苯甲酸酯→TCP→DOA→DOZ→DFP→DMP（大）

2.1.9　增塑剂的应用举例

增塑剂很少单独使用，因为增塑剂按品种都有各自的优点和不足，所以在配方中大多采用混合使用，混合使用会体现出很好的综合性能。由于目前没有完全符合理想的增塑剂，因此混合使用可以各取所长，相互配合，达到平衡优劣，使塑料具有较好的综合性能。

此外，有些辅助增塑剂的价格较便宜，但是相容性、塑化效率差，与主增塑剂混合使用，既可降低成本，又不影响产品质量。如在电缆料中，氯化石蜡电绝缘性好，价格低，与主增塑剂邻苯二甲酸二辛酯配合使用。

例 1：PVC 农膜使用温度 −30℃～50℃，力学性能要求：拉伸强度≥20MPa，拉伸伸长率≥350％，设计增塑剂加入量和加入种类。

① 参考已做的实验数据，查表 2-11 得知：加入 35％DOP 时，PVC 材料的拉伸强度和拉伸伸长率为 21MPa/325

35％换算成加入 DOP 的份数：35/0.65＝54 份

② 作为农膜应以 DOP 为主增塑剂

考虑耐寒：−30℃，查表 2-8 知：加入 7 份 DOS（增塑效率 0.93）

耐热：50℃，加入 5 份环氧脂（增塑效率 1.23）

降低成本：加入 14 份 DBP（增塑效率 0.81）

③ 用增塑效率换算：

$$7/0.93＋5/1.23＋14/0.81＝17.5$$

④ DOP 实际用量为：54−17.5＝36.5（份）

⑤ 实际配方（表 2-13）：

表 2-13　　　　使用温度在 −30℃～50℃ 的 PVC 农膜增塑剂配方

原料	份数/份	原料	份数/份
DOP	36.5	DOS	7
DBP	15	环氧脂	5

例 2：压延地板硬度要求：肖氏硬度 A95，设计增塑剂加入量和加入种类。

查表 2-10 得知加入 DOP25％时肖氏硬度为 A95

$$25/0.75＝33（份）$$

考虑到阻燃：加入 TCP5 份（增塑效率 1.25）

氯化石蜡 18 份（增塑效率 1.8）

降低成本：加入 DBP 8 份（增塑效率 0.81）

DOP 实际用量为：33−5/1.25−18/1.8−8/0.8＝9（份）

实际配方（表 2-14）：

表 2-14　　　　肖氏硬度为 A95 的压延地板增塑剂配方

原料	份数/份	原料	份数/份
DOP	9 份	氯化石蜡	18 份
DBP	8 份	TCP	5 份

例 3：耐 105℃ 的 PVC 电缆保护层阻燃配方（表 2-15）。

表 2-15 PVC 耐 105℃ 阻燃保护层电缆配方

原料	份数/份	原料	份数/份
PVC(SG-2)	100 份	硬脂酸钙锌复合物	4.5 份
TOTM	33 份	DIDP	10 份
氯化石蜡(Cl-70%)	8 份	双酚 A	0.5 份
Sb₂O₃	5 份	CaCO₃	5 份

例 4：PVC 材料雨衣的原料配方（表 2-16）。

表 2-16 PVC 雨衣膜配方

原料	份数/份	原料	份数/份
PVC	100	硬脂酸钙锌复合物	2
DOP	25	DOS	10
DBP	10	Bast	1

思 考 题

1. 增塑剂的作用机理是什么？它主要适合哪类聚合物使用？

2. 从化学结构分类，增塑剂主要分为哪几类？每一类请列举出一种增塑剂。

3. 写出以下代号的增塑剂名称：

DBP、DOP、DOA、DOS、TCP M-50、ESO

其中 TCP、DOP、DBP、DOS、M-50 请按性能从好到差排序 耐寒性、增塑性、阻燃性。

4. 已知一种 PVC 制品的力学性能需要加入 DOP 45 份，现需要阻燃，耐低温和降低成本要加氯化石蜡 15 份、DOS 5 份和 DBP 15 份，试问利用增塑效率的方法，换算估计出 DOP 应加入多少份？

5. 设计一个 PVC 农用大棚膜的增塑体系和一个普通电缆料的增塑体系。

2.2 冲击改性剂

抗冲改性剂又称增韧剂，是能赋予聚合物材料更好韧性的一类助剂。采用增加链段活动能力来增韧是不全面的，这种方法类似于增塑剂，常常牺牲了材料的拉伸强度和刚性。而材料的增韧应在不影响其他性能的前提下，尤其是刚性和拉伸强度或者至少使这些性能维持在原有的水平上来改善材料的耐冲击性能。否则，增韧就失去了意义。

2.2.1 增 韧 机 理

当高分子材料受到冲击时，抗冲击强度较低。加入冲击改性剂后，增韧剂与高分子材料之间应具备部分相容性，就是说增韧剂在高分子材料中应能分散良好，但又应存在分相离。如果相容性良好，即似无规共聚物中，只能起增塑作用；相容性差或完全不相容时，则两相之间不能形成良好的界面连接，也不具备增韧作用。增韧剂粒子在聚合物中应处于良好的分散状态，常常是以单相连续形态结构或海岛结构。当高分子材料受到冲击时，材料出现银纹，冲击改性剂的弹性体粒子像海洋中的岛屿那样可以降低银纹发展，并利用粒子自身的变形和剪切带，阻止银纹扩大和增长，吸收掉传入材料体内的冲击能，从而达到抗冲击的目的。

2.2.2 抗冲改性剂的分类

按有机抗冲击改性剂的分子内部结构，可将其分为如下几类。

（1）预定弹性体（PDE）型冲击改性剂 预定弹性体（PDE）型冲击改性剂，它属于核-壳结构聚合物，是一种具有独特结构的聚合物复合粒子，如图 2-3 所示，一般采用分步乳液聚合制得。其核为软状弹性体，赋予制品较高的拉伸性能和抗冲击性能，壳为具有较高玻璃化温度的聚合物，主要功能是使改性剂微粒子之间相互隔离，形成可以自由流动的组分颗粒，促进其在聚合物中均匀分散。当高分子材料受到冲击时，高分子材料出现银纹，冲击改性剂的弹性体粒子起到分散和吸收能量，降低银纹发展。常见的核-壳类抗冲改性剂有 MBS（以丁苯橡胶为核，以苯乙烯、甲基丙烯酸甲酯为壳）、ACR（以丙烯酸酯类共聚物为核，以甲基丙烯酸酯类共聚物为壳）等。

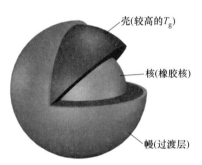

壳(较高的T_g)

核(橡胶核)

幔(过渡层)

图 2-3 核-壳型抗冲击改性剂的结构

（2）非预定弹性体型（NPDE）冲击改性剂 非预定弹性体型冲击改性剂属于网状聚合物，其改性机理是以溶剂化作用（增塑作用）机理对塑料进行改性。因此，NPDE必须形成一个包覆树脂的弹性网状结构，它与树脂不是十分好的相容体。当高分子材料受到冲击时，高分子材料出现银纹，弹性网状结构可以吸收冲击能量，阻止银纹发展，此类结构的改性剂有：CPE、EVA。

（3）过渡型冲击改性剂 过渡型抗冲改性剂是指介于预定弹性体型和非预定弹性体型抗冲改性剂之间的抗冲改性剂。过渡型冲击改性剂不是以核-壳结构的弹性球存在，而是以弹性体存在聚合物中，如 ABS。

（4）橡胶类抗冲击改性剂 这是一类性能优良的增韧剂，采用柔性的橡胶链段加入到聚合物中增加聚合物分子链的柔性，冲击改性剂的柔性链段起到分散和吸收能量的作用，降低裂纹发展。这类增韧剂主要品种有：乙丙橡胶（EPR）、三元乙丙橡胶（EP-DM）、丁腈橡胶（NBR）、丁苯橡胶、天然橡胶、顺丁橡胶、氯丁橡胶、聚异丁烯、丁二烯橡胶等，其中 EPR、EPDM、NBR 三种最常用，它们的特点是改善低温耐冲击性优越，但同时拉伸强度也有所降低，而且不耐老化。

乙丙橡胶、三元乙丙橡胶最适合 PP、HDPE、LDPE 的冲击改性；丁苯橡胶、SBS 最适合 PS 的冲击改性；丁腈橡胶、氯丁橡胶、聚硫橡胶最适合酚醛树脂、环氧树脂、聚酰胺、聚醚类树脂的增韧改性。

2.2.3 抗冲击改性剂的品种

目前抗冲击改性剂的品种、组成、生产厂家及用途如表 2-17 所示[1]。

表 2-17　　　　　　　　　　　　抗冲击改性剂及其应用

名称	产品牌号（厂商）	组成	用途
聚乙烯	—	半晶质聚烯烃	PC、PP
EPDM	TPE(Uniroyal)	非交联含反应的烯烃位	PP
酸改性的聚乙烯	Surlyn,Vamac(杜邦)	半晶质的主链，离子交联	聚酰胺、PC
热塑性聚氨酯	Texin(Mobay) Pellethane(道尔)	嵌段共聚物	POM 热塑性聚酯
热塑性聚酯性体	Hytrel(杜邦)	嵌段共聚物，软聚醚/硬聚醇，物理交联	热塑性聚酯
热塑性苯乙烯弹性体	Kraton(壳牌) Solprene(Phillips) Stereon(Firestone)	嵌段共聚物，软聚合物（Bd）或（乙烯/丁烯）/硬聚苯乙烯，物理交联	晶体和冲击 PS、PP、PPO
核-壳丙烯酸橡胶	Paraloid KM300 系列、EXL3300 系列(罗姆哈斯)	交联的丙烯酸核，甲基丙烯酸壳	PVC、PC、PBT、PET 混合物，聚酯，晶状 PET
改性产品	Durastrength (ElfAtochem),Kane Ace FM 系列(三菱人造丝公司)	附加的单体混合	PVC、PC、PBT、PET 混合物，聚酯，晶状 PET
核-壳 MBS	Paraloid BTA,EXL3600 系列(罗姆哈斯),Metablen 系列(Elf Atochem)	交联的聚合物（Bd 或 Bd/苯乙烯）壳，聚（甲基丙烯酸）壳	PVC、PC、PET、PBT 混合物
ABS	Blendex 系列(特种化学品公司),Lustran(Monsanto),Magnum(道尔)	丙烯腈/丁二烯/苯乙烯嵌段共聚物	PVC、PC、PET、PU
EVA	Elvaloy(杜邦),Baymod(Mobay)	乙烯/醋酸乙烯/二氧化碳共聚物	PVC
SBR	K-Resi 系列(Phillips)	苯乙烯/丁二烯橡胶	苯乙烯塑料的聚合物和共聚物
腈橡胶	Nipol 系列(Zeon 化学公司),Blendex HPP(GE 特种化学品)	苯乙烯/丙烯骑嵌段共聚物	PC
CPE	Tyrin 系列(杜邦-道尔)	氯化聚乙烯	PVC
聚丁烯	聚丁烯 L,H 系列,Indopol(Amoco)	—	ABS、PP、EVA、EPDM/PP 共混物,苯乙烯聚合物
SAN	Blendex HPP(GE 特种化学品)	苯乙烯/丙烯腈嵌段共聚物	PVC
E-O	Engage(杜邦-道尔)	乙烯/辛烯共聚物	PP、PE、TPO

2.2.4　增韧加工方法

增韧加工方法主要有机械共混、熔体共聚和共聚法。但无论哪一种方式，其目的都是相同的。这就是以刚性的连续相作为材料基体，在其中分散一定粒度的微细橡胶相，同时要求两相之间在界面上有良好的粘接。

（1）机械共混　机械共混是加工聚合物生产中最简单的方法，即直接将橡胶加至热塑性塑料中。

（2）熔体共混　最简单实用且应用最普遍的共混方法是熔体共混，包括用螺杆挤出机共混、两辊开炼共混、在密炼机内共混等。混合的均匀性与机械的分散混合效率有关。

熔体共混，既可直接使用普通橡胶，也可使用接枝橡胶，使用预定弹性体（PDE）型冲击改性剂更为理想。常温下机械共混法不能接枝，但高温下的熔体共混可以进行少量的接枝反应和交联反应，其产品的力学性能虽不及共聚法的理想，但比常温下机械共混好得多。由于这种方法简单方便，所使用的设备投入也不大，因此是最广泛使用的方法。

（3）共聚法　共聚法主要在生产聚合物树脂时进行，它是最理想的改性方法，适合大规模工业化生产。例如 HIPS 是聚苯乙烯和丁苯橡胶或顺丁橡胶的接枝共聚物，ABS 是苯乙烯、顺丁橡胶和丙烯腈的接枝共聚物，PPR 是无规共聚聚丙烯，它们的力学性能好，拉伸强度、热变形性和冲击强度是可以人为控制的。

2.2.5　常用 PVC 的增韧剂

（1）氯化聚乙烯（CPE）　作为增韧剂使用的 CPE，含 Cl 量一般为 $25\% \sim 45\%$。CPE 来源广、价格低，除具有增韧作用外，还具有耐寒性、耐候性、耐燃性及耐化学药品性能，是占主导地位的冲击改性剂，尤其在 PVC 管材和型材生产中，大多数工厂使用 CPE。加入量一般为 $5 \sim 15$ 份。CPE 也可以同其他增韧剂协同使用，如橡胶类、EVA 等，效果更好，但橡胶类的助剂不耐老化。

（2）ACR　ACR 是甲基丙烯酸甲酯、丙烯酸酯等单体的共聚物，为近年来开发的最好的冲击改性剂，它可使材料的抗冲击强度增大几十倍。

ACR 属于核-壳结构的冲击改性剂，甲基丙烯酸甲酯、丙烯酸乙酯高聚物组成的外壳，以丙烯酸丁酯类交联形成的橡胶弹性体为核的链段分布于颗粒内芯。

ACR 冲击改性剂特别适用于户外使用的 PVC 塑料制品的冲击改性，ACR 冲击改性剂与 CPE 冲击改性剂相比最大的优势是它在改善材料的冲击性能时拉伸强度变化不大。在 PVC 塑料门窗型材使用 ACR 作为冲击改性剂与 CPE 改性剂相比，具有加工性能好、表面光洁、耐老化好、焊角强度高的特点，但价格比 CPE 高 1/3 左右。一般用量为 $6 \sim 10$ 份。

（3）MBS　MBS 是甲基丙烯酸甲酯、丁二烯及苯乙烯三种单体的共聚物。MBS 的溶度参数为 $9.4 \sim 9.5$，与 PVC 的溶度参数接近，因此同 PVC 的相容性较好，它的最大特点是加入 PVC 后可以制成透明的产品。

一般在 PVC 中加入 10～17 份，可将 PVC 的冲击强度提高 6～15 倍，但 MBS 的加入量大于 30 份时，PVC 冲击强度反而下降。MBS 本身具有良好的冲击性能，透明性好，透光率可达 90％以上，但它在改善冲击性的同时，对树脂的其他性能，如拉伸强度、断裂伸长率等性能有所影响，但影响不大。MBS 价格较高，常同其他冲击改性剂，如 EAV、CPE、SBS 等并用。MBS 耐热性不好，耐候性差，不适于做户外长期使用制品，一般不作为塑料门窗型材生产的冲击改性剂使用。

（4）SBS SBS 为苯乙烯、丁二烯、苯乙烯三元嵌段共聚物，也称为热塑性丁苯橡胶，属于热塑性弹性体。SBS 中苯乙烯与丁二烯的比例主要为 30/70、40/60、28/72、48/52 几种，用作 HDPE、PP、PS 的冲击改性剂，其加入量为 5～15 份。SBS 主要作用是改善其低温耐冲击性。SBS 耐候性差，不适于做户外长期使用制品。

（5）ABS ABS 为苯乙烯（40％～50％）、丁二烯（25％～30％）、丙烯腈（25％～30％）三元共聚物，主要用作工程塑料，也用于 PVC 冲击改性，对低温冲击改性效果也很好。ABS 加入量达到 50 份时，PVC 的冲击强度可与纯 ABS 相当。ABS 的加入量一般为 5～20 份。ABS 的耐候性差，不适于做长期户外使用制品，一般不作为塑料门窗型材生产的冲击改性剂使用。

（6）EVA EVA 是乙烯和醋酸乙烯酯的共聚物，醋酸乙烯酯的引入改变了聚乙烯的结晶性，醋酸乙烯酯含量在 5％～17％时主要用于农膜，它与聚乙烯的相容性很好，当醋酸乙烯酯含量 40％～50％时用作 PVC 冲击改性剂。单独使用 EVA 作抗冲击剂有许多缺点：拉伸强度下降，热变形温度变低，耐化学性较差，而且 EVA 与 PVC 折光率不同，难以得到透明制品，EVA 添加量为 10 份以下。

2.2.6 抗冲改性剂的选择原则

（1）根据制品使用要求选择改性剂，注意力学性能要求，使用环境、色泽、透明性等要求。

（2）根据树脂特性确定所使用的改性剂的类型。

（3）根据加工工艺、加工特点选择改性剂。

（4）注意改性剂对其他性能的影响，注意协同作用。

（5）注意原材料和加工的成本。

2.2.7 抗冲改性剂的应用

（1）硬 PVC 抗冲改性 硬 PVC 抗冲改性可以选择 CPE、EVA、MBS、ACR 等改性剂，它们对冲击性能的贡献和对刚性的影响见图 2-4 和图 2-5。

硬 PVC-EVA、PVC-CPE 共混中，聚合物和改性剂形成互穿网络结构，也被称作"蜂窝"结构。这种两相体系外表不透明，表明存在相分离，而且分散相的尺寸超过了可见光的波长。

与此相反，当用 ABS 或 MBS 作改性剂时，在经过合适的加工之后，球形的 ABS 或 MBS 橡胶粒子能非常均匀地分散在 PVC 基体之中，呈现海岛结构。这些结构稳定

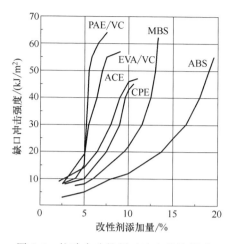

图 2-4　抗冲击改性剂对冲击性能影响

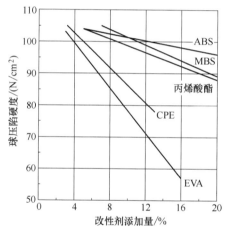

图 2-5　抗冲击改性剂对刚性能影响

的原因在于交联的 ACR 分子链能够交联聚集，并且通过接枝共聚的 ACR 能达到相界面的良好结合，PVC-ACR 体系的耐候性、焊接性都明显好于 PVC-EVA、PVC-CPE 体系。

（2）聚丙烯抗冲击改性　聚丙烯冲击改性主要是用乙丙橡胶改性，用 EPM 和 EPDM 作弹性体组分的聚丙烯共混聚合物大量用于在汽车工业中作防冲保护件上。

弹性体改性聚丙烯的刚性和韧性取决于加入的弹性体量。缺口冲击强度增高，往往伴随着硬度下降。加入弹性体，聚丙烯的拉伸强度和热变形温度也明显下降（表2-18）。可以通过加入炭黑、某些无机填料和增强剂来改善这些共混聚合物的韧性和刚性。含炭黑的聚丙烯/弹性体混合物耐候性极好。

（3）聚酰胺抗冲击改性　聚酰胺与弹性体共混可以得到抗冲击性更好的聚酰胺，例如加入 EPDM 得到抗冲性极高的聚酰胺，改性聚酰胺具有工程材料的良好性能，缺口冲击强度和低温冲击强度都大有改进。改性后对热变形温度比基础树脂约低 8℃、对尺寸稳定性和可燃性都有不利影响。高抗冲聚酰胺主要用于生产链轮、切削片、承受危险机械应力的工业制件等设备构件。

表 2-18   PP-EPDM 改性体系的性能

性能	单位	测试温度/℃	用 EPDM 改性的聚丙烯时 EPDM 的加入量/%				
			0	10	20	30	40
缺口冲击强度	J/m	−40	4	60	55	55	64
缺口冲击强度	J/m	23	38	200	560	710	1150
挠曲模量	N/mm²	23	1950	1800	1510	1340	630
维卡软化温度	℃	—	154	152	148	126	114

思 考 题

1. 加工改性剂的作用是什么？它主要包括哪几种？
2. 从作用机理分类，冲击改性剂主要分为哪几类？每一类请列举出一种。
3. 写出适合用于硬质 PVC 的冲击改性剂，写出适合用于 PP 的冲击改性剂。
4. 设计一个抗冲击 PP 的增韧体系和一个抗冲击硬质 PVC 的增韧体系。

2.3 增 强 剂

2.3.1 增强剂简介

增强剂是指添加到聚合物中，提高聚合物材料强度的助剂。获得高强度聚合物材料的主要技术途径是制备纤维增强复合材料，纤维增强复合材料具有质轻高强的特点。在聚合物中加入高强度的纤维，如果纤维能被聚合物紧密包覆，则这种增强的高分子材料在受力时，高强度的纤维会大大提高材料的强度。这种方法在复合材料生产中广泛使用，聚合物材料中加入纤维类增强剂能大幅度提高其力学强度、尺寸稳定性和热变形温度等，也能较好地保持其韧性和耐疲劳性，这是目前高分子材料增强的主要方法。

随着科学技术的不断发展和社会的不断进步，对材料性能提出了更高的要求。制造质轻、高强度、坚固、加工成型方便的新型材料，是材料学科的发展方向。增强剂与填料相比具有增强作用。广义上讲，增强改性也属于填充改性，是其中的特例。

2.3.2 增强剂的分类

增强剂多为纤维状物质，按其结构与性质可分为玻璃纤维、碳纤维、石棉纤维、硼纤维、碳硅纤维、聚芳酰胺纤维、陶瓷纤维及晶须等。

2.3.3 增强剂作用原理

关于增强剂的增强作用可能通过以下四种作用机理实现：

（1）桥联作用 增强剂加入到聚合物材料中能通过增加分子间作用力或化学键力与聚合物材料相结合。在增强剂与聚合物互相结合的作用力中，一般化学键力虽然很大，但是形成化学键的程度不大，其主要的结合力还是分子间力即范德华力。

（2）传能作用　由于增强剂与聚合物材料之间桥联结合，当分子链受到应力时，应力可通过这些桥联点向外传递得以分散，使材料不被破坏。

（3）补强作用　在较大的应力作用下，如果发生了某一分子链的断裂，与增强剂紧密结合的其他链可起加固作用。

（4）增黏作用　橡胶中加入增强剂后，使物体黏度增大，从而增大了内摩擦力。当物体受到外力作用时，这种内摩擦将吸收更多的能量，从而增大了橡胶的抗撕裂、耐磨损性能。

2.3.4　增强剂主要品种

（1）炭黑　炭黑是由碳氢化合物通过不完全燃烧或热裂解制得的，主要由碳元素组成，是以近于球状的胶态粒子及胶体尺寸的聚结粒子聚集体形式存在的物质，从外观上看为疏松的黑色细粉（图 2-6）。

图 2-6　炭黑

炭黑的密度为 $1.80 \sim 1.85 \mathrm{g/cm^3}$，表观密度为 $0.3 \sim 0.5 \mathrm{g/cm^3}$，橡胶用炭黑的粒径一般在 $11 \sim 500 \mu m$，炭黑粒径越小，比表面积越大，其补强性能越好。

炭黑用于橡胶工业作补强剂，在塑料工业中用作紫外线屏蔽剂、着色剂和导电剂。在油墨、油漆、涂料、化纤、皮革化工等行业作着色剂。炭黑总量的 90%～95% 用于橡胶工业，其在橡胶中的添加量约为 40%。

（2）白炭黑　白炭黑是一种无定形二氧化硅，呈白色粉末状（图 2-7）。由于其在橡胶中有与炭黑相似的补强性能，可以做白色或彩色橡胶制品，故俗称为白炭黑，实际上它的补强效果比炭黑还好。

沉淀法生产的白炭黑为水合二氧化硅，主要成分为 SiO_2，为白色无定形粉状物质，质轻而松散，无毒，无味，不溶于水和酸，可溶于氢氧化钠和氢氟酸，对其他化学药品稳定，平均粒径为 $11 \sim 110 \mu m$，比表面积为 $35 \sim 380 \mathrm{m^2/g}$，密度为 $1.9 \sim 2.1 \mathrm{kg/m^3}$，表观密度为 $250 \mathrm{kg/m^3}$，具很高的电绝缘性。

白炭黑的补强性能主要与其比表面和（或）粒径、结构和表面化学活性有关。与炭黑相比，白炭黑表面积更高，粒子更细，因此活性高，补强后的硫化胶的拉伸强度、

图 2-7　白炭黑

撕裂强度、耐磨性也高，但弹性却下降，混炼时黏度增大，使加工性能恶化。白炭黑粒子表面带有硅羟基使其具有吸水性和造成 pH 不稳定，亲水性强不利于补强性，含水高易使橡胶硫化时出现焦烧，并出现延迟硫化。由此，用白炭黑补强橡胶时进行适当的预处理是十分必要的。使用白炭黑要注意其 pH，pH＞8 胶料硫化很快，pH＜5 则硫化很慢，需按其 pH 调节其用量。

（3）玻璃纤维　玻璃纤维是由玻璃熔融经拉伸、冷却所形成直径在 $5 \sim 15 \mu m$ 的纤维状物质（图 2-8），是目前最基本和应用最广泛的塑料增强材料。

图 2-8　玻璃纤维

玻璃纤维的主要组成与其所用玻璃原料相一致，密度为 $2.54 g/cm^3$。根据氧化钾和氧化钠含量玻璃纤维可分为无碱、低碱、中碱和高碱等品种，其中无碱玻璃纤维性能最好，是最重要的玻璃纤维增强材料。玻璃纤维不吸水，不燃，化学稳定性和电绝缘性好，力学性能好。其不足之处是与树脂间的亲和性不太好，在使用时常需加入偶联剂等对其进行表面处理。

填充玻璃纤维能提高塑料的力学强度（如拉伸、弯曲、压缩。弹性模量等）、热变形温度、导热性和硬度，可降低塑料的线膨胀系数、吸水性和可燃性，同时还能抑制应力开裂和改善电性能。玻璃纤维增强的聚合物材料的比强度达到或超过高级合金钢，是航空、航天等领域的重要材料。表 2-19 是玻璃纤维增强的聚合物材料具有高强的性能。

表 2-19   玻璃纤维增强的聚合物材料的性能

材料名称	相对密度	拉伸强度/MPa	比强度
聚酯玻璃钢	1.8	284.2	157.9
环氧树脂玻璃钢	1.73	490.0	283.2
酚醛树脂玻璃钢	1.75	196.0	112.0
有机硅玻璃钢	1.60	166.6	104.1
邻苯二甲酸二烯丙酯树脂玻璃钢	1.65	352.8	156.8
高级合金钢	8.0	1254.4	156.8
铸铁	7.4	235.2	31.8

（4）碳纤维　碳纤维是由元素碳构成的一类纤维（图 2-9），通常由有机纤维在隔绝空气和水的情况下加热至高温分解炭化而成，按碳纤维的结构可分为石墨碳纤维和无定形碳纤维两种。按照碳纤维的性能，特别是模量特性，可将其分为通用型（亦可称为低模量型）和高性能型两大类。

图 2-9　碳纤维

碳纤维密度小，耐化学腐蚀，耐热冲击，具有柔曲性，耐热性高（在 2000℃ 以上的惰性环境中强度不降低），碳纤维的最大优点是比强度和比模量高，用其增强的塑料的比强度和比模量比钢和铝合金高 3 倍左右。碳纤维还能提高塑料的耐疲劳、耐摩擦和耐蠕变性能，降低热膨胀性，提高塑料的导电性、导热性、尺寸稳定性、耐热性和抗腐蚀性等。目前碳纤维的缺点是价格较高，抗冲击强度不如玻璃纤维增强塑料，层间剪切强度差，还有一定的电腐蚀性。表 2-20 为通用型和高性能型碳纤维的性能。

表 2-20   通用型和高性能型碳纤维的性能

性能	通用型	高强度型		高模量型	
		聚丙烯腈系	沥青系	聚丙烯腈系	沥青系
相对密度	1.6～1.7	1.74～1.82	1.98	1.82～1.85	2.02～2.05
直径/μm	10～12	7～9	9	7～9	8
拉伸强度/MPa	833～1176	2450～3450	2450	2254～2450	2058
伸长率/%	2.2～2.4	1.0～1.3	1.2	0.6	0.45
弹性模量/MPa	29～49	196～245	206	343～396	372～509
线膨胀系数/℃$^{-1}$	1.7	0.7		1.0～1.2	
体积电阻率/$10^{13}\Omega \cdot$ cm	5.5～15	1.6		0.8	

碳纤维可作为热固性树脂的增强材料，如环氧树脂、酚醛树脂、不饱和聚酯等，也可用于热塑性树脂如聚酰胺（尼龙）、聚碳酸酯、ABS 树脂、聚苯乙烯、聚缩醛、聚乙烯、聚丙烯等，填充量一般为 $10\% \sim 40\%$。

为了提高碳纤维与树脂的亲和性，通常对它们进行表面处理，使用的方法有表面氧化法和表面上胶法。碳纤维经表面氧化处理后，表面的含氧基数量增多，在增强塑料中与树脂间作用力随之提高。上胶处理是对碳纤维采用表面处理剂进行修饰，改善其与基质树脂的亲和性。常用的表面处理剂是环氧树脂，此外，还可使用聚酯树脂、酚醛树脂、聚乙烯醇、尼龙、聚四氟乙烯等。表面处理剂的种类和附着能力对增强塑料的拉伸强度和冲击强度等特性有很大影响。

碳纤维主要用于航天、航空、汽车、医疗器械等有关的轻质高强度塑料的增强。

（5）石棉纤维　石棉纤维是一种天然的无机纤维，有 30 多种类型，作为填料使用的主要是成分为 $3MgO \cdot 2SiO_2 \cdot 2H_2O$ 的耐高温石棉。

石棉纤维的特点是耐热、耐火、耐水、耐酸和化学腐蚀，石棉纤维的缺点是对人体有致癌性，在很多情况下被禁止使用。石棉纤维可以以短纤维、纱、织物、带、毡及布等形式增强酚醛树脂、酚醛树脂、不饱和聚酯树脂、环氧树脂等热固性树脂及聚氯乙烯、聚丙烯、尼龙等热塑性树脂。

石棉粗纱用布带缠绕法制成的各种圆形部件，可作为要求耐高温、耐烧蚀的宇航用零件。石棉毡片及织物经手糊法制成的结构材料，适用于要求高强度、耐腐蚀及耐高温的场合。石棉短纤维用于成型塑料时，适用于冷模压、挤塑、注塑和传递模压等加工工艺，可以在使用现场混合，也可制成各种预混料。

（6）硼纤维　硼纤维是目前最轻质高强的增强材料之一，硼纤维拉伸强度、弹性模量很高（其弹性模量为高强度玻璃纤维的 5 倍）。由于硼纤维密度小，强度和比刚度高，可用于轻质、高强度的复合材料，例如用硼纤维增强的环氧树脂已成功地用于飞机和宇航器上。硼纤维的缺点是价格较高，纤维的直径粗大，伸长率较小，因此应用并不普遍。

（7）钛酸钙纤维　钛酸钙纤维为白色单晶纤维（图 2-10），熔点高（＞1300℃）、模量高，电性能好，无毒，纤维细小。质地比其他无机纤维软（莫氏硬度为 4），可作热塑性塑料的增强材料。与玻璃纤维不同，它纤维细小，不增加熔融树脂的黏度，剪切

图 2-10　钛酸钙纤维

应力小，成型过程中其长度几乎不变短，质地较软，对成型机械和模具的损伤小。具体使用时加入 1％的硅烷偶联剂可进一步提高加工性和制品的物理机械性能。

（8）碳硅纤维　碳硅纤维是由聚二甲基硅烷和聚硅碳烷经纺丝后在真空、惰性条件下经 1200～1500℃高温烧成。其特点是拉伸强度大、模量高、耐热性高，在氧化环境中也能使用。相对密度小、耐药品性好，用碳硅纤维制得的增强材料层间剪切强度可达1.2MPa，可用于环氧树脂等塑料。

（9）聚芳酰胺纤维　聚芳酰胺纤维是密度低、强度高的有机高分子纤维，其密度约比玻璃纤维和石棉纤维低 43％，比碳纤维低 17％，而其拉伸强度比这三种纤维高得多。聚芳酰胺纤维热稳定性高，在 190～260℃都具有优良的物理性能。高温下不熔融软化，膨胀系数较低，与碳纤维相近。聚芳酰胺纤维适用于环氧树脂等多种热固性树脂增强，并可与其他纤维混合使用以降低成本，主要用于航空、航天等方面。

（10）陶瓷纤维　陶瓷纤维的主要成分是三氧化二铝和二氧化硅，还有少量的铁、钛、钙、硼、钾和钠氧化物。陶瓷纤维的原始形式是含有长短粗细不等的纤维和一些未纤维化的细粒的纤维，导热性随着纤维直径和细粒含量的增加而增加。

陶瓷纤维可作塑料增强材料，它的突出优点是耐高温和耐腐蚀性好，热传导系数和线膨胀系数小，吸音性能也好，其化学稳定性高，不受水、水蒸气及大多数化学药品的影响，但不耐氢氟酸。弹性模量比玻璃纤维高 4～6 倍，耐热性高 2～3 倍。

（11）晶须类　晶须类是外观似短纤维的极细丝状结晶物（图 2-11）。制造晶须的材料有 100 多种（包括有机物和无机物），晶须的直径极小，100 根晶须的粗细相当于 4根玻璃纤维，1 万根晶须的粗细相当于 1 根硼纤维。

图 2-11　碳酸钙晶须

由于晶须近乎完全结晶，结构中几乎没有缺陷，因此力学强度极高。晶须既具有玻璃纤维的伸长率（3％～4％），又具有硼纤维那样高的弹性模量，晶须主要品种有氧化铝晶须、炭化硅晶须、氮化硅晶须、碳酸钙晶须、碳酸钾晶须等。晶须可用于各种塑料的增强，但由于价贵，因此主要用于空间和海洋开发及其他机械构件制造等方面。

2.3.5　增强剂的应用

（1）配方举例一（表 2-21）

表 2-21 一种车用耐磨植物纤维增强聚丙烯微发泡材料的配方[2]

原料	用量/份	原料	用量/份
聚丙烯	40～80	成核剂	0.5～5
植物纤维	10～25	增韧剂	1～10
相容剂	1～8	发泡剂	1～5
耐磨助剂	1～10	其他助剂	3～10
润滑剂	0.5～3		

（2）配方举例二（表 2-22）

表 2-22 一种高强高韧聚丙烯复合材料的配方[3]

原料	用量/份	原料	用量/份
聚丙烯	28～58.5	相容剂	9
聚己内酰胺	10～40	润滑剂	1
硫酸钡	14	抗氧剂	0.5～1
玻璃纤维	7		

（3）配方举例三（表 2-23）

表 2-23 一种碳纤维增强尼龙复合材料[4]

原料	用量/份	原料	用量/份
尼龙 66 树脂	50～80	聚酰胺	10～20
聚醚醚酮	10～20	碳纤维	20～40
聚苯硫醚	5～10	助剂	1～10

（4）配方举例四（表 2-24）

表 2-24 一种白炭黑-极性橡胶杂化网络增强橡胶材料的制备方法[5]

原料	用量/份	原料	用量/份
SSBR	92	硬脂酸	1
NBR	8	促进剂 NS	0.9
白炭黑	50	促进剂 DPG	1
ZnO	3	硫黄	1.76

思　考　题

1. 如何增加高分子材料的拉伸强度？它主要包括哪几种方法？
2. 写出环氧玻璃钢是什么样的复合材料？
3. 请写出改进聚丙烯拉伸性能的配方和加工方法。
4. 请写出用玻璃纤维增强 PP 与未增强的 PP 在哪些性能有突出变化。

2.4　填　料

2.4.1　填　料　简　介

填充剂俗称"填料"，加入到聚合物材料中的主要目的是增加容量，降低成本。但是在满足这些基本条件的同时，填料还能起一定程度的改性作用，如补强、增加刚性等作用。

填料是聚合物加工助剂中添加量最多的一种助剂，其用量往往为数十份乃至高达几百份。廉价的填料不但降低了塑料制品的生产成本，提高了树脂的利用率，同时也扩大了树脂的应用范围。经过某些化学物质如偶联剂等处理过的填料，容易与树脂混合并且保证了一定的加工性能和力学性能，具有很好的经济效益。

2.4.2　填料作用原理

填料作为添加剂，主要是通过它占据基体材料分子链之间的空隙从而对基体材料分子链的运动产生影响而导致材料性能的改变。主要表现在以下两点：①由于填料的存在，使得与之相连的基体材料的分子链链段局部被固定，不再占据原来的全部空间，并影响到基体聚合物的取向。②由于填料的尺寸稳定性，在填充的聚合物中，聚合物界面区域内的分子链运动受到限制，主要产生的影响表现在：玻璃化温度上升；热变形温度提高；收缩率降低；弹性模量、硬度、刚度提高，某些情况下冲击强度提高。

2.4.3　填料的主要性质

（1）密度　填料的真密度与其化学组成和形态有关，大多数填料的密度在 $1.5 \sim 4.0 \text{g/cm}^3$，密度的大小直接影响填充聚合物材料的重量，而密度大的填料添加到聚合物中使材料密实，常用作隔音材料。填料大都是以粉末态加以应用，所以填料的堆积密度或表观密度会严重影响加工处理和进料状态。堆积密度小于 0.2g/cm^3 的细粒填料是难以进行加工使用的。

（2）颗粒大小和形状　填料颗粒的大小、形状与其比表面积及颗粒压实性能一样，都是影响复合材料力学特性的极其重要的因素。一般来讲，薄片状、纤维状、板状填料在聚合物加工中应用后，使加工性变差，但力学强度优良；而球状、无定形粉末填料加工性优良，力学强度则比纤维状和片状差。另外，填料的多孔性和团聚倾向性也对力学特性造成很大影响。

（3）吸油性　填料吸油性的大小依赖于其粒度大小、粒子形状、有无吸附性和表面处理情况，每一种填料大致都有一个固定的值。例如为了保持可塑化 PVC 的柔软性和伸长率，添加了填料的比不加填料的配合体系有必要增加增塑剂的用量，这是因为填料本身对增塑剂有一定量的吸收。

（4）光学性能　填料最重要的光学特性是颜色，就白色填料来说，颜色指的是白度或亮度。单一填料的白度经常认为是纯度的重要指标，通常也决定着填料的价格。但白度对复合材料最终颜色的影响要比材料中不同折射率组分的影响小得多，所以一般采用将填料与白油或亚麻子油混合后可观察填料的色泽。对比不同商家所售填料的白度，必须用硫酸钡或氧化镁作为标准白。

（5）电气性能　影响着填料的质量和纯度，塑料的高频特性、耐电压和绝缘性等电气特性，含金属杂质或水分的填料能明显降低塑料的电气性能，而用煅烧陶土和云母则能大大提高其电气性能。

（6）其他特性　填料的化学性能应是惰性的，否则发生化学反应或溶解则会损害粒子的原状，必然对填充体系发生影响，如变色、损失强度、损害外观，而使其应用受到限制。填料的其他特性还有尺寸稳定性、耐磨耗性、阻燃性、热传导性，力学强度、耐热性、耐化学性、耐溶剂性、酸碱性等。

2.4.4 填料的分类

（1）按其化学组成分类，可分为无机填料和有机填料两类。

（2）按其来源可分成矿物填料、植物填料和合成填料三类。

（3）按其外观形状可分为粒状、粉状、薄片状、实心微珠、中空微球、纤维状、织物状等类别。

（4）按填料在聚合物材料中的主要功能可分为增量性填料、增强性填料、阻燃性填料、导电性填料、着色用填料、耐热性填料、耐候性填料和抗粘连填料等。

（5）按结构和性质可分为普通无机盐类填料、炭黑类填料、纤维类填料、硅酸盐类填料、二氧化硅类填料、氧化物填料和金属粉类填料等。

一般常用的是按其化学组成分类，见图 2-12。

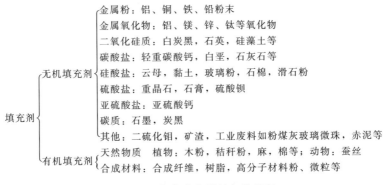

图 2-12 按化学分类的各种填料

2.4.5 主要的填料产品

（1）碳酸钙（$CaCO_3$）　碳酸钙是用量最大的填料，主要有两种类型，即直接由石灰石粉碎而得的重质碳酸钙和用沉淀法等方法人工合成的轻质碳酸钙。碳酸钙是最有代表性的白色填料（图 2-13），因其无味、无毒，色泽较白，可自由着色，而且价格低廉，因此得到广泛应用，成为使用量最大的填料。

图 2-13 碳酸钙

重质碳酸钙是指用石灰石、长白石等直接经机械粉碎筛选所得产品。按其粉碎方法又分为干式重质碳酸钙（俗名双飞粉）和湿式重质碳酸钙（俗称水磨石粉）。因其是机械粉碎，其状无规则，粒子大小也不一，大体粒径为 $30\sim50\mu m$，相对密度 $2.7\sim2.9$。近来，由于粉碎和分级技术的进步，可以制得 $1\sim5\mu m$ 微细、超细重质碳酸钙。

轻质碳酸钙是指用化学方法生产的沉降碳酸钙，粒子形状多为纺锤形或针形、柱形。粒子较细，为 $3\sim30\mu m$，相对密度为 $2.1\sim2.9$。在沉降法生产碳酸钙时加入少量硬脂酸（约 3%），处理过的填料俗称"白艳华"，也称胶质碳酸钙，其相对密度为 $1.99\sim2.01$，润滑性良好，容易加工。

目前采用"双喷"工艺（喷雾碳化和喷雾干燥）生产的超细碳酸钙，平均粒径为 $3\sim15\mu m$，经表面活化处理后，改善了与聚合物的界面结合，对聚合物填充改性具有更大的优势。

碳酸钙可以用于所有聚合物的填充改性，例如填充聚氯乙烯，既可用于板材、管材、型材等硬制品，也可用于电线包皮、人造革等软质品，它可提高制品的色调稳定性。用于聚氯乙烯糊时可作为黏度调节剂。碳酸钙与聚氯乙烯、聚丙烯等聚烯烃树脂复合可制造钙塑材料。碳酸钙无毒，可用于接触食品的制品，目前 PP 的碳酸钙填充改性制备一次性使用的降解制品应用量很大。轻质碳酸钙的吸油值较高，吸增塑剂的量较大，在软质聚氯乙烯中的分散均匀性较差，加入量多时，会降低挤出制品的表面光滑性。

（2）陶土（$Ai_2O_3 \cdot SiO_2 \cdot nH_2O$）　陶土即黏土，又称高岭土，是以含水硅酸铝为主要成分的硅酸盐之一。陶土呈层状结构，即二氧化硅层间夹有氢氧化铝、氢氧化镁等，其粒子结晶呈薄六角板状体，而多水高岭土结晶呈中空管状和针状等。作为塑料应用的陶土，最好呈六角板状。国内以苏州地区所产的苏州黏土质量最优，其粒径在 $1\sim10\mu m$，颜色为白～淡黄色（图 2-14），相对密度约 2.6。

图 2-14　陶土

在聚合物中填充改性中应用最广泛的是煅烧陶土，这种陶土是将高岭土粉碎、水洗精制去杂质，经煅烧除去部分结晶水而制得。煅烧陶土可以提高塑料制品的电气绝缘性。煅烧陶土是质地细软的白色粉末，对酸、碱、光热十分稳定。粒径 $1\sim10\mu m$，相对密度 $2.5\sim2.6$，比表面积 $10\sim30m^2/g$，吸油量 66mL DOP/100g，在聚氯乙烯电缆料中，使用量通常为 $10\sim20$ 份。

陶土可作为聚氯乙烯、聚丙烯、聚酯、尼龙和酚醛树脂等塑料的填料，适用于地板料、家具、玩具、汽车零件、电线和电缆包皮等制品。煅烧陶土因不含水，纯度高，可赋予制品优良的电绝缘性。在聚酯等热固性树脂中可以调节树脂料的黏度和成型性，并赋予制品优良的耐化学药品性、低吸湿性和良好的介电性能，抗龟裂性能也较好，陶土无毒，可用于接触食品的制品。

（3）滑石粉（$3MgO \cdot 4SiO_2 \cdot H_2O$） 滑石粉的主要成分为水合硅酸镁，由天然滑石精制而得，相对密度 2.7～2.8。滑石粉为白色或浅黄色单斜晶体，常呈鳞片状，并含有纤维状物，呈惰性，质地柔软，具有良好的润滑性、耐火性和电绝缘性。添加到聚合物中可以提高刚性，改善尺寸稳定性，并可作为树脂熔融黏度的控制剂，防止模塑件的高温蠕变。在树脂中若添加滑石粉，能增加塑模的周转次数，含滑石粉的聚丙烯有抗蠕变性。鳞状滑石粉有提高耐电压的效果。滑石粉多用于耐酸、耐碱、耐热及绝缘制品中，但用量多时不利于塑料的焊接。

滑石粉适用于聚氯乙烯、聚丙烯、尼龙、ABS 树脂等塑料。因本品的折射率（1.7）与聚氯乙烯相近，故可用于半透明制品。

（4）白炭黑（$SiO_2 \cdot nH_2O$） 白炭黑又称二氧化硅，由硅酸钠化学沉降湿法生产，或由卤化硅水解法生产，其中 SiO_2 含量为 $80\% \sim 88\%$、白炭黑的粒径为 $15 \sim 100 \mu m$、比表面积为 $50 \sim 380 m^2/g$。相对密度为 $1.95 \sim 2.1$，为纯白色微细粉末。

白炭黑在橡胶中具有很大的补强作用，在塑料中的补强作用很小，但可改善加工性能。白炭黑用于聚乙烯薄膜中，可以防止其粘连，若与抗粘连剂并用，则效果更好。在聚丙烯或聚乙烯薄膜加工中加入少量的白炭黑还可改善其透明性，白炭黑起到成核剂的作用，减小球晶直径，从而提高透明性。适量的白炭黑可以提高抗张强度和硬度，改善增塑剂迁移，并且有助于颜料的分散。

（5）硫酸钡（$BaSO_4$） 硫酸钡的天然矿物为重晶石，经机械粉碎过筛得重晶粉，颗粒较大（平均粒径 $15 \mu m$，多在 $2 \sim 25 \mu m$），纯度最高达 95%，一般含杂质较多。而沉降硫酸钡系由重晶石粉与炭加热还原生成硫化钡，再与芒硝作用而生成。沉降硫酸钡为无定形白色粉末，粒径 $0.2 \sim 5 \mu m$，纯度 $>98\%$，相对密度 $4.4 \sim 4.5$。硫酸钡可提高材料的耐腐蚀性，密度，由于其对 X 光的不透性而用于医疗器具（防 X 射线隔板）。其与着色剂混用可增大覆盖力。

（6）硫酸钙和亚硫酸钙（$CaSO_4$ 和 $CaSO_3$） 硫酸钙又称石膏，有天然产石膏（$CaSO_4 \cdot 2H_2O$）、硬石膏（$CaSO_4$）和化学沉降硫酸钙（$CaSO_4 \cdot 2H_2O$）等几个品种。含 2 个结晶水的硫酸钙为不溶于碱的稳定化合物，其在 $120 \sim 130℃$ 失水形成半结晶水的石膏，更高温度焙烧则失去全部结晶水成为无水石膏和半水石膏，半水石膏能与水反应很快固化，无水石膏则不与水反应。

硫酸钙为白色晶体，无味无毒，经粉碎的天然石膏相对密度为 2.36，平均粒径 $4 \mu m$。天然无水石膏相对密度为 2.95，平均粒径 $2 \mu m$。无水硫酸钙相对密度 2.95，平均粒径 $1 \mu m$。在塑料中应用的主要是无结晶水硫酸钙。

（7）云母粉 云母的组成十分复杂、含有不同的金属盐，有不同的色泽。在塑料中常用的有白云母和金云母。白云母（铝硅酸钾盐组成）色白亮，相对密度 2.7～3.1；

金云母（铝硅酸钾镁盐组成）为黄色至深棕色，相对密度 2.75～2.90。云母具有优良的耐热性、耐酸、碱性和极优良的电绝缘性，作为填料使用，可提高制品的耐热性和电绝缘性以及尺寸稳定性。

（8）木粉及壳粉　木粉是在木材加工时产生的锯末和木屑经粉碎过筛的 50～100 目粉末，呈淡黄色（图 2-15），相对密度约 1.25，广泛用作热固性树脂成型的填料。木粉价廉且易与热固性树脂混合，尤其是酚醛塑料，木粉是酚醛最好的改性剂。添加木粉可使酚醛有较好的电气绝缘性、尺寸稳定性和耐冲击性，但对于热塑性树脂如 PP、PE、PVC 等，木粉并不会使材料的力学性能增加，相反大量加入木粉会使加工性能变坏，材料的力学性能也明显降低。

图 2-15　木粉

（9）硅藻土　硅藻土是藻类沉渍于海底或湖底所形成的一种化石，在显微镜下显示出细胞状结构，其主要成分为含水硅酸，具多孔结构，白色～浅黄色粉末或块（图 2-16），质地柔软，粒径 25～40μm，比表面积 10～40m^2/g。硅藻土相对密度1.6～2.3，表观密度 0.15～0.45g/cm^3，极易磨成粉末。其吸油量和吸树脂量大，吸水性很强，能吸收本身重量 1～4 倍的水。由于它是热和声的不良导体，主要作为轻便的隔热、隔音材料的填料用于建筑等领域，也用于增塑糊的凝胶化。

图 2-16　硅藻土

（10）中空微球类填料　中空微球是一类新型的填料，由各种有机或无机材料构成，

粒径一般为 $10\sim300\mu m$，壁厚为 $1\sim4\mu m$，中空微球原料广泛，制造方法很多。可用的原料有铝、硅、锗、镁等的氧化物，硅酸钠、硼酸盐、陶瓷料、玻璃、磷酸盐多聚体以及粉煤灰等无机物、有机物或合成高分子材料。

中空微球的性质与原料有关，但总的来说密度较小，耐热、耐化学腐蚀、导热、导电率低，化学活性低。

中空微球性能全面，应用非常广泛。例如，其密度小，可用于各种浮力材料的制造以及合成木材、人造大理石的制造等，利用其耐热绝缘和隔热性可制成高频绝缘材料、高低温绝缘材料等。

(11) 硅灰石　硅灰石具有 β-型偏硅酸钙（β-$CaSiO_3$）的化学结构，它是针状、棒状和各种形态粒子的混合物（图 2-17），吸水吸油性低，化学性质稳定，电绝缘性好，因此具有较好的填充效果，是目前发展较快的塑料填料品种。

图 2-17　硅灰石

硅灰石呈短纤维状，针状结晶长径比为 1：15，相对密度约 2.8，莫氏硬度4.5～5.0。折射率为 1.62，与PVC混合料相近，因此它是PVC透明或半透明制品的理想填料。在软质PVC应用中，与碳酸钙相比，不仅降低成本，而且吸油量低，加工性能良好，耐腐蚀，收缩变形小，且有增强效果。

硅灰石可用于填充环氧树脂、酚醛树脂、PVC、PE、PP、PA 等，可代替滑石粉、云母和石棉，用偶联剂处理后性能更好。不足之处是硅灰石的色泽，往往在填充PVC制品时使制品呈灰色。

2.4.6　填料对聚合物材料性能的影响

在聚合物材料中加入填料的主要作用就是增加体积，降低成本。但是填料一般都是无机化合物和一些廉价的有机材料，填料自身的各种性能会带进聚合物中，影响聚合物的性质。其中最根本的问题就是在聚合物的连续相中引进了不相容的填料分散相，两相的结合必然影响整个材料的性能。填充的结果大多数是因为有机聚合物相与无机填料相间的排斥、分离造成材料性能的下降。当然有时聚合物相与填料相间产生一定的作用力，如范德华力造成材料性能的提高，但这种情况并不多。总的来说，加入无机填料常可以增大材料的导热性，降低线膨胀系数，改善材料的耐有机溶剂性（耐油性）和耐磨性，但由于两相间的不相容会产生空穴缺陷使材料的脆性增加，抗冲击强度下降，拉伸强度下降。

2.4.7　填料的应用

除少数纤维状填料外，大多数填料使体系的力学性能急剧下降。填料的加入会降低体系熔体的流动性，使加工性变差，增加动力消耗并加快料筒、螺杆等机械部件的磨损。

不同填料的化学组成、粒径、表面性质和填料形状对聚合物性能的影响是不一样的。

（1）填料的化学组成对高分子材料的热性能、电性能及耐药品性能影响很大。

（2）填料的粒径尺寸对填充后高分子材料的加工和综合机械性能有很大的影响，一般来说粒子越细，表面积越大，越有利于两相的结合，有利于材料综合机械性能的提高。但粒子越细，表面凝聚力越大，越难分散，加工越难。粒径大小的选择因聚合物种类、加工方法不同而定，一般在 $1\sim15\mu m$。

（3）填料表面的有机化处理可以增大分散性，增加填料和聚合物两相间的相容性。未经表面处理的填料加入到聚合物里无异于是在聚合物中掺杂质，除少数纤维状填料外，大多数填料使体系的力学性能急剧下降。

（4）对于填料形状来说，纤维、薄片状填料加到塑料中时，加工性能不太好而力学强度则很高。与此相反使用球状填料容易加工而力学性能不高。

总体来讲，填料加入到聚合物体系中主要是为了降低成本，填料的加入，一般会使材料的力学性能（主要是指冲击强度和拉伸强度）降低，但不同类型的填料、不同粒径的填料、不同表面处理的填料对填充后对材料的力学性能下降趋势是不同的。因此，在提高填料的加入量，大幅度降低原材料的价格时，我们可以根据对制品的性能要求，选择合适的填料和适当地加入量以达到最佳经济效果和良好的产品质量，这是填料选用最重要的原则。

① 配方举例一（表 2-25）。

表 2-25　　　　　　　　　摩托车仪表托盘专用料配方

原料	用量/份	原料	用量/份
PP(MFR＝2～4g/10min)粉料	60	钛白粉	1
PP-g-MMA	10	其他助剂	适量
滑石粉（800 目）	27		

② 配方举例二（表 2-26）。

表 2-26　　　　　　　　　汽车仪表盘专用料配方

原料	用量/份	原料	用量/份
共聚 PP(牌号 EPE30R)	75	滑石粉	20
POE	5	其他助剂	适量

③ 配方举例三（表 2-27）。

表 2-27 复合填料填充 PP 配方

原料	用量/份	原料	用量/份
PP	100	碳酸钙(500 目)	5
滑石粉(500 目)	20		

④ 配方举例四（表 2-28）。

表 2-28 复合填料填充 PE 配方

原料	用量/份	原料	用量/份
HDPE	70	滑石粉(800 目)	7
碳酸钙(800 目)	21	其他助剂	2

⑤ 配方举例五（表 2-29）。

表 2-29 滑石粉填充 PE 配方

原料	用量/份	原料	用量/份
LDPE	100	钛酸酯偶联剂(NDZ-200)	0.075
滑石粉	5	其他助剂	适量

思 考 题

1. 填充剂的作用是什么？请写出 5 种常用的填充剂。
2. 填充剂的作用效果受哪些因素影响？
3. 作为一个良好的填充剂应具备哪些条件？
4. 设计一个硬质 PVC 管材的填充体系。

2.5 偶 联 剂

2.5.1 偶联剂简介

偶联剂是一类具有两性结构的表面活性剂，其分子结构中的一部分基团可与有机聚合物发生化学反应或者产生较强的分子间作用或者缠结作用，另一部分基团则可与无机物表面的化学基团反应，实现改善两种物质的界面作用，从而将性质截然不同的材料紧密结合起来。

在聚合物材料生产和加工过程中，亲水性的无机填料与聚合物表现出不相容的现象，使用偶联剂可以改善无机填料在聚合物基体中的分散状态和与聚合物结合的状态，提高填充聚合物材料的力学性能和使用性能。

2.5.2 偶联剂的发展历史和主要生产商

偶联剂是随塑料增强和填充改性，特别是玻璃纤维增强塑料的发展而兴起的。硅烷偶联剂是人们研究最早、应用最早的偶联剂。由于其独特的性能及新产品的不断问世，这类有机硅产品品种繁多、结构新颖，仅已知结构的产品就有百余种。

20 世纪 40 年代美国联合碳化物公司（UCC）首先开发和公布了一系列具有典型结构的硅烷偶联剂，并将其作为玻璃纤维表面处理剂用在玻璃纤维增强塑料中。我国在 20 世纪 50 年代中科院化学所研制出 KH-550、KH-560、KH-570 等 γ 官能团硅烷偶联剂并投入生产；20 世纪 70 年代钛酸酯偶联剂开发成功并进入市场；1985 年福建师范大学研制出新型铝酸酯偶联剂，进一步丰富了偶联剂的种类。国内比较大的硅烷偶联剂生产企业有南京曙光化工集团中德合资南京曙光雷福斯硅烷有限公司、应城市德邦化工新材料有限公司、荆州市江汉精细化工有限公司、湖北武大有机硅新材料股份有限公司等。

2.5.3　偶联剂的作用原理

由于填料和增强剂与聚合物间呈现不相容的状态，它们和聚合物的相界面间结合力直接影响最终材料力学性能，因而填料和增强剂表面的有机化处理就变得十分重要。偶联剂的作用就是经过特殊的处理，将无机物的表面进行有机化改性，将有机分子以物理或化学方式吸附或键合到无机物表面上。这种表面有机化改性又分为物理包覆和化学包覆，如果填料表面包覆的有机分子是以物理方式包覆的（主要是石蜡、硬脂酸盐等），进而提高无机填料在基材中的容合性和分散性能，这种包覆即为物理包覆。如果采用化学键合（极性键）的方式，利用双官能分子，即"偶联剂"以化学键（包括极性键）的方式将填料表面和聚合物分子连接起来，这种包覆方式即为化学包覆。

偶联剂将原来不易结合的材料较牢固地结合起来。例如玻璃纤维增强塑料是由增强材料玻璃纤维（无机物）与有机树脂构成，它们之间界面的结合能力强弱直接影响到制品的力学强度、电气性能、耐化学性能和耐热性能，甚至耐水性、耐老化性能等。无机增强材料或填料（极性物）与非极性的聚合物如聚乙烯、聚丙烯等复合时，由于性质上的巨大差异，在微观结构上两相的结合面上会出现许多空隙，严重影响复合材料的性能。但经偶联剂处理后，就可将增强材料等无机物与有机聚合物"偶联"起来，两相结合面上的空隙减少，使两相得到牢固的结合，使材料的许多性能特别是力学性能得到极大的改善。

2.5.4　偶联剂的主要品种

目前偶联剂的种类较少，偶联剂品种有：硅烷类、钛酸酯类、铝酸酯类、锆类偶联剂及高级脂肪酸、醇、酯等几类（图 2-18），其中最主要的是硅烷类和钛酸酯类偶联剂。

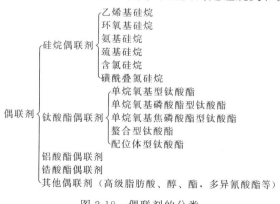

图 2-18　偶联剂的分类

2.5.4.1 硅烷偶联剂

（1）硅烷偶联剂的结构与作用机理　有机硅烷是用途最广的偶联剂，它们的功效是基于其特殊的化学结构，硅烷偶联剂的通式为：$R_nSiX_{(4-n)}$，其中 R 为非水解的、能与聚合物基材结合的有机官能团，如烯烃、脂肪酯基、环氧烃基等；X 为可水解基团并能与填料表面以化学键方式（缩合）或物理方式（氢键）结合，典型的 X 基团有甲氧基或者乙氧基基团等。硅烷偶联剂特别适用于玻璃纤维、金属氢氧化物、二氧化硅和硅酸盐的表面处理。硅烷偶联剂对含硅酸成分多的玻璃纤维、石英粉和白炭黑的表面处理效果最好，对陶土和水合氧化铝次之。

硅烷偶联剂在提高复合材料性能方面具有显著的效果。但迄今为止，还没有一种理论能解释所有的事实。常用的理论有化学键理论、表面浸润理论、变形层理论、拘束层理论等。最重要的两种理论是化学键理论和表面浸润理论。

① 化学键理论。硅烷偶联剂含有反应性基团，它的一端能与无机材料表面的羟基或金属表面的氧化物生成共价键或形成氢键，另一端与有机材料形成氢键或生成共价键。

X 基首先水解为羟基，然后羟基与无机物表面存在的羟基生成氢键或脱水成醚键。

$$RSi(OCH_3)_3 + H_2O \longrightarrow RSi(OH)_3$$

$$RSi(OH)_3 + HO-填料 \longrightarrow \begin{array}{c} OH \\ | \\ RSiO-填料 \\ | \\ OH \end{array}$$

R 基与有机物相结合。硅烷偶联剂的 R 基团与聚合物反应形成缠结或者化学键，其结合的状态随 R 的性能和树脂的种类而异。例如带有环氧 R 基的硅烷偶联剂的环氧基可以和氨基树脂的氨基发生反应，使硅烷偶联剂通过 R 基与氨基树脂相连接。

$$填料-OSi-OCH_2CH\overset{O}{\overbrace{\quad}}CH_2 + H_2N-R' \longrightarrow 填料-OSi-OCH_2\overset{OH}{\overset{|}{C}}HCH_2NH-R'$$

② 表面浸润理论。硅烷偶联剂的表面能较低，润湿能力较强，能均匀地分布在被处理表面，从而提高不同材料间的相容性和分散性。硅烷偶联剂的作用在于改善了有机材料对增强材料的润湿能力。

实际上，硅烷偶联剂在不同材料界面的偶联过程是一个复杂的液固表面物理化学过程。首先，硅烷偶联剂的黏度及表面张力低、润湿能力较强，对玻璃、陶瓷及金属表面的接触角很小，可在其表面迅速铺展开，使无机材料表面被硅烷偶联剂湿润。其次，一旦硅烷偶联剂在其表面铺展开，材料表面被浸润，硅烷偶联剂分子上的两种基团便分别向极性相近的表面扩散，由于大气中的材料表面总吸附着薄薄的水层，则亲水的烷氧基便水解生成硅羟基，与无机材料表面的羟基发生氢键作用；而有机基团则向有机材料表面靠近，在有机材料表面发生反应或者以范德华力结合，从而完成了具有不用表面性质的材料间的偶联过程。

（2）硅烷偶联剂的使用方法

① 直接混合法。在有机基体与无机填料混合的过程中加入硅烷偶联剂，进行成型加工或经高剪切混合挤出，切粒制成母料。硅烷偶联剂的用量占树脂或填料用量的 1%～3%，通常在 5% 以下。

② 以水溶液处理填料。大部分硅烷偶联剂经水解后为水溶性的,因此常用水将硅烷偶联剂稀释配成溶液使用。用水溶液处理诸如玻璃微珠及玻璃纤维类的粗粒填料非常有效,容易干燥且不结块。细粒子填料也可用水溶液处理,但需选用喷雾干燥法,以免结成硬块。配制溶液时应注意,溶液的 pH 对其稳定性产生很大影响,一般说来改变 pH 可促进水解,但同时也促进硅醇本身的缩合反应,形成不溶性的缩合物析出,所以对于水解产物易缩合的硅烷偶联剂应在使用前配制其水溶液。

③ 以硅烷的有机溶剂处理填料。将填料与硅烷在有机溶剂中的稀溶液混合,然后过滤、干燥。与采用水溶液的情况比较,无水溶剂使沉积在填料表面的硅烷更接近于单分子层,且处理过的细粒子填料与水溶液处理时的情况不同,干燥时不结块。

④ 在橡胶中使用硅烷偶联剂时应注意,在硫化助剂加入之前先加入偶联剂,这个方法对于需较长混炼时间的橡胶或与偶联剂良好吸附的填料效果较好。

（3）常用的硅烷偶联剂

① A-1100（KH-550）,γ-氨基丙基三乙氧基硅烷,结构式如下。沸点 217℃,可溶于水、有机溶剂,但不适宜用丙酮、四氯化碳作稀释剂,主要用于酚醛树脂、聚酯、聚酰胺、聚碳酸酯等热塑性和热固性树脂。

$$H_2N-CH_2-CH_2-CH_2-\underset{\underset{OC_2H_5}{|}}{\overset{\overset{OC_2H_5}{|}}{Si}}-OC_2H_5$$

② A-187（KH-560）γ-缩水甘油醚氧丙基三甲氧基硅烷,结构式如下。沸点 290℃,可溶于水并放出甲醇,溶于醇、丙酮,KH560 添加量在 5% 以下时溶于大多数脂肪族酯。适用于环氧树脂的胶黏剂、填充型或增强型热固性树脂、玻璃纤维胶黏剂和用于无机物填充或玻纤增强的热塑性树脂等。

$$H_2C-CH-H_2C-O-CH_2-CH_2-CH_2-\underset{\underset{OCH_3}{|}}{\overset{\overset{OCH_3}{|}}{Si}}-OCH_3$$

③ A-174（KH-570）,γ-甲基丙烯酸氧基丙基三甲氧基硅烷,结构式如下。沸点 255℃,可完全水解,可溶于甲醇、乙醇、乙丙醇、丙酮、苯、甲苯、二甲苯。适用于多种热固性和热塑性树脂,可以显著改善制品在湿润状态的物理力学性能和电性能。

$$H_2C=\underset{\underset{CH_3}{|}}{C}-\overset{\overset{O}{||}}{C}-O-CH_2-CH_2-CH_2-\underset{\underset{OCH_3}{|}}{\overset{\overset{OCH_3}{|}}{Si}}-OCH_3$$

④ A-151,乙烯基三乙氧基硅烷,结构式如下。沸点 161℃,可溶于有机溶剂,主要用于聚乙烯交联,不饱和聚酯、聚乙烯、聚丙烯树脂等玻璃纤维增强塑料的玻纤表面处理,复合玻璃中间层的表面处理等。

$$H_2C=CH-\underset{\underset{OC_2H_5}{|}}{\overset{\overset{OC_2H_5}{|}}{Si}}-OC_2H_5$$

⑤ A-171，乙烯基三甲氧基硅烷，结构式如下。沸点 123℃，可用于聚乙烯、聚丙烯不饱和树脂和热固性树脂等。

$$H_2C=CH-\overset{\displaystyle OCH_3}{\underset{\displaystyle OCH_3}{Si}}-OCH_3$$

⑥ A-172，乙烯基三（β-甲氧基乙氧基）硅烷，结构式如下。沸点 285℃，可溶于水、乙醇。丙酮、可配成 pH4.5 的透明水溶液。适用于不饱和聚酯、环氧树脂、邻苯二甲酸二烯丙酯树脂及过氧化物交联的乙丙橡胶等，可提高制品的力学性能、电性能和耐水性。

$$H_2C=CH-\overset{\displaystyle OC_2H_4OCH_3}{\underset{\displaystyle OC_2H_4OCH_3}{Si}}-OC_2H_4OCH_3$$

⑦ A-1110（KH-540），γ-氨丙基三甲氧基硅烷，结构式如下。沸点 290℃，可溶于苯、乙酸乙酯等有机溶剂，很容易发生水解和交联反应，并水解产生硅醇。应用于矿物填充的酚醛、聚酯、环氧、PBT、聚酰胺、碳酸酯等热塑性和热固性树脂，能大幅度提高增强塑料的干湿态抗弯强度、抗压强度、剪切强度等物理力学性能和湿态电气性能。

$$H_2N-CH_2-CH_2-CH_2-\overset{\displaystyle OCH_3}{\underset{\displaystyle OCH_3}{Si}}-OCH_3$$

⑧ A-1891（KH-580），γ-巯丙基三乙氧基硅烷，结构式如下。沸点 82.5℃，易溶于乙醇、丙酮、苯、甲苯等多种溶剂。不溶于水，但与水或潮气接触易发生水解。可适用于丁腈/酚醛、环氧树脂、PVC、聚苯乙烯、聚硫、聚氨酯、尼龙、丁苯橡胶、氯丁橡胶、丁腈橡胶、EPDM 和天然橡胶等体系。

$$HS-CH_2-CH_2-CH_2-\overset{\displaystyle OC_2H_5}{\underset{\displaystyle OC_2H_5}{Si}}-OC_2H_5$$

⑨ A-189（KH-590），γ-疏基丙基三甲氧基硅烷，结构式如下。沸点 212℃，在 pH5 的水溶液中可完全水解，适用于环氧树脂、聚苯乙烯、乙丙橡胶、聚氯乙烯、聚乙烯、聚丙烯等，可显著提高制品的物理力学性能。

$$HS-CH_2-CH_2-CH_2-\overset{\displaystyle OCH_3}{\underset{\displaystyle OCH_3}{Si}}-OCH_3$$

⑩ A-1120（KH-792），N-(β-氨基乙基)-β-氨基丙基三甲氧基硅烷，结构式如下。沸点 259℃，可溶于水，可溶于有机溶剂，不溶于四氯化碳和丙酮。适用于酚醛树脂、环氧树脂、丙烯酸树脂等。

$$H_2N-CH_2-CH_2-NH-CH_2-CH_2-CH_2-Si\overset{\displaystyle OCH_3}{\underset{\displaystyle OCH_3}{-OCH_3}}$$

2.5.4.2　钛酸酯偶联剂

（1）钛酸酯偶联剂的结构与作用机理　有机钛酸酯是含有四个官能基团的偶联剂，其功能与硅烷偶联剂相似，是一种应用较为广泛、效果很好的偶联剂，其分子结构通式为：

$$R-O-Ti\overset{}{(}O-X-R'-Y)_n$$

RO 为可水解的烷氧基。

X 是与钛氧键连接的原子团，或称粘合基团，决定着钛酸酯偶联剂的特性。这些基团有烷氧基、羧基、硫酰氧基、磷氧基、亚磷酰氧基、焦磷酰氧基等。

R′是钛酸酯偶联剂分子中的长链部分，主要是保证与聚合物分子的缠结作用和混溶性，提高材料的冲击强度，降低填料的表面能，使体系的黏度显著降低，并具有良好的润滑性和流变性能。

Y 是钛酸酯偶联剂进行交联的官能团，有不饱和双键基团、氨基、羟基等，可与树脂发生交联。

钛酸酯偶联剂的适用性比硅烷类广，钛酸酯类可用于大部分无机填料及热塑性和热固性树脂，而硅烷只适用于含硅的填料与热固性树脂。钛酸酯类能赋予材料的挠曲性，而硅烷类能赋予材料刚性。钛酸酯不仅适用于表面含有羟基的填料，也适用于碳酸盐和炭黑。一般用量为加入填料质量的 0.5%～2%。

（2）钛酸酯偶联剂分类　依据其独特的分子结构分类，钛酸酯偶联剂包括以下四种类型。

① 单烷氧基型。单烷氧基与填料表面的羟基发生反应，在其表面形成单分子层；另一端有机长链与聚合物分子链发生缠绕，将聚合物与填料结合在一起。此类钛酸酯在含有大量水分的环境下易发生水解，不能用于含游离水的场合。特别适合于只含化学键合或物理键合水的干燥填料体系，如碳酸钙、水合氧化铝等。

② 单烷氧基焦磷酸酯型。这类钛酸酯与普通单烷氧基钛酸酯的不同之处在于其焦磷酸酯基可与填料上吸附的（化学键合或物理键合）水发生反应，因此适合于含湿量较高的填料体系如陶土、滑石粉、高岭土等。

③ 螯合型。螯合型钛酸酯比单烷氧基钛酸酯具有更好的水解稳定性，适用于高湿填料和含水聚合物体系，如湿法二氧化硅、陶土、滑石粉、炭黑、水处理玻璃纤维等，也适合于在高温下使用。

④ 配位体型。其偶联反应与单烷氧基型类似，但此类偶联剂可避免四价钛酸酯在某些体系中的副反应，如聚酯中的酯交换反应，环氧树脂中与羟基的反应，聚氨酯中与聚醚、异氰酸酯的反应等。该类偶联剂用在多种树脂基或橡胶基复合材料体系中都有良好的偶联效果，它克服了一般钛酸酯偶联剂用在树脂基复合材料体系的缺点。

（3）钛酸酯偶联剂的使用方法　钛酸酯偶联剂的预处理法有两种：一种是溶剂浆液处理法，即将钛酸酯偶联剂溶于大量溶剂中，与无机填料接触，然后蒸去溶剂；另一种是水相浆料处理法，即采用均化器或乳化剂将钛酸酯偶联剂强制乳化于水中，或者先将钛酸酯偶联剂与胺反应，使之生成水溶性盐后，再溶解于水中处理填料。

钛酸酯偶联剂也可先与无机粉末或聚合物混合，或同时与二者混合，但一般多采用与无机物混合法。在使用钛酸酯偶联剂时要注意以下几点：

① 单烷氧基钛酸酯偶联剂主要应用于经干燥和煅烧处理过的无机填料时改性效果最好。

② 螯合型钛酸酯偶联剂对潮湿的填料或聚合物的水溶液体系的改性效果最好。

③ 大多数钛酸酯偶联剂，特别是非配位型钛酸酯偶联剂，能与酯类增塑剂和聚酰树脂进行不同程度的酯交换反应，也能与表面活性剂或者具有活化作用的硬脂酸和氧化锌作用，因此上述物料需待偶联完成后方可加入。

④ 钛酸酯偶联剂有时可以与硅烷偶联剂并用以产生协同效果。

⑤ 空气中的少量超期对反应不会产生有害影响。

⑥ 钛酸酯类偶联剂可用于大部分无机填料及热塑性和热固性树脂，不仅适用于表面含有羟基的填料，也适用于碳酸盐和炭黑。一般用量为加入填料质量的 0.2%～2%。

（4）常用的钛酸酯偶联剂

① KR-TTS，异丙基三（异硬脂酰基）钛酸酯，为单烷氧基型钛酸酯偶联剂，棕红色油状液体。适用于聚烯烃、环氧树脂、聚氯乙烯、聚氨酯，对于碳酸钙、水合氧化铝等不含游离水的干燥填充剂特别有效，用量为填料量的 0.5%。

② KR-12，异丙基三（磷酸二辛酯）钛酸酯，为单烷氧基磷酸酯型钛酸酯偶联剂，热稳定性和水解稳定性良好，有一定阻燃效果，适用于多种热塑性和热固性树脂，可提高制品的抗冲击性能，增加填充量，用量为填料的 0.4%～0.6%。

③ KR-44，异丙基三［β-N-(β-氨基乙基) 氨基乙基］钛酸酯，适用于聚酰胺和碳酸钙，用量为填料的 0.5%。

④ KR-9S，异丙基三（十二烷基苯磺酰基）钛酸酯，水解稳定性高，热稳定性也好，但易发生酯交换反应。适用于炭黑、环氧树脂、聚烯烃、聚酯、聚氯乙烯等，用量为填料量的 1.0%～1.5%。

⑤ KR-38S，异丙基三（焦磷酸二辛酯）钛酸酯，有吸收游离水的作用，对碳酸钙、滑石粉有较好的效果。适用于环氧树脂、醇酸树脂及多种热塑性树脂，可增大填充量，改善加工性，提高制品的抗冲击性，用量为填料量为 0.3%～2.0%。

⑥ KR-212，螯合乙二撑磷酰氧基钛酸酯，适用于白炭黑等含湿量高的填料处理。

⑦ KR-138S，二（二辛基焦磷酰基）含氧乙酸酯钛酸酯，适用范围与用量与 KR-38S 相似。

⑧ KR-238S，二（二辛基焦磷酰基）亚乙基钛酸酯，适用于丙烯酸酯类和大多数填料。

⑨ KR-7，异丙基二（甲基丙烯酰基）异硬脂酰基钛酸酯，适用于聚烯烃和大多数填料，用量为填料量的 0.4%～1.0%。

2.5.4.3　铝酸酯偶联剂

（1）铝酸酯偶联剂的结构与作用原理　铝酸酯偶联剂的结构与钛酸酯偶联剂类似，

铝酸酯偶联剂结构以铝原子为中心，部分基团与无机填料表面作用，另一部分可与树脂的分子链缠结从而产生偶联作用。

（2）铝酸酯偶联剂的种类　目前 DL-411 系列铝酸酯偶联剂品种包括：

固态：DL-411-A、DL-411-AF、DL-411-D、DL-411-F。

液态：DL-411-B、DL-411-C、DL-451-A。

（3）铝酸酯偶联剂的应用效果　铝酸酯偶联剂在改善制品的物理性能，如提高冲击强度和热变形温度方面，可与钛酸酯偶联剂相媲美。其成本较低，价格仅为钛酸酯偶联剂的一半，且具有色浅、无毒、使用方便等特点，热稳定性能优于钛酸酯偶联剂。经铝酸酯偶联剂改性的活性碳酸钙广泛适用于填充 PVC、PE、PP、PU 和 PS 等塑料，不仅能保证制品的加工性能和物理性能，还可增大碳酸钙的填充量，降低制品成本。其用量一般为填料量的 0.3%～1.0%。

2.5.5　偶联剂的应用

偶联剂可适用于若干种高聚物和不同的填充剂，而同一种树脂也可分别适用几种偶联剂，偶联剂的主要应用在以下几个方面。

2.5.5.1　在玻璃纤维增强塑料和填充塑料方面的应用

经偶联剂处理过的玻璃纤维或一些填料（碳酸钙、滑石粉、硅灰石等），能使填充体系的性质得到改善，并大大地提高材料的力学性能，这是由于偶联剂具有以下作用：

① 使增强纤维或填料的混合分散性提高。

② 使填料表面的亲水性得到改变，而成为亲油性的表面。

③ 附着在填料表面的偶联剂的有机基团可以进入热固性树脂的交联结构，或通过物理缠结或化学键合而与热塑性高聚物联结。

④ 由于纤维或填料与树脂的牢固结合，所受的力能从高聚物传给纤维或填料上，从而增强抗外力作用。

因此，使用偶联剂不但使增强塑料和填充复合塑料的力学强度得到普遍提高，还使增强塑料的抗水性能（疏水性）得到较大提高。

使用偶联剂后，由于玻璃纤维表面具有了亲油性，改善了树脂与玻璃纤维的浸润性，还可能在粘合面产生化学键，使水分不易破坏其界面，因而使材料的耐水性提高。在实际应用中，偶联剂可以提高玻璃纤维增强塑料在潮湿状态条件下的耐老化性能。

2.5.5.2　在黏结剂中的增黏应用

由于偶联剂的偶联作用，可使黏结剂的黏结强度（剥离强度）得到提高。如用于聚氨酯黏结剂和环氧黏结剂，效果十分明显。近来出现的硅烷过氧化物型的偶联剂，如乙烯基三过氧叔丁基硅烷对许多树脂具有良好的增黏作用，甚至对很难与其他材料相粘的 PE 也有很好的效果。此外，离子型偶联剂如含环氧基、氨基的硅烷偶联剂一般都有很好的增黏作用。

2.5.5.3　提高着色剂的分散性

偶联剂在颜料-树脂体系中有利于颜料粒子的分散，提高颜料的遮盖力和着色牢度。如经钛酸酯偶联剂处理的 TiO_2，可提高 20% 的遮盖力；钛酸酯偶联剂可使酞菁蓝的颜色牢度增加约 30％。

2.5.5.4　其他方面的应用

经偶联剂处理的抗氧剂一方面提高其在树脂中的相容性，另方面降低抗氧剂的挥发损失，从而延长其氧化诱导期，提高了制品的耐老化性能。钛酸酯偶联剂可提高发泡剂的发气量，如在 190℃使发泡剂 AC 发气量能增加 60％左右。另外，钛酸酯偶联剂能降低填充体系的熔体黏度，这是由于其增塑作用的结果。硅烷偶联剂在提高填充体系弹性的同时提高其耐磨蚀性以及改善某些弹性体的动态发热性能。

2.5.6　配方举例

例 1：硅灰石增强 PP 配方（表 2-30）。

表 2-30　硅灰石增强 PP 配方

原料	用量/份	原料	用量/份
树脂 PP	100	增强材料　硅灰石	10
偶联剂 KH570	0.5	抗氧剂 1010	0.2

例 2：$CaCO_3$ 填充 PP 配方（表 2-31）。

表 2-31　$CaCO_3$ 填充 PP 配方

原料	用量/份	原料	用量/份
树脂 PP	100	超细重质 $CaCO_3$	100
偶联剂铝酸酯	1.5	润滑剂 PE 蜡	5

思　考　题

1. 偶联剂的作用是什么？请写出 3 种偶联剂。
2. 硅偶联剂的作用机理是什么？它适合哪类体系的偶联改性？
3. 写出偶联剂的改性碳酸钙填充 PVC 体系的实施方法。
4. 请写出玻璃纤维增强塑料中偶联剂的作用和使用方法。
5. 设计一个 $CaCO_3$ 填充 PP 配方。

2.6　成　核　剂

2.6.1　成核剂简介

成核剂是可以改变聚合物在冷却过程中的结晶行为的助剂，具有提高结晶率，改变结晶形态和球晶尺寸的功能，提高制品的加工性能和应用性能。这种通过改变结晶聚合物树脂的结晶行为、结晶形态和球晶尺寸实现聚合物改性的途径被称为聚合物结晶改性。成核剂的应用提高了制品的透明性、表面光泽、抗拉强度、刚性、热变形温度、抗冲击性、抗蠕变性等物理机械性能。

对于不完全结晶的聚合物树脂（如聚烯烃、聚酰胺、PET 等）而言，冷却过程中的结晶行为及晶粒结构直接影响制品的应用性能。结晶速度的提高能够促使结晶过程迅速完成，有利于缩短成型周期并保证最终制品的尺寸稳定性；而晶粒结构的微细化则赋予制品良好的物理机械性能。聚合物树脂的结晶是一个复杂的物理过程，结晶行为和性能不仅取决于树脂本身的结构特征，而且与熔体的热经历、受力状况、异相晶核的存在与否等因素密切相关。结晶改性是当今世界通用塑料工程化、工程塑料高性能化的重要内容，它们与聚合物填充改性、共混改性和化学交联改性并行构成了完整的聚合物改性体系。

2.6.2　成核剂结晶改性原理

经典理论认为，结晶过程是经过晶核形成和球晶生长两个阶段。在成核阶段，高分子链段规则排列形成一个足够大的、热力学上稳定的晶核，随着晶核增长形成球晶。按照结晶过程是否存在异相晶核，成核方式可以分为均相成核和异相成核。均相成核是指处于无定形态的聚合物熔体由于温度的降低，而自发地形成晶核的成核过程。均相成核方式往往获得的晶核数量少、结晶速度慢、球晶尺寸大、结晶率低、制品的加工和应用性能较差。

异相成核是指在聚合物熔体中添加一些固相的"杂质"（如成核剂），通过在成核剂表面吸附聚合物分子形成晶核的结晶过程。具有中等晶核增长速度的聚合物，如尼龙6、等规聚丙烯和 PET，进行异相成核和非热成核的响应性较强。而对于结晶速度极低的聚合物，如聚碳酸酯，在一般的冷却条件下常常导致非结晶体的形成。异相成核能够提供更多的晶核，在球晶生长速度一定的情况下加快了聚合物树脂的结晶速度，降低球晶尺寸，并提高聚合物的结晶度和结晶温度。而且，异相成核甚至能够改变树脂的结晶形态，将直接影响聚合物材料的加工和应用性能，赋予制品新的功能。使用成核剂进行异相成核结晶实际上引导聚合物结晶朝一定的晶型和速率进行，它是聚合物结晶改性的理论基础。

2.6.3　成核剂的发展历史和主要生产商

聚烯烃成核剂的开发研究早在 20 世纪 60 年代就有报道，但真正作为工业化商品的应市还是 20 世纪 70 年代末以后才成为现实。聚丙烯 β 结晶的成核剂在 20 世纪 80 年代初开始研究，在 1998 年日本新日本理化公司推出牌号为 Star NU-100 的 β 晶型成核剂（2-甲酸环己酰胺），它标志着聚丙烯 β 结晶改性的时代已经来临。国外 PP 成核剂的主要生产厂家有美国 Milliken 化学品公司、日本艾迪科公司、新日本理化公司、日本 EC 化学公司、日本三井东亚公司、日本旭电化公司等，国内有山东飞达化工有限公司、湖北华邦化学有限公司等。目前全球成核剂消费量 80％为 DBS（二苯亚甲基山梨醇）类成核剂。

2.6.4　成核剂成核效果的表征

DSC 和偏光显微镜是研究聚合物结晶行为和球晶形态与尺寸的常规手段，也是表征成核剂作用的基本条件，如图 2-19 所示。

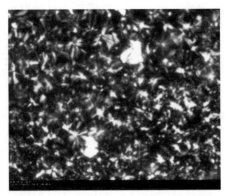

图 2-19　偏光显微镜下的聚合物结晶图

聚合物熔体的结晶过程是在一定的冷却速度下进行的，其结晶过程是一个放热的过程，据此可以测定放热峰的最大值来确定最大结晶速度。对应于差热分析曲线，即树脂熔体在一定的冷却速度下结晶所释放的热量缓慢增加到一个峰值时的温度，这个温度通常称之为结晶温度。

2.6.5　成核剂的应用规律和类别

聚合物的结晶速率受制于两个因素：成核和晶体生长，但成核剂不会对所有聚合物的结晶速率都产生显著的影响。例如对于晶体生长速率极高的 HDPE，成核容易，聚合物晶核一旦形成，就会迅速成长，成核剂发挥的作用不明显。而对于像聚碳酸酯（PC）这样的聚合物，其结晶速率极其缓慢，成核剂对 PC 的结晶作用也不明显。但像 PP 这样的聚合物，晶体生长速率较快，而且它自身也不易成核，成核剂对 PP 的结晶作用就十分明显，它不仅可以提高 PP 的结晶率、结晶温度、结晶速率还可以改变 PP 结晶的晶型。

一般优良的成核剂通常所应具备的特性如下：①在加工温度下稳定，不发生分解反应。②在聚合物中的分散性好。③有机成核剂熔点适当，在加工温度下可以完全熔融。④无机成核剂的尺寸合适，纳米级尺寸最佳。⑤与树脂相容性维持在较高的水平内以充分发挥成核剂的作用。

2.6.6　成核剂的应用

2.6.6.1　成核剂在聚丙烯中的应用

聚丙烯树脂可形成 α、β、γ、δ 和拟六方晶五种晶型结构。其中，α 晶型最为稳定；β 晶型次之；γ、δ 和拟六方晶在特定条件下才可形成，非常少见。常规的聚丙烯树脂是由 α 晶型和 β 晶型共混构成的不完全结晶聚合物，只是哪一种晶型的含量较高而已。

由于不同类型成核剂可能诱导聚丙烯树脂以不同的结晶形态结晶，而具有不同结晶形态的聚丙烯树脂将显示完全不同的物理和机械性能。因此，根据成核剂诱导聚丙烯树脂结晶形态的不同，一般分为：α 晶型成核剂和 β 晶型成核剂。α 晶型成核剂能够诱导

聚丙烯树脂以 α 晶型成核，提高结晶温度、结晶度、结晶速度和使晶粒尺寸微细化，有改善制品的透明度和表面光泽、提高制品的弯曲模量、拉伸强度、热变形温度和抗蠕变性等功能。β 晶型成核剂则诱发聚丙烯树脂以 β 晶型成核，突出特征是提高制品的冲击强度和热变形温度，使这一对本来相互矛盾的因素得到统一，其主要原因是成核剂的加入使聚丙烯树脂的结晶点增加，结晶速率增加，但球径的尺寸变小。结晶率的增加，提高了材料的拉伸强度和热变形温度，而球径的尺寸变小则有利于冲击强度的提高。另一方面，β 型成核剂还能增加聚丙烯树脂的气孔率，改善制品的可印刷性和可涂饰性。

根据成核剂诱导聚丙烯的结晶形态分为：α 晶型成核剂和 β 晶型成核剂；根据成核剂的主要应用功能分为：以增加材料透明度为主要目的的增透剂，以增加制品表面光泽为目的的增光剂，以提高制品刚性为目的的增刚剂等。

（1）α 晶型成核剂　α 晶型成核剂能够诱导聚丙烯树脂以 α 晶型成核，提高结晶温度、结晶度、结晶速度和使晶粒尺寸微细化，有改善制品的透明度和表面光泽、提高制品的弯曲模量、拉伸强度、热变形温度和抗蠕变性等功能。按照自身化学结构的不同，可分为无机成核剂、有机成核剂以及高分子成核剂等三大类。其中有机类晶型成核剂的应用最为普遍。

无机成核剂以滑石粉为主，同时包括云母、碳酸钙（$CaCO_3$）、二氧化硅（SiO_2）、无机颜料等。无机成核剂开发应用较早、价格低廉且可以赋予制品一定的刚性，但与树脂相容性和分散性较差，对制品透明性和制品表面的光泽度改善效果不大，限制了其在高性能材料中的应用。近年来发现一些纳米粉体的成核效率非常明显，有可能拓宽这一类成核剂的应用范围，但是无机纳米成核剂在 PP 中的分散性较差的问题仍然没有得到很好解决。

有机类 α 晶型成核剂涉及的化合物范围较宽，品种繁多，主要包括二苯亚甲基山梨醇（DBS）及其衍生物、（取代）芳基磷酸酯盐类化合物、（取代）芳基羧酸盐类化合物和脱氢松香酸皂类化合物等。有机类晶型成核剂是聚丙烯成核剂的主体，面市的成核剂品种绝大多数属于这种类型。α 晶型成核剂都具有提高聚丙烯制品热变形温度的能力，但不同类型的品种提高热变形温度的程度不同。其中芳基磷酸盐类成核剂显示出非常突出的效果。

高熔点聚合物成核剂大多属于 α 晶型成核剂，是具有与 PP 类似结构的熔点较高的聚合物。通常在 PP 树脂聚合前加入，在聚合过程中均匀分散在树脂基体中，在树脂熔体冷却过程中首先结晶。其特点是成核剂的添加与 PP 树脂合成同时进行，能均匀分散在树脂中。

（2）β 晶型成核剂　β 晶型成核剂则诱发聚丙烯树脂以 β 晶型成核，突出特征是提高制品的冲击强度和热变形温度，也能增加聚丙烯树脂的气孔率，改善制品的可印刷性和可涂饰性。现有的 β 晶型成核剂根据分子结构或化学组成可分为四大类：①具有准平面结构的稠环化合物。②第 IIA 族金属元素的某些盐类及二元羧酸的复合物。③芳香胺类。④稀土化合物类。由于 β 晶型在热力学范畴是一种不很稳定、在通常条件下难以获得和保持的晶型，β 晶成核剂的研究开发远不如 α 晶成核剂成熟，工业化产品也较少。

日本新日本理化公司推出的 Star NU-100 的 β 晶型成核剂，化学结构为 2-甲酸环己酰胺，白色结晶粉末、熔点380℃结构稳定，晶型转化率高，但价格昂贵，推广应用受到一定的局限。

2.6.6.2　成核剂在聚乙烯中的应用

一般来讲，聚乙烯树脂成型中无需加成核剂改性。然而，由于许多牌号的聚乙烯中往往共聚其他单体，因此降低了其结晶度，使用成核剂可以明显提高其光学性能和机械性能。以 LLDPE 为例，作为农膜使用时具有良好的机械物理性能，但透明性不足，添加 0.1%～0.3% 的二苯亚甲基山梨醇类成核剂使其浊度降低 60%～80%。因此，在聚乙烯中添加成核透明剂是开发高透光农用棚膜的重要手段。聚乙烯成核剂与聚丙烯成核剂基本相同，但有些也不尽相同，如硬脂酸钠在聚丙烯中几乎没有成核效果，而在高密度聚乙烯（HDPE）中却显示出良好的效果。聚乙烯常使用的成核剂有山梨醇缩醛类成核剂、对羟基苯甲酸、液晶成核剂、硬脂酸钙等。

2.6.6.3　成核剂在聚酰胺中的应用

聚酰胺（商品名称尼龙，简称PA）是一种具有较强的结晶能力的工程树脂，利用成核剂结晶改性通常可以改变制品的微晶结构、提高制品的结晶度、提高制品的弯曲模量、拉伸模量、表面硬度、热变形温度，改善制品的耐磨性，降低吸水率。

聚酰胺的成核剂以无机材料为主，最常见的品种如超细的、可以高度分散的二氧化硅、二硫化钼，二氧化钛、滑石粉和苯基磷酸钠等，以及近年出现的插层纳米成核剂。

褐煤蜡酸皂类成核剂能够明显加快聚酰胺的结晶速度和结晶度，缩短结晶诱导时间。

除此之外，芳基磷酸酯盐类成核剂对聚酸胺亦有良好的成核作用。某些高熔点聚合物，如 PA66 或聚对苯二甲酸乙二醇酯（PET）等也能够对聚酰胺的结晶有促进作用，此类成核剂统称为聚酰胺的高分子成核剂。PA66 中添加苯基次膦酸钠后拉伸弹性模量、屈服应力、拉伸强度、表面硬度等有不同程度的提高；断裂伸长率在常温时降低较多，高温时降低较少。

2.6.6.4　成核剂在热塑性聚酯中的应用

热塑性聚酯中的 PET 由于分子链结构刚性大、结晶速度慢、成型周期长，影响其制品性能和制造效率。通过添加成核剂可以加快 PET 的结晶速率，显著提高其加工和应用性能，达到增刚、增亮、缩短成型周期的目的。

对热塑性聚酯具有成核作用的化学物质可以分为 3 种基本类型，即无机类、有机类和高分子类。

无机类成核剂包括氧化锌、滑石粉、碳酸钠、硬脂酸镁等，粒径低于 $3\mu m$ 时都具有一定的成核效果，通常用量为 0.5% 左右；有机类成核剂中金属羧酸盐、乙酰丙酮钠、亚胺基二乙酸钠及二亚苄山梨酸等效果较好；高分子类成核剂包括聚酯低聚物的碱金属盐、全芳香族聚酯粉末、PTFE 粉末、低相对分子质量等规 PP、高熔点 PET、离子聚合物、液晶聚合物（LCP）等，其中离子聚合物是常用的一种 PET 结晶高分子类成核剂。通过 PET 与高分子类成核剂共混降低 PET 的玻璃化温度，加快结晶速度，并提高了其抗冲击性能。

思　考　题

1. 成核剂的作用是什么？请写出 3 种成核剂。
2. 聚丙烯成核剂的作用机理是什么？它分为几类？各类的特点是什么？
3. 为什么 HDPE 和 PC 使用成核剂效果不好？
4. 为什么成核剂可以增加 PP 的透明性和刚性？
5. α 晶型成核剂、β 晶型成核剂有什么区别？

2.7　相　容　剂

2.7.1　相容剂简介

相容剂又称增容剂，是指借助于分子间的键合力，促使不相容的两种聚合物结合在一体，进而得到稳定的共混物的助剂。相容剂主要起到相界面间的黏结作用，因此复合材料综合性能的好坏很大程度上依赖于相容剂的选择，是高分子合金技术的重要助剂。

高分子合金技术是由两种或两种以上具有不同性质的高分子材料经共混，并采用相应的相容化技术而得到的多相多组分体系。研究制备高分子合金的目的是使材料实现高性能化或功能化，然而，由于大部分不同种类的高分子树脂之间是热力学非相容的体系，单纯的混合混炼，只能导致体系产生宏观相分离，不仅不能达到所求的效果，而且会使材料失去使用价值。相容剂的使用可以增加宏观相的相容性，并且对体系的微观相态结构起到很好的调整作用，从而使共混材料实现高性优化和功能化的效果。

高分子合金技术并不是简单的两个或更多体系混合，使用相容体系的混合只能得到两种之间的性能。而使用非相容体系的混合，如果不通过相容化技术改变其相分离过程，有效地控制体系相形态，使其形成一种宏观上均匀、微观上相分离的体系的话，只能导致体系产生宏观相分离，根本不能达到所求的目的。采用相容化技术，实际上是改变体系中的相界面，使之有较低的界面张力和较强的缠结力，使相界面进行较好的应力传递而产生协同效应，这样材料的性能才有较大的提高，这种技术就是高分子相容化技术（或广义地称为合金化技术）。

高分子体系的相容化一般需要三个条件，即添加相容剂、提供适当的剪切强度和温度。由于温度、剪切强度条件和高分子材料的种类、相对分子质量、分子结构、混炼机械设备等因素存在相关性，相容剂的因素只是其中作用因素之一。

2.7.2　相容剂的作用机理

相容剂在热力学本质上可以理解为界面活性剂，但在高分子合金体系中使用的界面活性剂一般具有较高的相对分子质量，在不相容的高分子体系中添加相容剂并在一定温度下经混合混炼后，相容剂将被局限在两种高分子之间的界面上，起到降低界面张力、增加界面层厚度、降低分散粒子尺寸的作用，使体系最终形成具有宏观均匀、微观相分离特征的热力学稳定的相态结构。由于相容剂对高分子合金体系的混合性和稳定性会产生重要的影响，因此，相容剂的合理选择和使用对高分子合金化技术的实现至关重要。

2.7.3 相容剂分类

一般根据相容剂和合金体系中基体高分子之间的作用特征分为两类，即非反应型相容剂和反应型相容剂。

2.7.3.1 非反应型相容剂

在不相容的高分子体系中通过添加非反应型相容剂实现相容化的方法，在高分子合金技术中是最常见的。非反应型相容剂一般为共聚物，可以是嵌段共聚物，也可是接枝共聚物或无规共聚物，如 EAA、EEA、EVA、CPE、SEBS 等，其示意图见图 2-20。

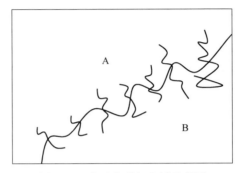

图 2-20　非反应型相容剂示意图

2.7.3.2 反应型相容剂

反应型相容剂，是指其分子上带有能和高分子基体发生反应的活性官能团，并能在高分子合金制备条件下发生有效反应，其活性官能团可以在分子的末端，也可以在分子的侧链上，其大分子主链可以和共混体系中的至少一种高分子基体相同，也可以不同，但在不同的情况下，其大分子主链应和共混体系中的至少一种高分子基体有较好的相容性。如对于 PA/ABS、PA/PPO 等合金体系，由于 PA 和 PP 之间的相容性极差，两者混合混炼时会因体系产生严重的相分离，为此常把马来酸酐（MAH）等极性单体接枝到 PP 或 ABS 分子上，制成接枝型的 PP-g-MAH、ABS-g-MAH 大分子作为反应型相容剂，它对体系产生良好的相容化作用，其示意图见图 2-21。

反应型和非反应型相容剂的对比如表 2-32 所示。

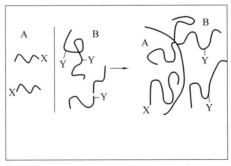

图 2-21　反应型相容剂作用示意图

表 2-32　　　　　　　　　　　　　两种相容剂的对比

相容剂种类	优点	缺点
反应型	作用效率高、所要加入量较少	副反应较大,造成材料降解,性能劣化; 混炼条件要求相对较高
非反应型	无副反应 对混炼条件要求相对较低	所要加入量较大

反应型相容剂中的活性官能团常用的有以下几种:

(1) 酸酐、羧基这类基团　主要为马来酸酐（MAH）、丙烯酸（AA）等极性单体,可以通过接枝聚合或共聚的方式接枝到相容剂中,也可使用反应挤出的方法制备的。例如 PE、PP、EPDM、POE、SBS、SEBS、ABS、PPO 等均可采用 MAH 制备成相应的接枝共聚物,其中以马来酸酐接枝到聚烯烃上的相容剂为主,其接枝率一般为 0.8%~1.5%,主要应用于聚烯烃塑料的改性。以马来酸酐为单体的二元或多元共聚反应型相容剂,可应用于 PA/PC、ABS/GF、PA/ABS 的改性、共混或合金上,一般用量 5%~8%。羧酸类中的代表产品为丙烯酸型相容剂。通常是将丙烯酸接枝到聚烯烃树脂上,用途大体与马来酸酐型相同。

二元或多元共聚反应型相容剂可能会降低高分子合金材料的热变形温度,而反应挤出的方法将马来酸酐接枝到聚烯烃上易使体系产生一些不需要的交联和降解反应,这些反应难以控制。反应挤出的具体做法是将一定量的 MAH 单体和引发剂过氧化二异丙苯（DCP）加入到作为相容剂主链的聚合物树脂中混合均匀,然后加入到混炼型双螺杆挤出机中经挤出造粒,注意控制挤出温度和转速即可制备出相应的带有 MAH 接枝的反应型相容剂。

(2) 环氧基类基团　环氧型反应型相容剂是环氧树脂或具有环氧基的化合物与其他聚合物接枝共聚而成。一般可用丙烯酸缩水甘油酯（GMA）作为单体,通过接枝聚合或共聚的方式接枝到相容剂中。环氧基在 PBT 或 PET 等聚酯合金制备中的应用十分重要,它和—COOH、—OH、—NH 等基团均具有较高的反应活性。

(3) 噁唑啉基类基团　它不仅能与一般的含氨基或羧基的聚合物反应,还可与含羟基、酸酐、环氧基团的聚合物反应,生成接枝共聚物。因此,它是应用领域较广的相容剂,它可以用于多种工程塑料的改性、共混和合金。这类的相容剂合成价格成本较高,它对环氧基、酸酐基、—COOH、—NH 等有较好的反应活性,其作用效率好于环氧基。

(4) 酰亚胺型　该类型化合物为改性聚丙烯酸酯化合物,主要适用于 PA/PO、PC/PO、PA/PC 等工程塑料合金或共混。

(5) 异氰酸酯型　其成分为间-异丙烯基-2,2-二甲基苯酰异氰酸酯,可用于含有氨基及羧基的工程塑料合金。

(6) 低分子型　低分子型相容剂是反应型相容剂,是带有反应型基团的低相对分子质量聚合物,其中包括一些能与一个树脂分子链相容的低相对分子质量分子链,而反应型基团与另一个树脂分子链反应、交联或键合,从而形成高分子合金的有机化合物。这样,不仅简化了制造塑料合金的过程,而且原料易得,成本较低。

2.7.4　相容剂的应用

相容剂使用过程中应注意以下问题：①相容剂的相对分子质量应比被相容的树脂相对分子质量小，从而有利于向分散相粒子表面的扩散。②相容剂的分子形态中以嵌段型共聚物的作用效果好于接枝共聚物，侧链长的好于侧链短的。③共混条件：溶液共混比熔融共混更有利于相容剂的扩散；温度、剪切强度是熔融共混的重要条件。

反应型相容剂其作用效率较高，但必须注意其在体系中引起的副反应，这些副反应主要来自引发剂的残留，引发剂引发的链交联反应和分解反应，造成相对分子质量降低，导致合金材料的冲击韧性降低。其应用如表 2-33 所示。

表 2-33　　　　　　　　　　　　　　反应型相容剂的应用

高分子 A	高分子 B	相容剂	相容剂类型
PP	PA	PP-g-PA	A-B
PS	PMMA	PS-g-PA	A-B
PP	PA	PP-g-MAH	A-C
PS	PA	PP-g-MAH	A-C
PP	PMMA	SEBS	C-D
PPO	PA	PS-g-MAH	A-D
PP	PA	EPDM-g-MAH	E
PP	PE	EPDM	E

相容剂主要应用在以下几个方面：

（1）应用于塑料合金　相容剂的使用是为高分子材料合金技术提供了基础。高分子合金、共混、改性的重要助剂就是相容剂。相容剂对合金技术的微观相态结构起到很好的调整和控制作用，使共混材料实现高性能化和功能化的效果。相容剂广泛应用于 PP/PE、PP/PA、PA/PS、PA/ABS、ABS/PC、PBT/PA、PET/PA、PP/POE、PE/EPDM、TPE/PU 等。

（2）应用于聚合物的改性　相容剂是以活跃自由基、羧基形式掺入非极性与极性聚合物之间起"桥梁"作用，将非极性聚合物改性为极性的聚合物，再使其与极性的聚合物共混，两者之间进行反应而获得良好的改性共混效果。

（3）应用于回收废旧塑料　利用相容剂处理品种掺杂的回收废旧塑料，使之成为新的塑料合金或新的改性塑料，是"废物综合利用"比较好的办法，有助于解决"白色污染"问题，具有很大的社会效益和经济效益。

（4）应用于塑料与填料的偶联　相容剂又称大分子偶联剂，由于其具有高分子部分，可以与高分子聚合物相容，因此，相容剂对聚合物与填料之间的偶联效率优异，可用于 PE/CaCO$_3$、PP/滑石粉、PA/GF、PBT/GT 等偶联处理，效果良好。

（5）应用于极性树脂的增韧　热塑性弹性体，具有良好的柔软性、高弹性和低温性能，添加一定量的相容剂使热塑性弹性体与增韧基体之间形成良好的相容体系，使热塑性弹性体可以作为 PP、PE、PS、PA、PC 等塑料的增韧剂，应用如图 2-22、图 2-23所示。

（6）应用于改善塑料的性能　相容剂还可用于改善塑料的粘接性、抗静电、印刷性、光泽性等性能。

图 2-22　增韧 PC＋ABS 无人机外壳及叶片

图 2-23　填充增韧 PP 保险杠

2.7.5　相容剂的应用配方

① 配方举例一（表 2-34）。

表 2-34　　　　　　　　　　　　　GF 增强聚烯烃配方

原料	用量/份	原料	用量/份
均聚聚丙烯 HP500N	732	抗氧剂 B215	3
玻璃纤维 ECT4305G-2400	200	EBS	5
相容剂 KT-1	60		

② 配方举例二（表 2-35）。

表 2-35　　　　　　　　　　　　PE-HD/回收纸塑铝复合材料配方

原料	用量/份	原料	用量/份
PE-HD	50	相容剂 POE-g-GMA	6
r-PPA	50	硬脂酸	1.5

③ 配方举例三（表 2-36）。

表 2-36　　　　　　　　　　　　　　PP/PA6 合金配方

原料	用量/份	原料	用量/份
均聚 PP(PT231)	27.5	玻纤（ER4305PM-2400）	30
共聚 PP(EP540V)	27.5	抗氧剂（Y-001）	0.2
PA6(HY-2500A)	10	抗氧剂（Y-002）	0.2
相容剂(PP-g-MAH)	5		

④ 配方举例四（表 2-37）。

表 2-37   PPE/PP 合金配方

原料	用量/份	原料	用量/份
PPE(LXR040)	30	X-001	0.1
PP(HP550J)	60	抗氧剂(412S)	0.1
相容剂(SEBS)	10	成核剂(TMP-5)	0.2

⑤ 配方举例五（表 2-38）。

表 2-38   LLDPE/PET 合金配方

原料	用量/份	原料	用量/份
LLDPE	100	相容剂 LLDPE-g-MAH	12
PET	50	成核剂	0.2

思 考 题

1. 相容剂的作用是什么？请写出两类相容剂作用机理。
2. 相容剂主要应用在哪几个方面？
3. 相容剂使用过程中应注意哪些问题？
4. PP/PE、PP/PA 分别应使用哪类相容剂？
5. 设计一个 PP/PVC 合金配方。

第 3 章　稳定化助剂

3.1　高分子材料的老化

3.1.1　老化现象

有机材料无论是天然的还是合成的，随时都在变化，尤其是高分子材料更容易老化。高分子材料在加工、储存和使用中受到热、氧、光等外界条件的影响，分子链发生断裂或发生交联现象，致使材料的物理化学性能和机械力学性能逐渐变差，表面变得粗糙，变色，最后失去使用价值，这种现象叫作"老化"，如图3-1所示。

图 3-1　材料的老化现象

高分子材料的老化现象是普遍存在的，它是一种不可逆的化学反应，是高分子链降解成为各种无规小分子链或发生交联的化学反应。防止或降低高分子材料老化最有效的方法是对高分子材料的结构进行改性，但是成本很高。目前最常用的方法是添加适当的稳定化助剂来降低老化的化学反应速度。

3.1.2　高分子材料老化的原因

3.1.2.1　影响高分子材料老化的材料自身因素

高分子材料的链节、取代基、化学键键能、分子链聚集态结构等都对其老化过程产生重要的影响。

（1）高分子的化学结构　高分子的基本单元——链节的结构直接影响高分子材料的老化难易程度。例如，聚丙烯和聚氯乙烯链节的结构相似，不同的是聚乙烯侧基的氢一个被甲基取代，一个被氯取代。但两者从性能、加工上都相差很大，老化性能差距也很大。我们通常用聚氯乙烯做门窗的材料，而聚丙烯只能使用在室内的水管。又如：聚四氟乙烯和聚乙烯链节结构也相似，聚四氟乙烯耐化学性能和耐老化性能都十分突出，相同条件下，聚四氟乙烯片暴晒 6 年其外观和力学性能均无明显的变化，而聚乙烯暴晒 2～3 个月就老化了。聚丙烯的耐老化能力还不如聚乙烯，其原因是聚丙烯链节中含有叔碳原子，叔碳上的氢变得十分活泼易发生化学反应。

$$\left[\begin{matrix}H & H \\ | & | \\ C-C \\ | & | \\ H & H\end{matrix}\right]_n \quad \left[\begin{matrix}H & H \\ | & | \\ C-C \\ | & | \\ H & CH_3\end{matrix}\right]_n \quad \left[\begin{matrix}H & H \\ | & | \\ C-C \\ | & | \\ H & C_6H_6\end{matrix}\right]_n \quad \left[\begin{matrix}H & H \\ | & | \\ C-C \\ | & | \\ H & Cl\end{matrix}\right]_n \quad \left[\begin{matrix}F & F \\ | & | \\ C-C \\ | & | \\ F & F\end{matrix}\right]_n$$

聚乙烯　　　聚丙烯　　　聚苯乙烯　　　聚氯乙烯　　聚四氟乙烯

（2）高分子材料化学键键能　组成高分子材料的化学结构中的化学键键能直接影响老化的难易程度，老化过程一定伴随着化学键的断裂，而高分子材料化学键键能越高，其断裂所需要的能量越高，因而也就越难以断裂，也就减缓了老化过程。反之，如果化学键键能小，则断裂所需能量低，也就易于老化了。化学键的主要键能见表 3-1。

表 3-1　　　　　　　　　　　　　常用高分子材料主要键能

键型	键能/（kJ/mol）	键型	键能/（kJ/mol）
C—H	380～420	C—Cl	300～340
C—C	340～350	C—N	320～330
C—O	320～380	C—F	440～460

（3）高分子链的聚集态结构　高分子的聚集状态包括：结晶和非结晶、极性和非极性，它们对材料的老化能力的影响也很大。结晶聚合物的稳定性要高于非结晶聚合物，因为结晶过程导致分子之间形成晶格能，增强了分子间的作用力，使高分子材料的结晶态在老化过程中发生化学键断裂时需要比非结晶态消耗更多的能量；极性聚合物由于极性，使分子间同样会产生极性相互作用，这种相互作用同样会增强高分子材料对老化过程的抵抗能力。

3.1.2.2　外界因素

（1）热老化　高分子材料从生产完成以后就开始了老化过程，在高温受热过程中会加速这一老化进程。高分子材料在受热过程中会发生分子链的断裂，而一部分高分子材料热稳定性更差，如 PVC、POM、PMMA 等。

如果在受热过程中，有氧气的存在，会发生热氧老化过程。氧气与分子链的氧化反应更容易进行，逐渐导致高分子材料的分子链发生断链、交联及产生含氧基团（—COOH、C—O、—OH、—O—O—等），使高分子材料急剧老化，其应用性能改变、恶化。

高分子的热氧化反应机理：

$$RH \xrightarrow{热能} R\cdot + H\cdot$$
$$RH + O_2 \xrightarrow{热能} R\cdot + \cdot OOH$$
$$R\cdot + O_2 \longrightarrow ROO\cdot$$
$$ROO\cdot + RH \longrightarrow ROOH + R\cdot$$
$$ROOH \longrightarrow RO\cdot + \cdot HO$$
$$2ROOH \longrightarrow RO\cdot + ROO\cdot + H_2O$$

$$RO\cdot + RH \longrightarrow ROH + R\cdot$$
$$HO\cdot + RH \longrightarrow HOH + R\cdot$$

（2）光老化　自然光中含有的高能量紫外线，可迅速引发并加速高分子材料的老化降解。由于高能光线能量高，照射到高分子主链以后，其化学键的断裂比例迅速提高，老化速度急剧提高。比如，高分子材料长时期受到太阳光的辐射，其老化速度比在户内快得多。

高分子在大气环境中的老化过程实质上是在紫外线辐射下，氧气参与反应的加速光氧化降解过程。

与热氧老化相类似，在高能光线照射下，有氧气存在，则光氧化反应会进一步加速。光氧化反应是高分子在自然环境中老化的主要化学过程，同样会引起高分子材料断链、交联及产生含氧基团，高分子材料老化加速，性能下降恶化，其反应机理如下：

引发：$RH \xrightarrow{h\nu} R\cdot + H\cdot$

$$RH \longrightarrow RH^{*}$$

$$RH^{*} + O_2 \longrightarrow ROOH \longrightarrow \begin{cases} RO_2\cdot + H\cdot \\ RO\cdot + HO\cdot \end{cases}$$

增长：$R\cdot + O_2 \longrightarrow RO_2\cdot$

$$RO_2\cdot + RH \longrightarrow ROOH + R\cdot$$

$$ROOH \longrightarrow RO\cdot + HO\cdot$$

$$HO\cdot + RH \longrightarrow H_2O + R\cdot$$

终止：$R\cdot + R\cdot \longrightarrow R-R$

$$2RO_2\cdot \longrightarrow ROOR + O_2$$

$$ROO\cdot + R\cdot \longrightarrow ROR + O_2$$

3.2　热　稳　定　剂

3.2.1　热稳定剂的定义

为防止高分子材料在加工和使用过程中由于受热而引起降解或交联，以延长其使用寿命所加入的助剂称之为热稳定剂。热稳定剂在热稳定差的聚氯乙烯（PVC）及氯乙烯共聚物等含氯树脂中的应用最为广泛。

3.2.2　热稳定剂的作用机理

① 捕捉聚合物释放的具有催化降解断链作用的酸性物质，如 PVC 释放出的 HCl。铅类稳定剂、金属皂类、有机锡类、亚磷酸脂类及环氧类等热稳定剂具有这种作用机理。

② 置换聚合物中活泼的烯丙基氯原子。金属皂类、亚磷酸脂类和有机锡类具有这种作用机理。

③ 与自由基反应，终止高分子链的自由基反应。有机锡类和亚磷酸脂按此机理作用。

④ 分解过氧化物，减少自由基的数目。有机锡和亚磷酸脂按此机理作用。

⑤ 与共轭双键加成作用，抑制共轭链的增长。有机锡类与环氧类按此机理作用。

⑥ 钝化有催化脱 HCl 作用的金属离子。

3.2.3 常用的热稳定剂品种

3.2.3.1 硬脂酸盐类

硬脂酸盐类热稳定剂指的是 Ca、Zn、Mg、Ba 等高级脂肪酸盐热稳定剂。除了硬脂酸铅，硬脂酸镉等含有重金属元素的硬脂酸类热稳定剂，相较于铅盐类，具有透明性、无毒的特点，并且在 PVC 及氯乙烯共聚物的体系中，不仅充当热稳定剂，还有作为润滑剂的作用。Pb、Cd 等硬脂酸重金属盐热稳定剂具有很强的毒性，在生产和应用过程中会对人类健康和生态环境造成比较大的危害。

硬脂酸金属盐可以实现协同热稳定作用，如 Ca/Zn（无毒、透明）、Ba/Zn（无毒、透明）的配合使用效果都大大超过它们单独使用的效果。

硬脂酸盐热稳定剂主要有以下几种：

① 硬脂酸锌（ZnSt），无毒且透明，用量大后，易引起"锌烧"制品变黑，常与 Ba、Ca 硬脂酸盐并用。

② 硬脂酸钙（CaSt），加工性能好，热稳定能力较低，无硫化污染，无毒，常与硬脂酸锌并用。

③ 硬脂酸钡（BaSt），无毒，长期热稳定性好，抗硫化污染，透明，常与硬脂酸钙并用。

三者的结构及性状见表 3-2。

表 3-2　　　　　　　　　　硬脂酸盐结构与性状

名称	结　构　式	性　状
硬脂酸钙	$(C_{17}H_{35}COO)_2Ca$	白色粉末，熔点 175℃
硬脂酸锌	$(C_{17}H_{35}COO)_2Zn$	白色粉末，熔点 140℃
硬脂酸钡	$(C_{17}H_{35}COO)_2Ba$	白色粉末，熔点 200℃

硬脂酸盐类热稳定剂中以无毒的钙/锌复合热稳定剂最为常见，也是目前国内外公认的无毒、环保热稳定剂体系，具有良好的润滑性和透明性，可以应用于各种无毒制品的生产，包括食品包装材料、医用制品以及儿童玩具等。

钙/锌热稳定剂存在显著的"锌烧"现象，导致它们的长期热稳定效果不理想。因此，钙/锌热稳定剂在使用过程中需要加入一些辅助热稳定剂抑制"锌烧"。"锌烧"现象，即锌盐通过取代聚氯乙烯分子链上的活泼氯原子生成氯化锌，而氯化锌是一种强路易斯酸，它会催化聚氯乙烯分子链以非常快的速度降解脱氯化氢，致使聚氯乙烯剧烈变色急剧发黑，具体表现是聚氯乙烯制品有黑斑或者全部发黑。

钙/锌复合热稳定剂可以添加的辅助热稳定剂如 β-二酮化合物，可以极大改善锌基热稳定剂的热稳定效能。

3.2.3.2 铅盐类

铅盐类是以前 PVC 最常用的热稳定剂，也是十分有效的热稳定剂，但作为重金属盐，毒性大，因而其使用受到限制，在非必要的情况下，不使用这类热稳定剂。铅盐类热稳定剂的作用机理主要是捕捉 PVC 热分解产生的 HCl，从而防止 HCl 的催化降解作用。铅盐具有热稳定性优良、电气绝缘性能优良、耐候性好、价格低的优点。但存在所得制品透明性差，素性大，分散性差，易受硫化氢污染等问题。常用的铅盐类稳定剂见表 3-3。

表 3-3　　　　　　　　　　　　　　　　铅盐热稳定剂

名称(简称)	分子式或结构式	性状	用量/份
三盐基硫酸铅(三盐)	$3PbO \cdot PbSO_4 \cdot H_2O$	白色粉末,有毒,味甜	2～7
二盐基亚磷酸铅(二盐)	$2PbO \cdot PbHPO_3 \cdot H_2O$	白色针状结晶,有毒,味甜	1～4
二盐基硬脂酸铅	$(C_{17}H_{35}COO)_2Pb \cdot 2PbO$	白色粉末,有毒	0.5～1.5
二盐酸邻苯二甲酸铅	![结构式]	白色粉末,有毒	
三盐基马来酸铅	![结构式]	微黄色粉末,有毒	

3.2.3.3　有机锡类

有机锡类热稳定剂也是以前应用十分广泛的一类热稳定剂，与 PVC 相容性最好，效率高，制品性能好。其缺点是大多数品种有毒性、无润滑性、含硫有机锡加工过程中有异味等。有机锡热类稳定剂的通式一般表示为 $R_nS_nY_{(4-n)}$，式中 R 为烷基或酯基，Y 为通过氧原子或硫原子与 S_n 连接的有机基团。

大多数有机锡化合物是具有生物毒性的一类材料，具有很高的生物神经毒性，可以通过皮肤或脑水肿引起全身中毒死亡。因此作为热稳定剂使用一定要谨慎，某些国家和地区的法律法规规定制品中不允许使用有机锡化合物。

有机锡热稳定剂作用机理主要是通过 Y 基团置换出聚氯乙烯分子链中不稳定的氯原子，并吸收聚氯乙烯降解释放出来的氯化氢气体，有机锡热稳定剂通过这种方式来抑制聚氯乙烯的降解变性。

（1）含硫有机锡类

二巯基乙酸异辛酯二正辛基锡（DOTTG）：外观为淡黄色液体，热稳定性及透明性极好，加入量低于 2 份。

二甲基二巯基乙酸异辛酯锡（DMTTG）：外观为淡黄澄清液体，为高效、透明稳定剂，常用于扭结膜及透明膜中。

（2）不含硫有机锡化合物

二月桂酸二正丁基锡（DBTL）：淡黄色液体或半固体，润滑性优良，透明性好，常与硬脂酸钙并用，用量 1～2 份。

二月桂酸二正辛基锡（DOTL）：价格高，润滑性优良，常用于硬 PVC 中，用量小于 1.5 份。

$$n\text{-}C_8H_{17} \quad OC\text{-}C_{11}H_{23}$$

马来酸二正丁基锡（DBTM）：白色粉末，无润滑性，常与月桂酸锡并用。

$$C_4H_9 \quad OCCH{=}CHCOOC_4H_9$$

3.2.3.4 稀土类热稳定剂

现有技术中常见的单一性热稳定剂是采用稀土化合物与有机酸根离子制备得到。

（1）苯二甲酸稀土热稳定剂 其具有通式 $(Re)_2 \left[C_6H_4(COO)_2 \right]_3$，其中 Re 表示镧、铈、镨等。该类稳定剂具有低毒、价格低的优点，可用于替换传统的无机铅盐、有机锡化合物、有机锑化合物。同时，该类苯二甲酸稀土稳定剂对无机材料和高分子化合物均具有良好的亲和力，可以作为偶联剂。

（2）包含混合轻稀土元素和有机弱酸根 其中混合轻稀土元素是指镧系元素或是多种稀土元素共存；有机弱酸根为硬脂酸根、脂肪酸根、苹果酸根等。该类稳定剂加入 PVC 制品中可以改善制品的塑化性能，提高制品质量。

（3）复合羧酸有机-稀土热稳定剂 其采用十四烷二酸与碳链长度 6～18 个碳的一元羧酸、碳链长度 4～10 个碳的二元羧酸或碳链长度 3～12 个碳的三元羧酸的混合物制备复合羧酸，进而与可溶性稀土盐反应得到热稳定剂。

（4）二元酸单酯稀土稳定剂 其通过将二元酸（如马来酸酐和邻苯二甲酸）和醇（如苯甲醇、月桂醇）制备单酯酸，进而与镧、铈等稀土金属氧化物或氢氧化物反应 2～3h，得到稀土金属类稳定剂，其在 PVC 材料中使用可以实现无毒、高效和透明的性能。

优良的稀土复合稳定剂应具有以下功能：①优良的热稳定协同性能；②偶联作用；③增韧作用。

稀土稳定剂无润滑作用，应与润滑剂一起加入，目前我国生产的稀土复合稳定剂是将稀土、热稳定剂和润滑剂复配而成的，加入量一般为 4～6 份，它具有很好的稳定效果和润滑效果。稀土复合稳定剂与环氧类辅助稳定剂有协同作用。

3.2.3.5 其他辅助热稳定剂品种

（1）亚磷酸酯类 这是一类重要的辅助热稳定剂，主要用于软质 PVC 透明配方中，用量为 0.1～1 份。

（2）环氧化合物类 它与金属皂类有协同作用，与有机锡类稀土稳定剂并用效果好，用量为 2～5 份。

（3）多元醇类　它可与硬脂酸钙锌盐复合稳定剂并用。

3.2.3.6　复合型热稳定剂

热稳定之间复合使用可以产生协同增效作用，实现更好的热稳定效果，得到具有优异性能的产品。比如稀土类热稳定剂可以和硬脂酸钙复合使用，硬脂酸锌和硬脂酸钙可以复合使用，明显提高体的热稳定效率。

3.2.4　热稳定剂的选择

PVC 须加入热稳定体系，热稳定体系可以根据生产实际要求选择不同的热稳定体系。应该注意的以下问题：

① 加工条件：软硬 PVC 不同；注塑、挤出加工工艺不同；双螺杆、单螺杆挤出机加工手段不同，加入的热稳定体系质和量都不同。

② 制品要求：透明/不透明的要求不同。

③ 卫生要求：有毒/无毒性的要求不同。

④ 热稳定剂之间的协同效应和对抗效应。

⑤ 成本。

3.2.5　热稳定剂对产品的影响

不同热稳定体系在加工 PVC 制品中主要对制品产生以下影响：①颜色；②加工工艺；③力学性能；④焊接、印刷性能；⑤成本。

3.2.6　各类稳定剂配方实例及特点

例 1：表面高光泽 PVC 线管料的钙锌热稳定剂（表 3-4）。

表 3-4　　　　　　　　　　　表面高光泽 PVC 线管料的钙锌热稳定剂

原　　料	添加量/份	原　　料	添加量/份
PVC	100	水滑石	5～15
硬脂酸锌	10～40	碳酸钙	0～50
乙酰丙酮钙	5～20	抗氧剂	1～15
β-二酮化合物	1～15	润滑剂	0～30
沸石	10～40		

该配方需要采用细度较高的材料，能够制作出表面光泽度高的产品。

例 2：钡锌无酚石墨烯 PVC 热稳定剂（表 3-5）。

表 3-5　　　　　　　　　　　钡锌无酚石墨烯 PVC 热稳定剂

原　　料	添加量/份	原　　料	添加量/份
PVC	100	辛酸	20～40
氧化钡	15～35	蓖麻油	30～60
氧化锌	15～35	石墨烯	0.05～1
碱式碳酸钠铝	5～10	无酚抗氧剂（呋喃酮或苯酞或 N,N-二苄基羟胺）	0.1～0.3
β-二酮化合物	5.5～10		
油酸	15～25		

采用钡、锌捕捉 HCl，配合碱式碳酸钠铝及 β-二酮的使用，协同作用能够形成短期和长期的稳定效果；且采用无酚、无重金属配方。

思 考 题

1. 在 PVC 加工中加入热稳定剂的作用机理是什么？
2. 如何控制 PVC 加工中的变色问题？
3. 从环保无毒的角度考虑，哪些稳定剂不能加入到配方中？为什么？
4. 设计以下 PVC 制品使用的热稳定体系配方：透明 PVC 膜、塑料门窗型材、上水管。

3.3 光 稳 定 剂

3.3.1 光稳定剂的定义和作用机理

阻止或减少高分子材料受紫外线侵袭的添加剂被称为光稳定剂。

光稳定剂的作用机理大致可分为四种：一是阻止或减少高分子材料吸收的紫外线能量，光屏蔽剂、紫外线吸收剂起到这种作用；二是使被激发的高分子材料分子上的激发态电子失去能量回到稳定态，阻止光引发的进行，光淬灭剂起到这种作用；三是干扰发生链支化的光氧化过程，其主要是控制氢过氧物的光分解，将其转化成较稳定的化合物，不生产自由基，抗氧剂起到这种作用；四是自由基的捕捉剂，当自由基生成，将自由基捕捉终止链反应，受阻胺自由基捕捉剂起到这种作用。

光稳定剂属于稳定化助剂，可以适用于各种高分子材料的防老化使用。

3.3.2 光稳定剂的分类

光稳定剂分为光屏蔽剂、紫外线吸收剂、光淬灭剂和受阻胺自由基捕捉剂，各自稳定机理和效果均不同。

3.3.2.1 光屏蔽剂

光屏蔽剂本身具有反射或吸收紫外线的能力。在聚合物中加入光屏蔽剂，可以抑制紫外线对聚合物的破坏作用。通常作为光屏蔽剂的钛白粉（金红石型）就具有强烈反射紫外线的能力，炭黑则具有强烈吸收紫外线的能力，而其他的无机颜料则具有部分反射或吸收紫外线的作用。光屏蔽剂就如光源与聚合物之间覆盖了一层保护层，它通过吸收或反射，阻止紫外光入射到聚合物内部，进而发生光氧化降解作用。

（1）炭黑 炭黑几乎能全部吸收可见光，强烈地反射紫外光和部分透过波长为 $340 \sim 430 \text{nm}$ 的光，炭黑还具有分解氢过氧化物的作用。因此，炭黑的光稳定作用最强，对保护高聚物防气候老化的效果特别突出。尤其在较高温度下，与其他稳定剂相比，其突出的优点是不挥发。从表 3-6 可看出，加 1 份炭黑的聚乙烯耐气候老化达 25 年。

表 3-6　　　　　　　　　　　　　　　　添加炭黑的聚合物的耐气候老化性能

聚合物	可观察到的表面破坏时间/年	聚合物	可观察到的表面破坏时间/年
聚乙烯(空白)	1～1.5	增塑聚氯乙烯＋10 份槽法炭黑	15
聚乙烯＋1 份槽法炭黑	25	氯丁橡胶(空白)	0.5～1
增塑聚氯乙烯(空白)	1～2	氯丁橡胶＋40 份 SRF 炭黑	20

　　工业常用的炭黑有炉法炭黑和槽法炭黑两种。槽法炭黑较炉法炭黑的含氧量高，加大了槽法炭黑的亲水性，使其容易吸湿，同时 pH 降低，所以一般说槽法炭黑是酸性的，炉法炭黑是碱性的。在塑料工业中使用炭黑以槽法炭黑和乙炔炭黑为佳，因为这两种炭黑粒度细，色相亮黑。但近来也出现粒度与之相近的炉法炭黑，稳定效果也很好。

　　通常炭黑的粒径以 15～25nm 为佳。炭黑是一种表观密度很低，即轻而疏松的粉末，使用中极易飞扬造成环境污染，应特别注意防护措施，最好事先将炭黑与液体助剂研磨成膏剂，防止污染同时有助于分散在聚合物中，否则由于分散不好会大大降低其稳定作用和材料的力学性能。

　　(2) 二氧化钛（TiO$_2$）　俗称钛白，它可以将入射可见光大部分反射和折射，并能完全吸收波长小于 410nm 的光，因此，钛白可作为光屏蔽剂使用。钛白对聚合物的防护能力取决于其结晶类型。二氧化钛晶型有金红石型（R-型）和锐钛型（A-型）两种。金红石型钛白相对密度和反射率都大于锐钛型钛白，同时对光和臭氧较稳定，因而性能较好。例如以 R-型钛白为稳定剂的聚氯乙烯塑料门窗，在户外历时一年后的力学强度和伸长率分别保留 95％和 90％，而 A-型钛白则只能保留 80％和 67％。

　　在一些薄型的高分子材料制品上不宜使用钛白为稳定剂，因为二氧化钛受光照会放出新生态氧，故能促进高聚物的光氧化降解作用，但光氧化降解仅仅发生在物体的表层，内部不受影响。因此在薄制品中不宜使用钛白，而在厚制品中，钛白的稳定作用十分明显，因为即使发生光氧化反应，也只是在材料极薄的表面发生，可使其内部受到保护。

　　(3) 氧化锌（ZnO）　氧化锌早已作为涂料的光稳定剂，但在聚合物加工中，尤其是 PVC 加工中大量使用氧化锌容易造成制品变色。近些年来的研究使氧化锌在聚合物中的应用受到人们极大的重视。氧化锌能完全吸收波长小于 400nm 波长的光，抵抗波长低于 380nm 紫外光的破坏作用，并可以反射 90％可见光。它是一种价廉、无毒、耐久的光稳定剂，以粒径为 0.1～0.25μm 的活性氧化锌效果最佳。实验证明 3 份氧化锌的光稳定效果相当于 0.3 份有机紫外线吸收剂。

3.3.2.2　紫外线吸收剂

　　紫外线吸收剂是目前应用最普遍而有效的光稳定剂，广泛使用在各类高分子材料上。它可以选择性吸收紫外线，通过自身的异构转化方式将吸收的辐射能以对高分子材料无害的热能放出，从而使高分子免受紫外线的破坏。紫外线吸收剂在高分子材料中的作用，类似在高分子材料中加入了一层滤波器，它能强烈吸收紫外线（波长 290～380nm），因而能减缓高分子材料的光氧老化。典型的紫外线吸收剂主要有七种类型。

　　(1) 苯甲酸酯类　苯甲酸酯类光稳定剂是最早发展起来的一类光稳定剂，由于它吸收近紫外线，因此很早就应用在高分子材料上。

水杨酸苯酯是最早使用的光稳定剂，它是先驱型紫外线外线吸收剂，本身对紫外线几乎不吸收，主要吸收 290～340nm 波长的光。它经紫外光照射后发生分子重排而转变为二苯甲酮类紫外线吸收剂。由于原料丰富，价格便宜，颜色较浅，与树脂相容性较好，因而有一定的应用。但因其吸收紫外线能力较弱，故用量稍多此。代表品种有 UV-TBS 和 UV-BAD。

UV-TBS：2-羟基苯甲酸-4-（1,1-二甲基乙基）苯基酯（水杨酸-4-叔丁基苯酯），一种廉价紫外线吸收剂，光照下有变黄倾向，可用作聚氯乙烯、聚乙烯、纤维素和聚氨酯，用量为 0.2～1.5 份。

UV-BAD：可吸收波长 350nm 以下的紫外线，与各种树脂相容性好，价格低廉，可用于聚乙烯、聚丙烯等聚烯烃制品，也可用于含氯树脂，用量 0.2～4 份。

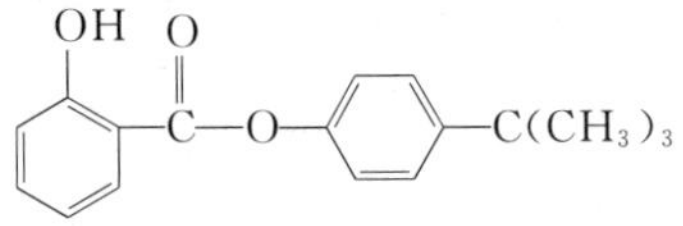

（2）二苯甲酮类 二苯甲酮类是目前使用最广泛的紫外线吸收剂之一，其结构式如下。二苯甲酮类、苯并三唑类和三嗪类紫外线吸收剂，它们都有一个相同的结构特征，都可以生成分子内氢键。当它们吸收紫外光能后，氢键遭受破坏，形成光互变异构体，而它们又可以通过放热回到基态。

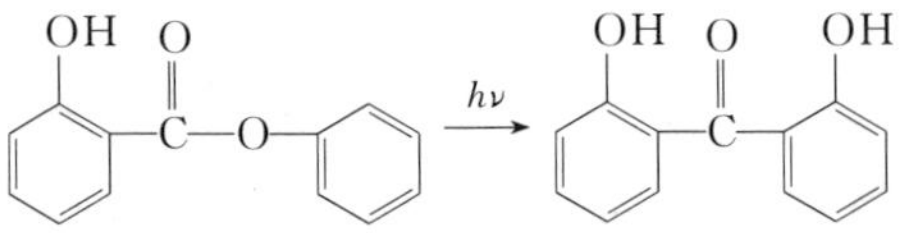

（3）邻羟基二苯甲醇类 邻羟基二苯甲醇类紫外线吸收剂是开发较早，目前仍广泛应用的一类，其结构式如下。它们与许多树脂的相容性好，成本不高。从结构上看有两个类型，一类是只有一个邻位羟基；另一类含有两个邻位羟基。前者强烈吸收 290～380nm 波长的紫外线，几乎不吸收可见光，而后者虽强烈吸收 300～400nm 波长的紫外线，但也吸收部分可见光而呈黄色，且相容性较前者差，故应用不普遍。

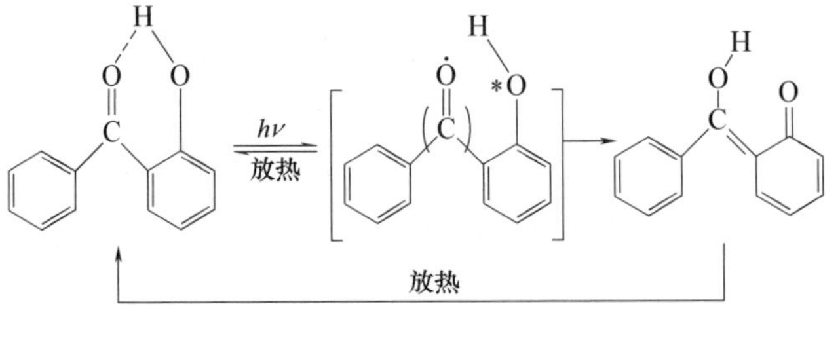

邻羟基二苯甲醇类紫外线吸收剂可广泛用于聚烯烃、聚氯乙烯、ABS、聚酯、聚苯乙烯及纤维素塑料等，用量一般 0.1～0.5 份。产品主要有：

① 2-羟基-4-甲氧基二苯甲酮（UV-9）。UV-9 为淡黄色结晶粉末，熔点 62℃，溶于多种有机溶剂如苯、苯乙烯、甲醇等，几乎不溶于水，其结构式如下。毒性甚微，热分解温度为 200℃，最大吸收峰为 328nm。挥发性较大是其缺点。

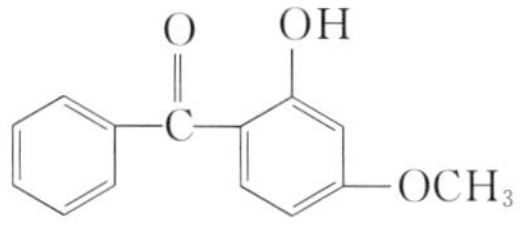

UV-9 是塑料广泛应用的廉价紫外线吸收剂，主要应用于聚苯乙烯、聚氯乙烯、氯化乙烯。

② 2-羟基-4-正辛氧基二苯甲酮（UV-531）。UV-531 为淡黄色针状结晶，熔点 48～49℃，几乎无毒性，溶于丙酮、苯、正戊烷等，几乎不溶于水，结构式如下。最大吸收峰 325nm。它与聚乙烯、聚丙烯的相容性优于 UV-9，是聚烯烃最适宜的紫外线稳定剂。主要应用于聚烯烃、聚苯乙烯、聚氯乙烯、氯化聚醚、纤维素塑料等，用量 0.1～1.0 份。

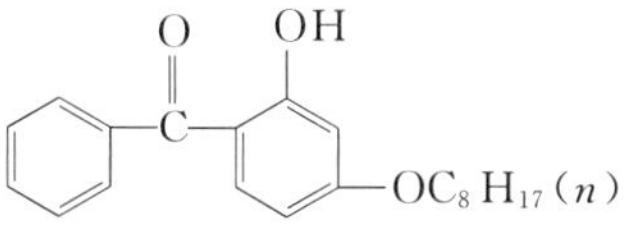

（4）苯并三唑类　这是一类性能优良的紫外线吸收剂，光稳定效能比二苯甲酮类好，可强烈吸收 280～380nm 的紫外线，几乎不吸收可见光，故该类产品效能高且色浅，不污染制品，可广泛用于聚烯烃、聚苯乙烯、聚酯、ABS、聚氨酯、纤维素等塑料。添加量通常为树脂量的 0.1%～1%，主要品种有 UV-327、UV-P。

① UV-327。UV-327 为白色或淡黄色粉末，熔点 157℃，溶于苯、苯乙烯、甲苯，微溶于甲醇和乙醇，且毒性低。最大吸收峰为 353nm，化学稳定性好，挥发性极小。UV-327 与聚烯烃的相容性好，特别适用于聚乙烯和聚丙烯。此外，还可用于聚氯乙烯、聚甲基丙烯酸甲酯、聚醛、聚氨酯、不饱和聚酯、ABS 树脂、环氧树脂和纤维素树脂等，用量一般为 0.1%～1.0%。

② UV-P。UV-P 为白色或淡黄色粉末，熔点 157℃，溶于苯、苯乙烯、甲苯，微溶于 DOS，不溶于水。可有效吸收 270～340nm 波长的紫外线，无毒性。

UV-P 主要用于聚苯乙烯，其他如聚氯乙烯、聚丙烯、聚酰胺、不饱和聚酯、ABS 等树脂。在薄制品中一般用量为 0.1～0.5 份，厚制品中为 0.05～0.2 份。

（5）三嗪系　三嗪系杂环化合物含三个氮原子的氮杂苯。三嗪类紫外线吸收剂是后发展起来的一类优良的光稳定剂品种，它对紫外线的吸收能力优于二苯甲酮类等目前常用的紫外线吸收剂。但不足之处是由于其吸收部分可见光，使制品带上较深的黄色。

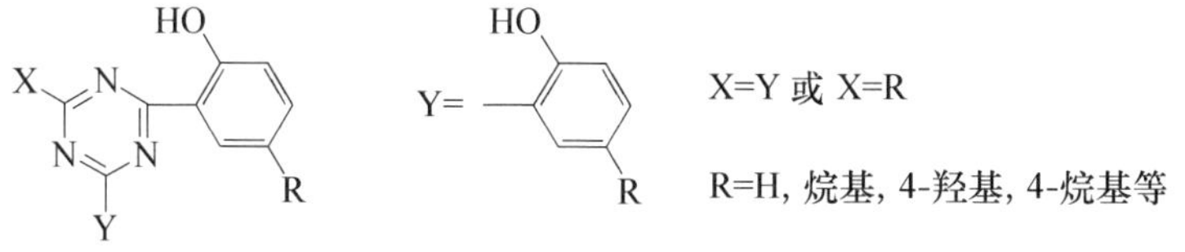

三嗪-5：熔程 156～165℃，溶于六甲基磷酸三胺，加热时溶于二甲基甲醇，微溶于正丁醇，不溶于水，能吸收波长为 300～380nm 的紫外线，适用聚氯乙烯、聚乙烯、氯化聚醚等塑料。一般用量为 0.1～1.0 份。其光稳定效能优于 UV-9 和 UV-531，与聚氯乙烯相容性较好，但该品使制品带黄色。

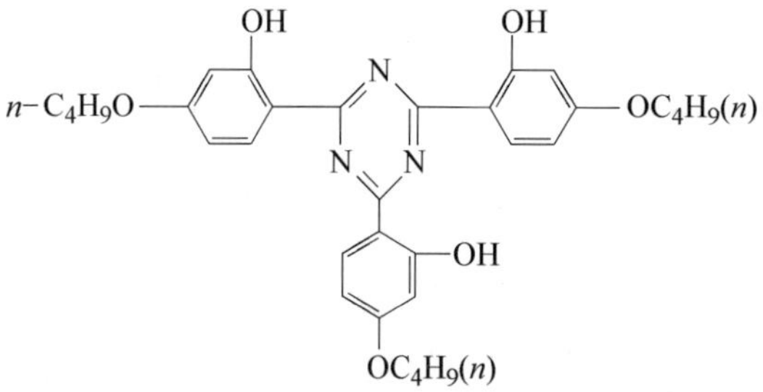

（6）取代丙烯腈类　本类光稳定剂为丙烯腈（CH＝CH—CN）的取代衍生物。这类紫外线吸收剂目前国内少见使用。由于它不含酚羟基，所以在环境变化的情况下，其化学稳定性不受影响，也不与金属稳定剂和涂料中的催化剂反应，主要品种为 N-539，结构式如下。

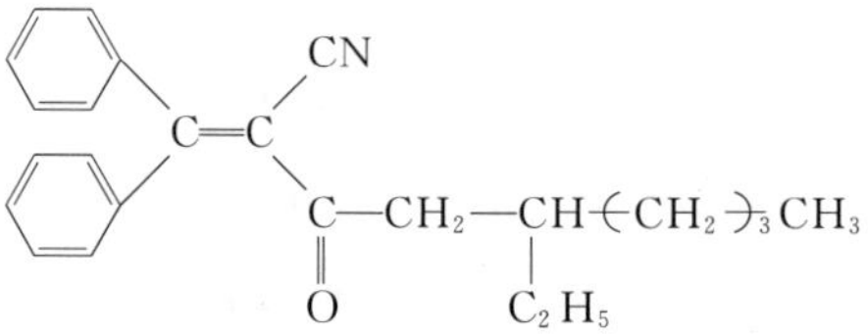

N-539 特别适用于硬质和软质聚氯乙烯，与树脂相容性好，不着色，可赋予制品优良的光稳定性。此外，N-539 在缩醛树脂、丙烯酸树脂、环氧树脂、氨基树脂、聚酰胺、聚氨酯和硝酸纤维素涂料中也具有良好的光稳定效果。添加量一般为 0.1～3.0 份。

3.3.2.3　紫外线淬灭剂

紫外线淬灭剂是一类高效的光稳定剂。它的作用机理是将激发态的能量转移出来，这类化合物对激发态的三线态氧和单线态氧有极强的淬灭作用。它主要是一些二价镍的有机螯合物（在镍、铬、钠等过渡金属的这类螯合物中）。镍螯合物的品种繁多，有硫代双酚、受阻酚取代酸、双（烷基硫代物）、苯并三酚、硫酸双酚、甘氨酸、氨基羟酸等的镍螯合物，镍淬灭剂的颜色呈淡绿色。但目前已实现商品化的品种不多，主要用于聚烯烃，适用于极薄制品和丝、纤维中，并有助染作用，与其他紫外线吸收剂并用效果更佳，加入量比紫外线吸收剂低。代表品种如下：

（1）双（3,5-二叔丁基-4-羟基苄基磷酸乙酯）镍 2002　2002 为淡黄色粉末，熔程 180～200℃，微溶于水，易溶于一般有机溶剂、吸水，结构式如下。主要用于聚烯烃，特别是聚丙烯薄膜和纤维、编织带，也可应用于聚苯乙烯、聚氯乙烯、聚酰胺、聚醋酸乙烯酯、聚乙烯醇缩丁醛及合成橡胶等。一般用量 0.1～1.0 份。2002 是目前所使用的光淬灭剂中最主要的一种。

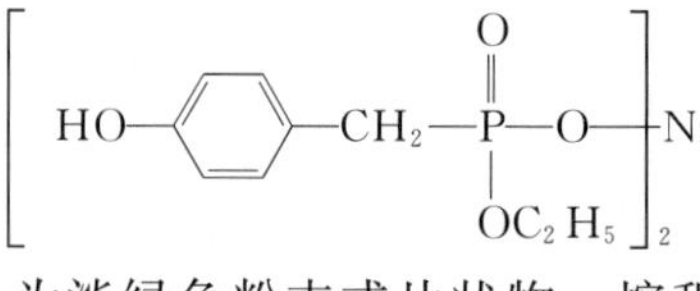

（2）UV-1084　UV-1084 为淡绿色粉末或片状物，熔程 258～261℃，溶于正庚烷、四氢肤喃、氯仿、甲苯等有机溶剂，低毒，结构式如下。本品为高效光稳定剂，能吸收波长为 270～330nm 的紫外线，对制品有轻微着色，它不仅具有光稳定作用，而且还有

抗氧剂功能，主要用于聚丙烯、聚乙烯、EVA 等，对高温下使用或长期受日晒的制品尤为适宜。一般用量 0.25～1.0 份。

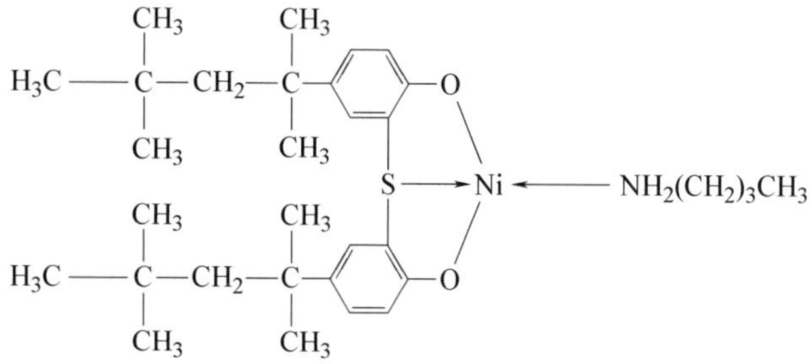

（3）光稳定剂 AM-101　AM-101 为绿色粉末，具有光淬灭作用，在紫外区域的吸收峰为 290nm，并吸收一定波长的可见光，有毒性，结构式如下。适用于聚乙烯、聚丙烯等塑料，对薄膜和纤维制品的光稳定作用优良，加工性能较好。主要缺点是颜色较深，易使制品着色，同时在高温下可与硫类辅助助剂作用，使制品发灰黑色，使用中应予注意。用量一般为 0.1～0.5 份。

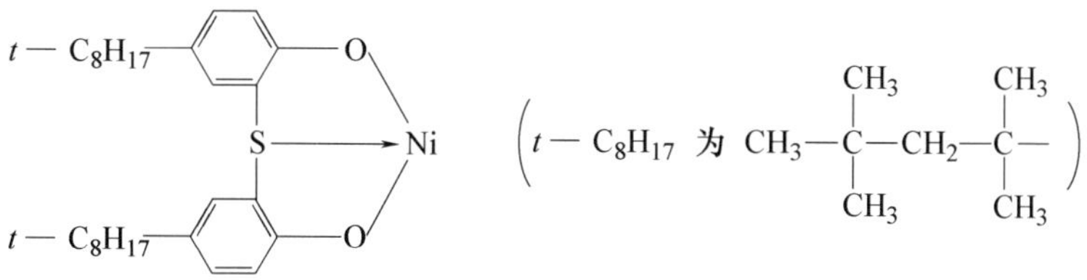

3.3.2.4　受阻胺类光稳定剂（HALS）

受阻胺类光稳定剂是一类发展十分迅速的光稳定剂。它主要是六氢哌啶衍生物，由于氮原子的 α 位上有 4 个羟基（一般是甲基）因此称为受阻胺。这类光稳定剂并不吸收紫外线，它的作用机理是自由基的捕捉剂，当自由基生成，将自由基捕捉终止链式反应。它也是很好的抗氧剂，捕捉过氧化氢分解的自由基，其反应式如下。受阻胺光稳定剂的性能与其结构有着密切的关系，胺含量高，一般稳定性也高。分子量大与聚合物相容性好，不易析出。脂肪族比芳香族类型的光稳定性好。

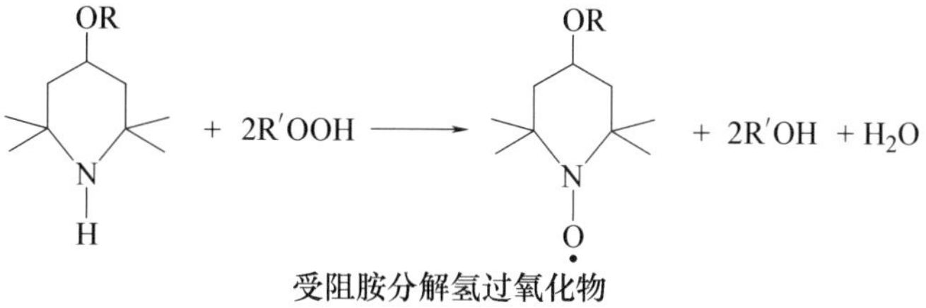

受阻胺分解氢过氧化物

受阻胺光稳定剂具有非常优越的光稳定作用，目前已商品化的 LS-744，LS-770，GW-540，其光稳定作用很强，效能为 UV-327 的 2～4 倍，为一般镍螯合物光淬灭剂的数倍，发展前景好。

（1）光稳定剂 770，光稳定剂 GW-480　本品为白色结晶粉末，熔点 81～86℃，结构式如下。溶于苯、氯仿、甲醇、乙醇、乙醇等有机溶剂。本品适用于聚丙烯、高密度聚乙烯、聚氨酯、聚苯乙烯及 ABS 树脂等，用量 0.5 份。

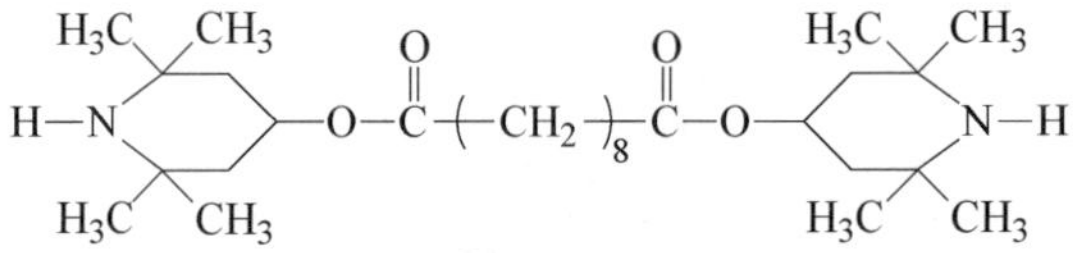

（2）光稳定剂 GW-744 GW-744 为白色结晶粉末，熔点 95～98℃，分解温度 280℃以上，溶于丙酮、乙醇、乙酸乙酯、甲苯，不溶于水。不着色，不污染，结构式如下。

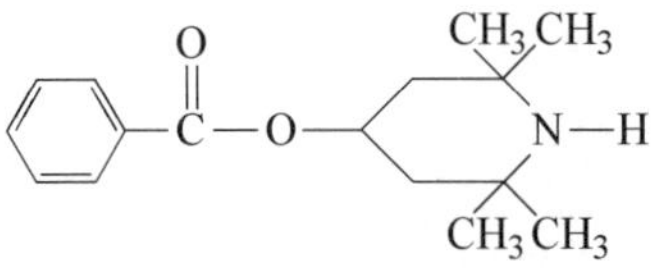

GW-744 适用于聚丙烯、聚乙烯、聚苯乙烯、聚氨酯和聚酯等多种塑料，在聚烯烃中效果尤为突出，一般用量 0.1～1.0 份。

（3）光稳定剂 GW-540 GW-540 为白色或淡黄色结晶粉末，熔点 116～120℃，易溶于丙酮、苯等有机溶剂，难溶于水，结构式如下。适用于聚乙烯、聚丙烯等树脂，尤其用于高压聚乙烯农膜中，显示出优异的抗光老化性能。一般用量 0.1～1.0 份。

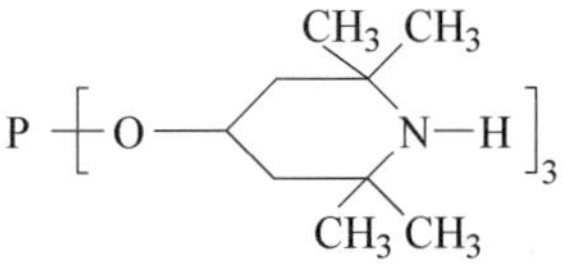

3.3.3 光稳定剂的应用

3.3.3.1 吸收波长

在选择紫外线吸收剂时，首先应考虑的是各种高聚物的敏感波长（见表 3-7）与紫外线吸收剂的有效吸收波长范围的一致性。

表 3-7 各种高聚物的敏感波长

聚合物名称	最大敏感波长/nm	聚合物名称	最大敏感波长/nm
苯乙烯	300	聚酯酸乙烯酯	<280
聚丙烯	370	单羟基二苯甲酮类	190～380
聚苯乙烯	318	双羟基二苯甲酮类	300～400
聚氯乙烯	310	苯并三唑类	300～385

3.3.3.2 光稳定剂的使用

光降解是从制品的表面开始的，制品表面光稳定剂浓度与制品抗光老化的能力成正比。

对于厚制品，紫外线很难透入到聚合物内部使材料降解，厚度大则耐光性好，且光稳定剂在加工冷却过程中容易以高浓集中于表面层的非晶区，使光稳定剂的实际防护作用要比预期的大许多倍，因此对厚制品就没有必要添加高浓度的光稳定剂。

对于薄制品特别是丝和纤维则根据需要往往加入较高浓度的光稳剂，例如用 UV-531 防护软质聚氯乙烯薄膜时，厚 0.25mm 的薄膜需加入 0.3%～0.5%，0.025mm 厚的薄膜则需加入 1%～5%。对油漆来说，由于漆膜更薄，用量更高，可达 10%。光稳定剂用量太多会发生"起霜"现象，可采用相容性较好的品种代替。例如对聚烯烃来说由于长直链烷基与其有较好的相容性，因此使用 UV-531 则可以抑制起霜现象。一些树脂所适用的光稳定剂类型如下：

（1）聚乙烯 UV-531、UV-327、光稳定剂 2002、受阻胺类光稳定剂。

（2）聚丙烯 UV-327、UV-531、光稳定剂 2002、受阻胺类光稳定剂、超细氧化锌。

（3）聚苯乙烯 UV-9、UV-531。

（4）聚氯乙烯 UV-9、UV-531、BAD、UV-24、HPT。

（5）聚酰胺类 UV-531、UV-327、UV-P、UV-207。

（6）ABS 树脂 UV-531、UV-327、UV-P、TBSZ。

3.3.3.3 光稳定剂的协同使用

（1）能使用屏蔽剂的应以屏蔽剂为主，加入受阻胺类捕捉剂协同。

（2）透明制品应采用多种类型光稳定剂共同少量加入，协同使用。

（3）应与抗氧剂协同使用。

3.3.4 光稳定剂配方实例

光稳定剂配方实例 PVC 塑料门窗、蔬菜大棚 PE 膜见表 3-8 和表 3-9。

表 3-8　　　　　　　　　　　　　　　PE 木塑复合膜配方

原料	用量/份	原料	用量/份
PE	100	偶联剂	0.4
木粉	23	着色剂	0.06
薄膜用 PE 填充母料	18	抗氧剂	0.3
润滑剂	2	紫外线吸收剂	0.1
增塑剂	13	光稳定剂	0.1
EVA	17		

表 3-9　　　　　　　　　　　　　　　耐光照 PE 膜配方

原料	用量/份	原料	用量/份
LDPE	80～85	油酸酰胺	0.5～0.9
LLDPE	18～22	亚磷酸三乙酯	0.7～1.1
醋酸纤维素	3～6	环烷酸锌	0.9～1.3
二甲基甲酰胺	2～5	光稳定剂	1.1～1.6
抗氧剂	1.7～2.1		

思　考　题

1. 光稳定剂的种类有几种？它们的作用机理是什么？

2. 分析一下：PE、PP、PS、PVC 哪个更容易老化，为什么？

3. 如何使用不同的光稳定剂达到制品最佳的耐老化性能？

4. PE 农用大棚膜、塑料门窗、汽车轮胎和油漆应分别采用什么样的防老化措施？

5. 设计一个 PE 农用大棚膜配方。

6. 设计 PVC 塑料门窗的配方。

3.4 抗 氧 剂

3.4.1 抗氧剂简介

抗氧剂是可以延缓或抑制聚合物氧化过程从而阻止聚合物的老化并延长其使用寿命的一类化学物质，亦被称为"防老剂"。

在自然界中天然及合成高分子材料无论是热降解还是光降解，氧总是降解的促进剂，特别是在加工和应用过程中，受到热或紫外线的作用，使其氧化反应更容易进行，逐渐导致高分子材料的老化。对高分子材料加工来说，抗氧剂可以防止聚合物在开炼混合等加工过程中的热氧化降解，抗氧剂浓度在 0.1％～0.5％时，就可以显示出抗氧化作用。

3.4.2 抗氧剂的发展历史和主要生产商

国外抗氧剂的主要生产厂家有汽巴精化公司、GE 塑料公司、美国氰氨公司、古德里奇公司、住友化学工业公司。

我国抗氧剂的生产是随聚烯烃工业的发展而发展起来的。目前国内约有 30 家企业涉足抗氧剂产品的生产。这些生产企业主要分布在辽、京、津、沪、苏、浙等靠近石化建设的地区，如汽巴高桥、浙江金海雅宝公司、兰化有机厂、辽阳有机厂、天津力生化工厂、天津晨光化工有限公司、北京化工三厂、沈阳助剂厂、成都化学助剂厂、临沂三丰化工有限公司、北京加成助剂厂等。

3.4.3 抗氧剂作用原理

抗氧剂按照组成可以分为酚类、胺类、亚磷酸酯类、硫酯类和其他类别。抗氧剂按其作用机理可分为主抗氧剂和辅助抗氧剂。主抗氧剂的主要作用是干预自动氧化反应的链增长过程，使氧化速度减慢，甚至几乎不发生；辅助抗氧剂的主要作用是分解氢过氧化物，故又称为氢过氧化物分解剂。具体的作用机理又可细分，如图 3-2 所示。

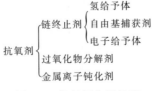

图 3-2 抗氧剂作用机理

在高分子材料加工中，目前应用最广泛的主抗氧剂是受阻酚（简称阻酚）类，其结构特征是在酚羟基的邻位带有阻碍基团，即分支多的基团，它的优点是不使制品受污染且不呈现颜色的变化。

橡胶工业把抗氧剂常被称为"防老剂"，主要使用的是胺类抗氧剂。胺类抗氧剂一般比酚类抗氧剂效果好些，价格低廉，但颜色较深，有的有毒性，在塑料中很少使用。在天然和合成橡胶及乳胶制品中能防护臭氧、曲挠、热、氧等引起的老化，因此在橡胶工业中大量使用。

3.4.3.1　主抗氧剂的作用机理

（1）氢原子给予体　仲芳胺和阻酚类抗氧剂分别含有（—NH）和（—OH）反应官能团，它们比较容易供出氢原子，使活性自由基终止，同时，本身生成空间位阻较大、较稳定的自由基，从而终止自由基链式裂解反应的传递，反应式如下。

$$Ar_2N—H+RO_2 \cdot \longrightarrow RO_2H+Ar_2N \cdot$$

$$ArOH+RO_2 \cdot \longrightarrow RO_2H+ArO \cdot$$

（2）自由基捕捉体　凡是能够与自由基反应，捕捉了自由基后生成不再引发氧化反应的物质，称为自由基捕捉体。

苯醌具有捕捉自由基的作用，所以能起阻聚作用。很多多核芳烃由于能捕捉自由基而表现出抗氧能力，反应式如下。加成后产生的自由基可进一步发生如二聚、歧化反应，或与另一自由基反应而生成稳定性化合物，不再引发自由基反应。

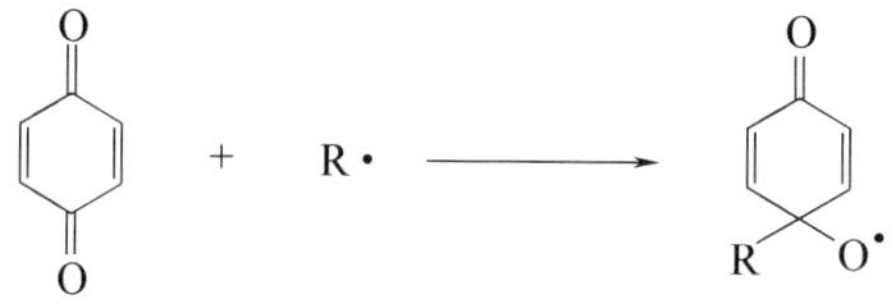

（3）电子给予体　叔胺类化合物，虽然没有含—NH反应官能团，但它和自由基RO·相遇时，由于电子的转移而使自由基终止，故也具有抗氧性，反应式如下。

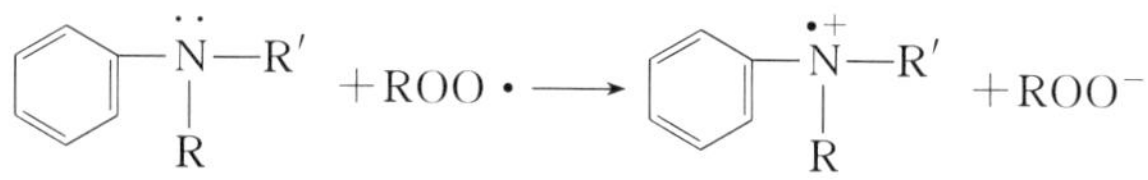

3.4.3.2　辅助抗氧剂的作用机理

（1）分解氢过氧化物　氢过氧化物是氧化的重要反应过程，因此，氢过氧化物分解剂是最重要的辅助抗氧剂，属保护性抗氧剂，主要有硫代二羧酸酯、亚磷酸酯和二烷基二硫代氨基甲酸盐。后者一直主要用于橡胶工业，现已在塑料工业中得到应用并显示了优良的稳定作用。硫代二羧酸酯分解 ROOH 的效力受温度影响较大，温度升高，作用下降；而亚磷酸酯受温度影响较小，其和氢过氧化物的反应分别表示如下。

$$(R'O)_3P+ROOH \longrightarrow ROH+(R'O)_3P=O$$

（2）钝化金属离子　在高分子材料氧化反应中金属离子往往是促进剂。金属离子钝化剂本身能够和重金属离子结合成最大配位数的向心配位体，也就是通常说的螯合作用，反应式如下。正是这种螯合作用阻止了金属离子对氢过氧化物的催化分解作用，从而阻止自由基的传递。

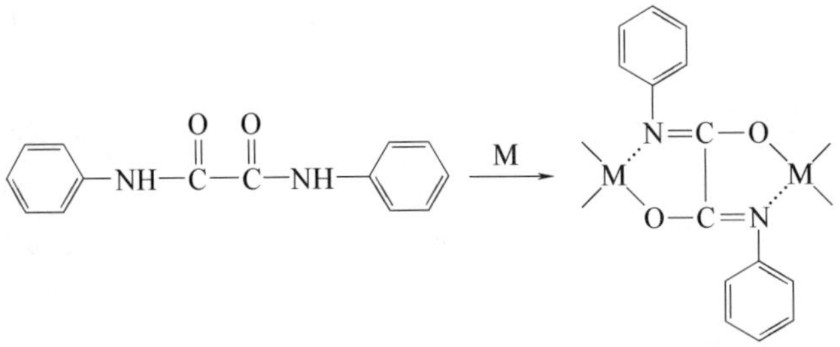

3.4.3.3 抗氧剂的配合效应

抗氧剂的配合使用，包括抗氧剂与抗氧剂之间的配合及其他抗氧剂与其他助剂（主要是光稳定剂）的配合使用。

（1）加和效应　当使用两种或两种以上助剂并用的效果大致等于各个单独应用的效果的代数和时，就称它发生了加和效应。例如将主抗氧剂中不同相对分子质量或不同空间位阻的酚类抗氧剂并用，除了发挥各自特性，还可以在较广范围，更持久地发挥它们的抗氧化作用，其效果比单一使用要好。

在配方中单一使用一种高浓度的抗氧剂时，即使较稳定的自由基在浓度高的情况下也可能引起强化氧化效应，其结果加速了氧化过程。因此，一般可以采用几种低浓度的不同相对分子质量或不同空间位阻抗氧剂并用来避免这种有害作用，又可以发挥抗氧的加和作用。

（2）协同效应　当两种或两种以上助剂并用，如果它的共同作用大大超过它们单独应用的效果的总和时，就产生了协同效应。这种效应往往比单纯加和作用大几倍甚至几十倍，是十分理想的一种效应。

例如当两个自由基捕捉性抗氧剂，如受阻酚类并用时，高活性的抗氧剂给出氢原子后，使自由基消失活性，低活性的抗氧剂又可以供给高活性的抗氧剂氢原子，使它再生，从而长时期发挥效力，反应式如下。这样既避免了仅使用单一高浓度自由基捕捉剂，又发挥了低活性抗氧剂的作用。如果其中一个或者二个都兼具氢过氧化物分解剂的作用，就会产生更大的协同作用。另一方面，几种低浓度的不同相对分子质量或不同空间位阻抗氧剂并用时，还可以抑制自由基的传递作用。

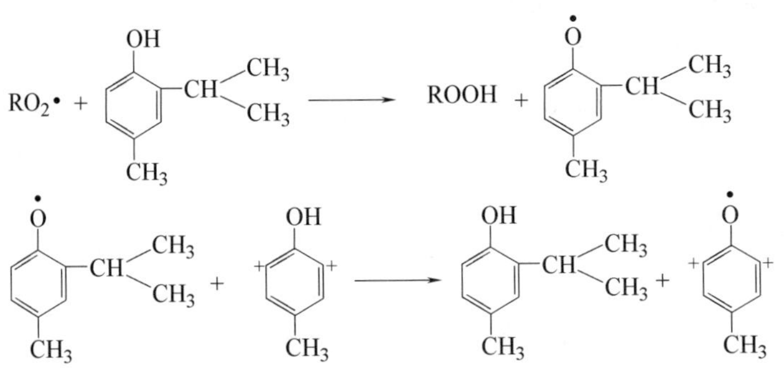

（3）对抗效应　当一种稳定剂与另一种稳定剂并用，如果高分子的稳定性恶化或其他方面性能恶化时，被称为对抗效应。例如在聚乙烯加工中，胺类或阻酚类是有效的主

抗氧剂，炭黑也是十分有效的防老剂，但当胺类或受阻酚类抗氧剂添加到含炭黑的聚乙烯中的时候，不但不起协同作用，反而比原来稳定效果差，这可能是因为防老剂与炭黑互相发生对抗作用的结果。

3.4.4　抗氧剂主要品种

3.4.4.1　主抗氧剂

（1）受阻酚类抗氧剂　受阻酚类抗氧剂由于无毒或低毒，不污染制品而广泛应用，结构式如下。

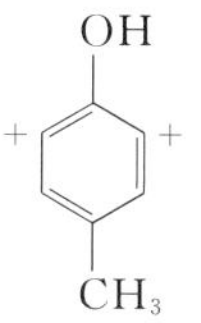

① 抗氧剂 1010。抗氧剂 1010 化学名称为四［β-（3,5-二叔丁基-4-羟基苯基）丙酸］季戊四醇酯，为白色结晶粉末，熔点 110.0～125.0℃，可溶于苯、氯仿、丙酮，不溶于水，无味、无毒，不挥发，不污染，耐抽出，热稳定性优良。抗氧剂 1010 为大相对分子质量（相对分子质量 1176.6）的多元阻酚高效抗氧剂，广泛用于 PP、PE、ABS、PS、POM、PA、PU、PET，一般用量为 0.1%～1%，是目前应用最为广泛的抗氧剂之一。

② 抗氧剂 264。化学名为 2,6-二叔丁基对甲酚/2,6-二叔丁基-4-甲基苯酚，别名抗氧防焦剂 T501、BHT，结构式如下。抗氧剂 264 为结晶或淡黄色粉末，溶点 70℃，沸点 265℃，易溶于苯、醇、丙酮和脂肪烃，不溶于水和稀碱液，不着色，不污染，无毒性，但挥发性较大。主要适用于 PVC、PE、PP、PS、ABS 等，也可作热加工时的前期抗氧剂，用量为 0.5%～2%。

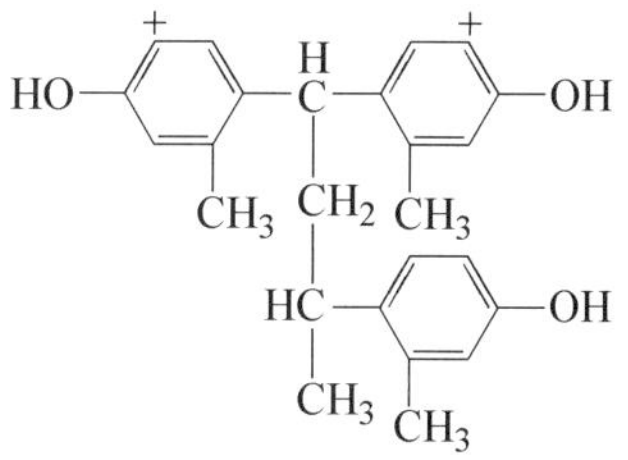

③ 抗氧剂 CA 或 TCA。抗氧剂 CA 化学名为 1,1,3-三（2-甲基-4-羟基-5-叔丁基苯基）丁烷，结构式如下。为白色至灰白色结晶粉末，熔点 182.5～188℃，不溶于水，溶于苯、乙醇、石油醚、四氯化碳。挥发甚微，无味、不污染、无毒，耐热性好，具有优良的抗热氧化作用。主要适用于 PP、PE、ABS、PVC 等塑料，并可用于与铜接触的电线，适合在高温加工和较高温度下使用的制品，一般用量为 0.1%～1%。

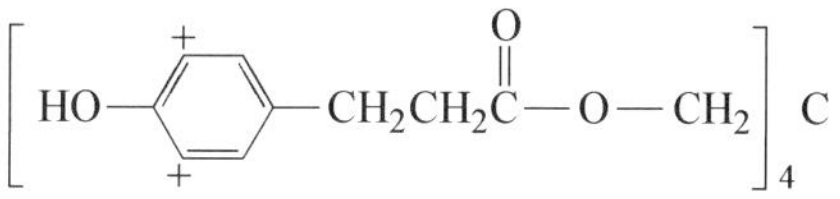

④ 抗氧剂 2246。抗氧剂 2246 化学名为 2,2'-亚甲基双（4-甲基-6-叔丁基苯酚），结构式如下。为白色结晶粉末，熔点 125～133℃，易溶于丙酮、乙酸乙酯、四氯化碳和苯，不溶于水，不着色，不污染。广泛应用于 PP、PE、PS、PVC、ABS、POM、PA

和氯化聚醚等行业中，对几乎所有聚合物的热降解均有良好的稳定作用。通常用量为0.1%～1.0%，在 ABS 塑料中用量为 0.12%～3%，在橡塑制品中用量为 3%～5%，在聚丙烯造粒时用量 0.075%左右，若与抗氧剂 DLTP 并用，用量为 0.075%，成品将具有更优良的防老化性能。

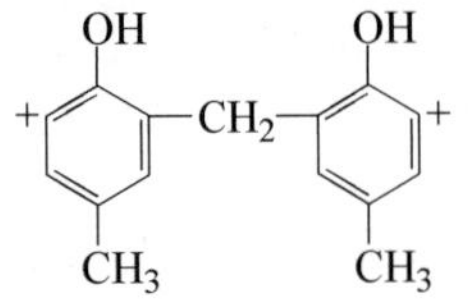

⑤ 抗氧剂 300。抗氧剂 300 化学名为 4,4′-硫代双（6-叔丁基-3-甲基苯酚），结构式如下。为白色或浅黄色粉末，熔点约 160℃，溶于甲醇、丙酮，不溶于汽油。不变色、不污染，低毒。抗氧剂 300 为重要硫代酚类抗氧剂，应用广泛，常用于聚烯烃、聚酯、聚苯乙烯、ABS 树脂和聚氯乙烯等，并还适用于白色、鲜艳色彩或透明制品，一般用量为 0.5%～1%。此外，与炭黑共用时显示出优良的协同效应。

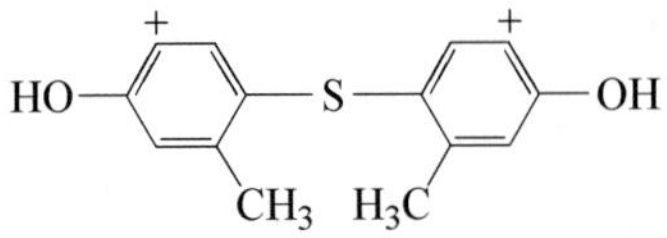

⑥ 抗氧剂 STA-1。抗氧剂 STA-1 是三嗪系受阻酚，结构式如下。为系白色结晶，熔点 226℃，无臭、不污染、挥发极微，易溶于丙酮、甲乙酮、乙醚、氯仿等，微溶于脂肪和乙醇。由于本品熔点高，相对分子质量大，不易挥发，因而是一种高效能抗氧剂。主要适用于多种聚合物，用量为 0.01%～1.5%。

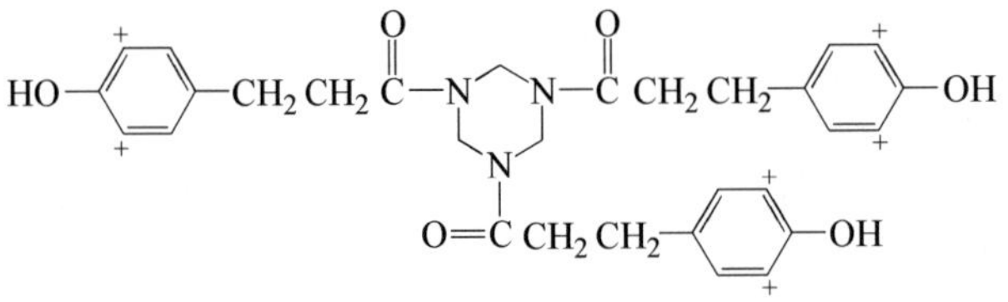

⑦ 抗氧剂 3114。抗氧剂 3114 属三聚异氰酸酯受阻酚类，化学名为 1,3,5-三（3,5-二叔丁基-4-羟基苄基）异氰脲酸，结构式如下。为白色结晶粉末，熔点 221℃，溶于甲苯、石油醚、异戊烷，不溶于醇、水中。具有优良的热氧及抗紫外线作用，不污染、不着色，耐水抽提，加工性良好。主要适用于 PE、PP、PS、ABS、聚酯、PA、PVC、PU、纤维素塑料和合成橡胶，在聚烯烃中效果尤为显著。与紫外线吸收剂或亚磷酸酯类并用有协同效应，可进一步提高光热稳定性。

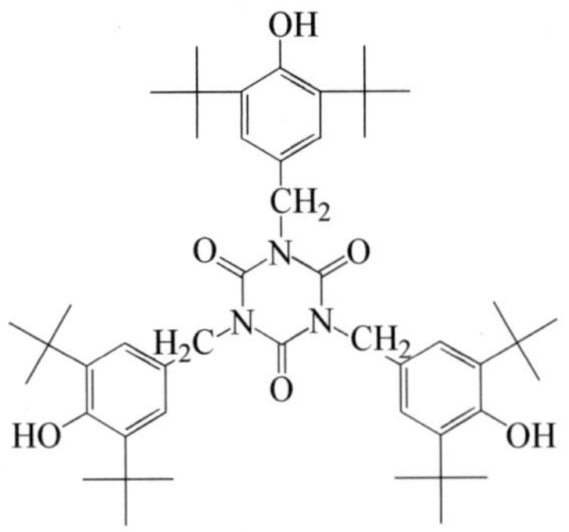

（2）胺类抗氧剂　胺类抗氧剂是效果最好的一类抗氧剂，它们对氧、臭氧的防护作用很好，对热、光、曲挠等的防护作用也很突出，不足之处是它们具有污染性，只能用于对颜色要求不高的塑料制品，广泛用于橡胶工业中。

① 二芳仲胺类。二芳仲胺类抗氧剂包括苯基萘仲胺和二苯仲胺两类，常用的有 N-苯基-2-萘胺（防老丁）和二（4,4-二辛基）苯胺（防老剂 OD），结构式如下。

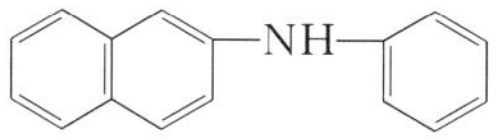

防老丁 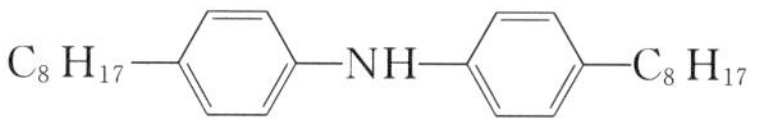　　　　　　　　　　　　　　防老剂 OD

苯基萘胺类是合成橡胶工业中常用的防老剂，具有很好的抗热、氧和曲挠老化的性能。由于本身有较深的颜色，因此不适于浅色制品。二苯胺类抗氧剂对热、氧有防护作用，抗曲挠性较好，但易于挥发，对位引入烷氧基后，可降低挥发性和提高抗曲挠作用，并且污染性较轻，抗氧化力中等，但由于其性能不够全面，因此应用不广泛。

② 对苯二胺类。对苯二胺类对热、氧、臭氧、机械疲劳、有害金属等均有很好的作用，使用很广。作抗氧剂使用的对苯二胺衍生物一般为氮取代的二仲胺，按氮原子上取代基的属性，有二烷基、二芳基和烷芳基对苯二胺的 3 种类型，结构式如下。

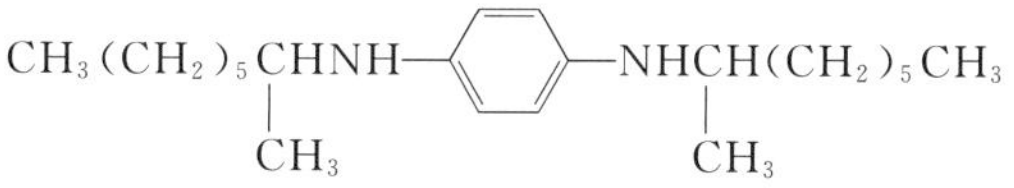

N,N'-双（1-甲基）正庚基对苯二胺（防老剂 238）

N,N'-二苯基对苯二胺（防老剂 H）

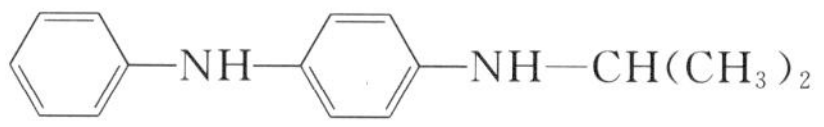

N-异丙基-N'-苯基对苯二胺（防老剂 4010NA）

二烷基对苯二胺具有很强的抗臭氧老化的能力；二芳基对苯二胺有特别强的抗热、氧老化的能力；烷芳基对苯二胺既具有很好的抗臭氧老化能力，又具有很强的抗热、氧老化的能力，因此是这类抗氧剂的主体。

③ 喹啉衍生物类。喹啉衍生物类抗氧剂是具有二氢喹啉环的一类化合物，也是一种受阻仲胺。由于通常由芳胺与酮类反应制得，因此有时也称为酮胺。这类抗氧剂对抗热、氧和疲劳老化都有非常好的效果，是一类极其重要的橡胶防老剂。例如：防老剂 BLE。

3.4.4.2　辅助抗氧剂

（1）亚磷酸酯类　结构式如下。

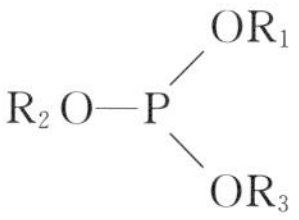

① 亚磷酸三壬基苯酯（商品名：TNP 或 TNPP）。TNP 是唯一无毒的亚磷酸酯稳定剂，为无色或淡黄色透明黏稠液体，结构式如下。主要用于聚烯烃、PS、PVC、ABS 等，一般加入量为 0.1%～0.3%。

$$\left(\underset{C_9H_{19}}{\underset{|}{\bigcirc}} - O \right)_3 P$$

② 亚磷酸三苯酯（商品名：抗氧剂 168）。抗氧剂 168 为白色结晶粉末，熔点 183～187℃，溶于苯、甲苯、汽油，不溶于水和醇类，结构式如下。本品不着色、不污染、耐挥发性好。主要用于与某些酚类抗氧剂如抗氧剂 1010 复配成复合抗氧剂，用于聚乙烯、聚丙烯、聚苯乙烯、聚酯和聚酰胺等制品。

$$\left(+ \bigcirc - O \right)_3 P$$

（2）硫代二丙酸二月桂酯（简称 DLTP） 本品是主要的辅助抗氧剂，白色结晶粉末，熔点 38～40℃。溶于苯和丙酮，不溶于水，气味小，挥发不大，毒性微。一般不单独使用，常与阻酚抗氧剂并用，可获得优良的协同效果。常用于 PE、PP、PVC、ABS 等，用量 0.2%～1.5%。与主抗氧剂并用时主辅比例为 3∶7 时较好。

（3）防老剂 MB 橡胶防老剂 MB 为白色粉末，无臭，但有苦味，可溶于乙醇、丙酮和乙酸乙酯，难溶于石油醚、二氧甲烷，不溶于四氯化碳、苯及水中，其结构式如下。本品用作天然橡胶、二烯类合成橡胶及胶乳的抗氧剂，也可用于聚乙烯。防老剂 MB 可单独使用，也可与其他防老剂（如 DNP、AP 及其他非污染性防老剂）并用，可获得明显的协同效果。

$$\underset{H}{\underset{|}{\bigcirc}} \overset{N}{\underset{N}{\bigcirc}} C - S - H$$

3.4.5 抗氧剂的应用

选择确定抗氧剂种类和其用量是由聚合物类型、加工条件、制品的应用条件以及抗氧剂本身的性能（抗氧效率、稳定性、挥发性、相容性、毒性等）所决定的。抗氧剂在聚合物加工中的应用范围正在逐渐扩大，这是因为只需少量的抗氧剂，就能几倍甚至上百倍地提高一些高分子材料的耐热氧稳定性。因此，抗氧剂对于较易氧化的聚烯烃及其他高分子材料，应用尤其重要。抗氧剂在使用中的注意事项：

（1）不同结构的聚合物氧化分解温度不同，根据聚合物品种的不同加入具有不同稳定温度和不同数量的抗氧剂。例如：聚丙烯分子中有叔碳上的氢，聚丙烯在 150℃时 30min 氧化分解；而聚乙烯则在 300℃氧化分解依然很慢。因此，常用的聚丙烯颗粒料都已由树脂厂加入抗氧剂，其在 300℃下都很稳定。

（2）选择抗氧剂时应首先考虑到抗氧剂的变色和污染性能否满足制品应用的要求。例如酚类是不污染性抗氧剂，可用于无色或浅色的塑料、浅色橡胶制品。芳胺的产物一般有较强的变色性及污染性，故一般的胺类抗氧剂不适于浅色制品。橡胶轮胎中因添加了炭黑，故可选用效率极高且污染也大的胺类抗氧剂。

（3）为了防止高聚物的光氧降解，抗氧剂和光稳定剂特别是紫外线吸收剂常配合用于耐候的高分子材料的制品中。选用抗氧剂时主要依据树脂品种、加工热历程、加工最高温度、最终应用性能要求、使用目的和环境等方面来考虑。对薄制品和加工及应用环境苛刻的塑料制品，则要求考虑多种高效抗氧剂的协同效应。

（4）高分子材料中使用的抗氧剂的量取决于聚合物的种类、分子结构、聚集状态和抗氧剂的效率、协同效应以及制品的使用条件及成本价格等因素。大多数的抗氧剂都有一个最适宜的浓度，在最适宜的浓度之内，随着抗氧剂用量增大，抗氧能力增加到最大值，超过适宜浓度则有不利影响。可以采用几种低浓度的不同相对分子质量或不同空间位阻抗氧剂并用，可以发挥抗氧剂的加和作用。对苯二胺类抗氧剂对浓度的改变很敏感，但用作抗臭氧剂，使用 2～5 份时并未发现加速老化的问题。挥发性大的抗氧剂需要量较大，高温等条件使用的材料也应加大抗氧剂用量，不饱和度大的聚合物需要较多的抗氧剂，低硫体系比高硫体系需要的抗氧剂数量要少。

应用举例（表 3-10、表 3-11、表 3-12）。

表 3-10　　　　　　　　　　　　　　LDPE 耐老化大棚膜配方

原料	用量/g	原料	用量/g
LDPE	100	抗氧剂 B-900	0.2
EVA	20	光稳定剂 GW944	0.3

表 3-11　　　　　　　　　　　　　汽车保险杠用 PP 耐老化配方

原料	用量/g	原料	用量/g
PP	100	$CaCO_3$	30
POE	15	偶联剂 KH-570	1
抗氧剂 1010	0.1	炭黑	2
DLTP	0.1		

表 3-12　　　　　　　　　　　　　　PVC 窗用耐老化胶条

原料	用量/g	原料	用量/g
PVC	100	DOP	40
CPE	20	DOS	5
ACR-F131	1	复合热稳定剂	4
抗氧剂 1076	0.2	H-ST	1
光稳定剂 UV-P	0.2	炭黑	2
环氧大豆油	4		

表 3-13、表 3-14 是抗氧剂在聚丙烯和线性低密度聚乙烯中的使用效果。

表 3-13　　　　　　　　　　　　　　抗氧剂对 PP 的稳定化作用

抗氧剂用量/份	开始出现脆点时间/h	脆化1/3面积所用时间/h	抗氧剂用量/份	开始出现脆点时间/h	脆化1/3面积所用时间/h
736(0.3)	63	84	736＋DLTP(0.2＋0.5)	149	261
300(0.3)	78	110	300＋DLTP(0.2＋0.5)	276	408
1010(0.3)	840	1019	1010＋DLTP(0.2＋0.5)	350	575
2246(0.3)	44	62	CA＋DLTP(0.2＋0.5)	300	422
CA(0.3)	125	180	未加抗氧剂 PP	0.5h 脆化	

表 3-14　　　　　　　　　　抗氧剂对 LDPE 的稳定化作用（150℃）

抗氧剂	用量/%	吸氧诱导期/h	抗氧剂	用量/%	吸氧诱导期/h
300	0.1	13	防 H	0.2	28
2246	0.1	17	DNP	0.2	20
2,2′-亚甲双(4-乙基-6-叔丁基酚)	0.1	8	防 D	0.2	16
264	0.2	2	硫脲	0.2	18
SP	0.1	8	EZ	0.2	72

思 考 题

1. 抗氧剂的作用机理是什么？

2. 塑料和橡胶所用的抗氧剂有何不同？为什么？

3. 什么是抗氧剂的协同效应和对抗效应？

4. 为什么说自由基捕捉剂能起很好的抗氧效果？

5. 设计 PP 耐老化管材配方、汽车保险杠用 PP 耐老化配方和 PVC 窗用耐老化胶条配方。

第4章 加工用助剂

4.1 润 滑 剂

4.1.1 润滑剂简介

有利于聚合物熔体的流动,便于加工并防止聚合物在加工过程中对机械设备及模具表面产生粘附作用而添加到树脂中的化学品称为润滑剂。

在许多聚合物材料加工成型时,为克服聚合物分子间的摩擦力及其物料与加工机械间的摩擦力,需要加入润滑剂。

4.1.2 润滑剂作用原理

润滑剂分子结构中都含有长链的非极性基团和极性基团两部分,在不同的聚合物中显示出不同的相容性,具有不同的润滑作用。

润滑剂一般分为内润滑剂和外润滑剂。与聚合物相容性较好的润滑剂称为内润滑剂,内润滑剂是指在聚合物加工过程中减少聚合物分子链间内摩擦力或降低熔体黏度的润滑剂;与聚合物不相容的润滑剂称为外润滑剂,外润滑剂指降低聚合物在成型加工过程中与成型加工机械表面的界面摩擦而加入的助剂。外润滑剂的作用是在熔体和金属表面之间形成边界薄膜。

聚合物加工过程中熔体在加工设备流动示意图如图 4-1 所示。由于高聚物熔体和加工设备金属表面之间粘附作用,模具中的聚合物熔体的流动呈现抛物线状,如图 4-1 (a) 所示。当加入内润滑剂时,高聚物熔体流动中心流速增大,中间与两边流速差距增加,如图 4-1 (b) 所示;外润滑剂则在熔体和金属表面的界面提供一个滑动薄层,使高聚物熔体靠近模具表面的部分流动性增加,与中心流速差距缩小,如图 4-1 (c) 所示。

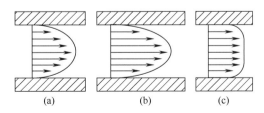

图 4-1 熔体在加工设备流动示意图

4.1.2.1 内润滑剂的作用

内润滑剂作用的定义是改变聚合物自身流动的作用。聚合物自身流动包括分子链间的相对移动、分子团的移动以及聚合物微粒的移动。一般采用的内润滑剂分子极性较低、碳链较长、与聚合物有一定的相容性，该相容性在常温下很小，在高温下较大，即在高温下有一定的增塑作用。因此，它能削弱分子间内聚力，使聚合物在变形时分子链间或分子团间更容易产生相对滑动和转动，从而改善聚合物加工流动性能。同时由于常温下不会产生明显的增塑作用，因此不会过分改变聚合物的物理力学性能。

内润滑剂的作用之一是降低熔体黏度，削弱聚合物分子间的相互作用，使分子链间或分子团间更容易产生相对滑动，如图 4-2 所示。从表观上可以看出聚合物熔体的黏度降低，但是应该尽可能在润滑剂浓度最低的情况下满足聚合物熔体加工流动性的要求，过多的润滑剂也会对高分子材料的性能产生负面影响。

黏度降低

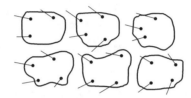

图 4-2　内润滑剂作用图

内润滑剂与增塑剂间的区别在于内润滑剂的极性比增塑剂低，碳链更长，同增塑剂相比，内润滑剂和聚合物的相容性比增塑剂低得多。内润滑剂分子只有在热和剪切作用下进入到聚合物内部，降低聚合物分子间的作用力；但在常温下，聚合物处于固体状态时，内润滑剂并不起作用，同时材料的软化温度仅仅稍有降低或几乎不受影响，而增塑剂处于固体状态时，仍然会降低材料的软化温度。内润滑剂与聚合物分子间有一定的相容性，有一定的亲和力，但在聚合物中的内润滑剂量超过一定浓度时，即内润滑剂在聚合物中溶解饱和后就开始起外润滑剂的作用。

内润滑剂的作用之二是降低机械能损耗。在聚合物加工中，加工机械对聚合物熔体产生很大的剪切力。熔体的黏度越大，分子链间作用力就越明显，加工过程中转化为热的机械能就越多。内润滑剂的长链脂肪基团能明显降低聚合物分子或分子团流动的摩擦力，减小它们在剪切流动过程中的摩擦生热，减少机械能生热损耗。

4.1.2.2　外润滑剂的作用

外润滑剂作用是界面润滑，它与聚合物材料的相容性很低。在加工过程中很容易从聚合物内部迁移到表面，在界面处取向排列，极性基团向着加工机械的金属表面，在聚合物熔体和机械的表面形成一层润滑膜，如图 4-3（a）所示。

外润滑剂的第一个主要作用是降低聚合物与设备表面的摩擦作用。在加工过程中，聚合物熔体分子或分子团流动时与加工设备金属间产生摩擦力，这一摩擦阻力可提高加工中的剪切力，并促进聚合物均匀地熔融塑化。但过量产生的摩擦剪切不仅要大量消耗动力，而且会导致聚合物熔体黏滞在设备的内表面，引起局部过热，造成聚合物的降解。而外润滑剂则可以较好地调节聚合物熔体与设备表面之间的摩擦力，降低过高的摩擦阻力，减少机械能消耗并实现更高效的混合。

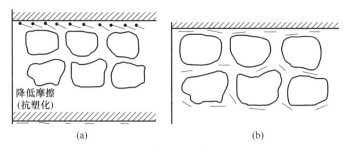

图 4-3 外润滑剂作用机理

外润滑剂的第二个主要作用是防止熔体破裂。外润滑剂通过降低熔体与加工机械金属表面的摩擦，避免了熔体破裂的发生。聚合物在加工过程中由于在高剪切速率下的高黏度熔体会导致熔体与加工机械金属表面产生间歇式摩擦流动，通常称为"熔体破裂"。由于外润滑剂与聚合物具有一定的不相容性，故能在聚合物熔体与加工设备的表面之间形成薄薄的润滑剂分子层，形成可以流动的液膜，从而降低聚合物熔体与金属表面的摩擦，减小熔体破裂的可能。

外润滑的第三个主要作用是脱模作用。许多润滑剂具有类似表面活性剂分子结构，如硬脂酸、金属皂、脂肪酸酰胺等，它们的分子中具有极性基团如—COOH、—COOM、—CONH$_2$ 等，同时又具有非极性的长链烷基。由于其极性基对金属表面强烈的吸引力而使这类润滑剂在金属与聚合物熔体之间形成相对静止层，如图 4-3（b）所示，从而降低了聚合物熔体与金属表面的粘附现象，使制品容易与模具分离。一般说来，分子碳链长的外润滑剂由于更能使两个摩擦面远离，因而具有更好的润滑效果。

4.1.3 内外润滑剂的平衡运用

在聚合物加工配方设计中润滑剂的设计关键在于润滑剂的选择和用量，实际上是内、外润滑剂平衡的问题。不同的树脂、不同加工设备要求的塑化时间和熔体黏度的润滑平衡体系是不一样的。也就是说设计解决在特定的树脂（特定的牌号）、特定的加工设备（包括模具）上能做到经济、连续、稳定生产出优质产品的润滑体系，即为内、外润滑的平衡体系。内外润滑剂的选择应注意以下四点：

（1）较合适的熔体流动性 举例来说，PVC 树脂极性强，熔体黏度高，流动性差，它又极易受热分解，因此，PVC 在加工过程中，可以通过加入内、外润滑剂来尽可能地降低熔体黏度，增大其流动性、减少摩擦热的生成。

（2）较合适的塑化时间 润滑剂的功能不仅是为了减少摩擦力、增大树脂流动性，它还有一个非常重要的功能，即调控塑化时间。润滑剂的加入降低了摩擦力，实际是降低了剪切，延长了塑化时间。

（3）良好的加工性 聚合物的加工需要有较强的剪切，产生剪切力的条件是要求物料对加工机械金属表面有适当的粘附性，既不"打滑"影响输送，又不粘附加工设备，造成物料局部受热时间过长分解。所以通过润滑剂可以调节聚合物熔体与金属加工设备表面的粘附性，获得适当的剪切力，确保加工效果。

（4）较好的制品力学性能　内外润滑剂对熔体流动性、塑化质量、熔体的合模强度都有较大的影响。润滑剂对于减少树脂在设备中停留时间，提高树脂的热稳定性、塑化质量均匀性、制品性能及生产效率提供了可能性。

4.1.4　润滑剂主要品种

润滑剂的种类很多，按其润滑作用分成内润滑剂（脂肪酸酯类和醇类等）、外润滑剂（脂肪酸金属盐、高级脂肪酸、脂肪酰胺和石蜡等）。

按其化学组成可分为烃类润滑剂（如石蜡）、脂肪酸类润滑剂（如硬脂酸）、脂肪酸金属盐类润滑剂、酯类润滑剂（如硬脂酸正丁酯）、脂肪酰胺类润滑剂（如油酸酰胺）、醇类润滑剂和硅油类润滑剂七类。表 4-1 为按化学结构分类的润滑剂及其应用范围。

表 4-1　　　　　　　　　**按化学结构分类的润滑剂及其应用范围**

类别	润滑剂品种	应用范围
烃类	液体石蜡	PVC、ABS、AS、PS
	工业用白色矿物油	PE、PP、PS
	天然石蜡	PVC、ABS
	石蜡油	PE、PP、PS
	微晶石蜡	PO、CA、CN、PS
	低相对分子质量聚乙烯	PVC、PO、ABS、UP、PA、AS
	无规聚丙烯	PVC、PO 及其他塑料
	氯代烃	PE
	氟代烃	PE、PP、PS
脂肪酸类	高级脂肪酸	PO、PVC、AS、ABS
	羟基脂肪酸（醇酸）	PVC、PO
脂肪酰胺类	脂肪酰胺	PO、PA、UP、CA、CN、PET、PBT
	亚乙基双脂肪酰胺	PVC、PO、PS、ABS
酯类	脂肪酸低级和高级醇酯	PS、ABS、PVC、PO、PF
	脂肪酸多元醇酯	PVC、PP、ABS、PE、PF
	脂肪酸聚乙二醇酯	PVC、PP、ABS
醇类	高级脂肪醇	
	多元醇	ABS、PVC
	聚乙二醇或聚丙二醇	
脂肪酸金属盐类	硬脂酸钠	PVC、PS、PA、PP
	硬脂酸钙	PVC、PO、PS、ABS、UP、AS
	硬脂酸镁	ABS、PVC、AS
	硬脂酸锌	PVC、MF、PF、PO、UP、PA、PS、AS
	硬脂酸钡	PVC、PS 泡沫
硅油	甲基硅油、乙基硅油	ABS、AS、PP、PS

4.1.4.1　烃类润滑剂

烃类润滑剂一般中期润滑性好，初期与后期较差，常需与其他润滑剂配合使用。主要种类如下：

（1）石蜡　固体石蜡的熔点为 57～70℃，相对密度 0.9，折射率 1.53。不溶于水，溶于有机溶剂，在树脂中分散性、相容性、热稳定性均比较差，用量一般在 0.5 份以下，尽管石蜡属于外润滑剂，但为非极性直链烃，不能润滑金属表面，也就是不能阻止极性聚合物如 PVC 的金属粘附作用，只有和硬脂酸钙并用时，才能发挥协同效应。

（2）液体石蜡　一种无色、无味的黏稠状液体，凝固点为 $-15\sim35℃$。在挤出和注塑加工时，作为 PVC 的外润滑剂，与树脂相容很差，添加量一般为 $0.3\%\sim0.5\%$，过多反而会使加工性能变坏。

（3）微晶石蜡　外观为白色或者浅玻璃色，其分子量较大，且有许多异构体，熔点 $65\sim90℃$，相对密度 $0.89\sim0.94$，润滑性和热稳定好，但分散性差。用量一般为 $0.1\sim0.2$ 份，最好与硬脂酸丁酯、高级脂肪酸并用。

（4）聚乙烯蜡（PE 蜡）

结构式为：

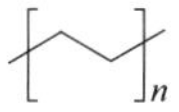

白色或者黄色小颗粒，相对分子质量为 $1500\sim50000$，化学稳定性和电性能优良，软化点较高（$>100℃$），而其熔融黏度和硬度接近于石蜡。PE 蜡与聚乙烯、聚丙烯、聚醋酸乙烯、乙丙橡胶和丁基橡胶等聚合物相容性好，与聚苯乙烯、聚甲基丙烯酸甲酯、聚碳酸酯、ABS、PVC 等聚合物相容性差。在聚乙烯中用量 2 份，在 ABS、PVC 中最好 0.5 份以下，在聚甲基丙烯酸甲酯中 $0.1\sim0.2$ 份。

（5）聚丙烯蜡（PP 蜡）

结构式为：

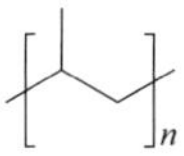

白色粉末，是不规整结构的低相对分子质量聚丙烯，熔点高于 PE 蜡，具有耐化学性能强、电性能优良、常温抗湿能力强、熔融黏度高、分散性能和润滑效果好等特点。可用于聚乙烯、聚丙烯和 PVC 等塑料的润滑剂，可以改善填料或着色剂的分散效果，在 PVC 中最好为 0.5 份以下。

（6）氧化聚乙烯蜡　含有部分极性基团（如羧基、羟基和酮基等）的改性 PE 蜡产品，外观为白色粉末。与 PVC 等极性树脂有一定的相容性，具有内、外润滑作用，润滑效果好，其透明性也好，可做 PVC 等塑料的润滑剂。可改善树脂的着色性，赋予制品较好的透明性和光泽性。

4.1.4.2　脂肪酸类

脂肪酸类包括饱和脂肪酸、不饱和脂肪酸、羟基脂肪酸和氧化脂肪酸等，其中应用最广的是硬脂酸。

硬脂酸结构式为：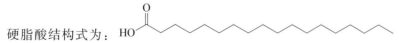

白色小片状，相对密度 0.948，熔点 $70\sim71℃$，沸点 383℃，折光率 1.43，微溶于水，能溶于有机溶剂。硬脂酸分子之间存在着氢键结构，氢键解离之前，硬脂酸只能起外润滑作用；而在高温、高剪切力作用下，氢键解离之后，可以起到内润滑作用。工业上常用的硬脂酸是微黄色块状的混合物，纯度只有 $90\%\sim97\%$，熔点为 60℃，无毒，用量在 0.5 份以下，用量过大会造成制品起霜现象，影响透明度。

4.1.4.3 硬脂酸脂类

（1）硬脂酸正丁酯（BS）

其结构式为：

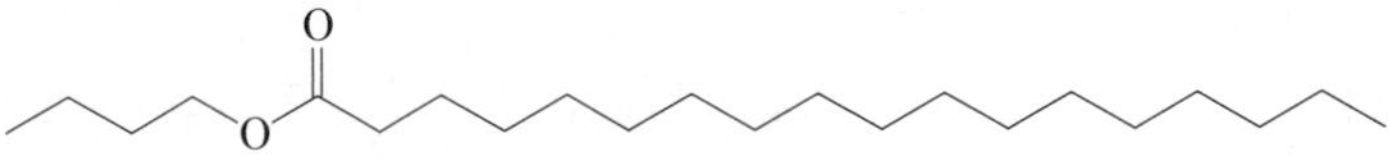

淡黄色液体，凝固点 20～22℃，相对密度 0.85，闪点 188℃，着火点 224℃，常用作脱模剂。可用作 PVC、聚苯乙烯（PS）等聚合物良好的内润滑剂，耐热、透明、不析出。加工初期应用效果较好，后期润滑效果下降，可与硬脂酸并用改善其不足。

（2）硬脂酸单甘油酯（GMB）

其结构式为：

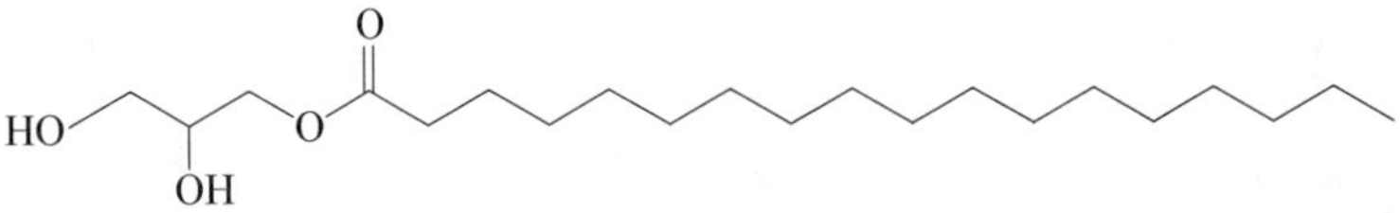

白色或者象牙色的蜡状固体，熔点 60℃，相对密度 0.9，用于透明制品，无毒。用量为 0.25～0.5 份，与外润滑剂并用效果好。由于结构中含有亲水羟基，故还有抗静电和防雾的作用。

（3）三硬脂酸甘油酯（HTG）

$$CH_2O-\overset{O}{\underset{|}{C}}-CH_2(CH_2)_{15}CH_3$$
$$其结构式为：CHO-\overset{O}{\underset{|}{C}}-CH_2(CH_2)_{15}CH_3$$
$$CH_2O-\overset{O}{\underset{|}{C}}-CH_2(CH_2)_{15}CH_3$$

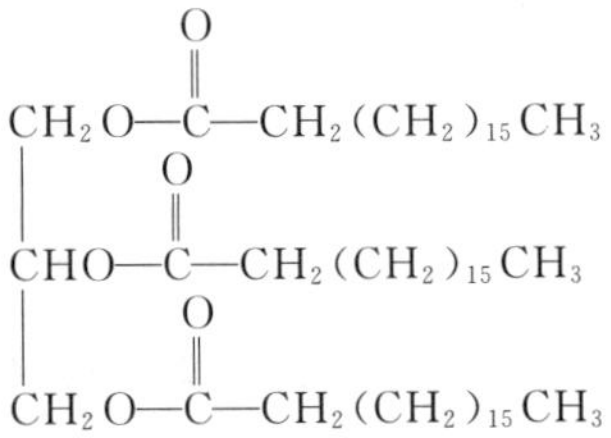

白色脆性的蜡状固体，以片状供应，相对密度 0.96，熔点 60～64℃。

4.1.4.4 脂肪族酰胺类

（1）硬脂酰胺

其结构式为：

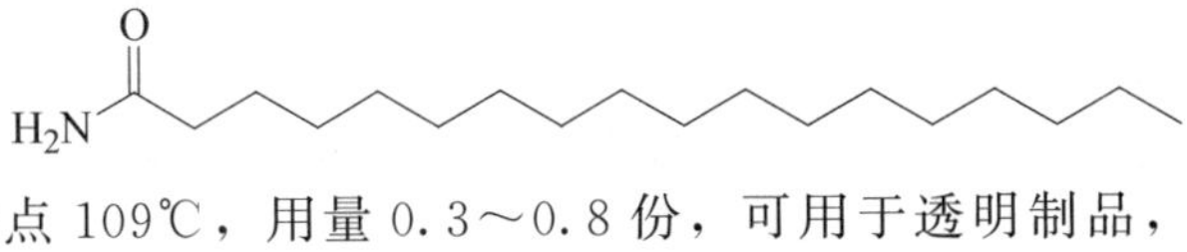

无色结晶，熔点 109℃，用量 0.3～0.8 份，可用于透明制品，与高级醇并用可改善润滑性和热稳定性。

（2）乙撑基双硬脂酰胺（EBS）

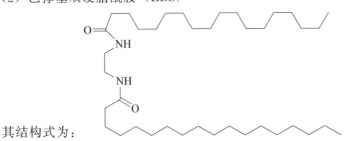

其结构式为：

淡黄色片状，熔点 140～145℃，相对密度为 0.98。具有较好的内、外润滑作用和抗静电性能，主要用于 PVC、PP、PS、ABS、PF、酚醛树脂，是一种高熔点的润滑剂。用量为 0.5～2 份。

（3）油酰胺或油酸酰胺

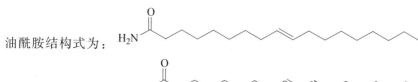

油酰胺结构式为：

油酸酰胺结构式为：

白色粉末或珠粒。分子量 281.5，氮含量 4.8%，相对密度 0.9，熔点 68～79℃，闪点 210℃。主要用于 PP、PA、PE 等塑料的防粘剂，可作为 PVC 的内润滑剂。

4.1.4.5　脂肪酸金属盐类

（1）硬脂酸钡

结构式为：

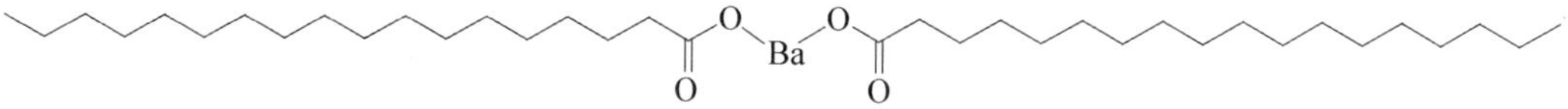

熔点 200℃，热稳定性好，适用多种塑料，用量为 0.5 份左右。

（2）硬脂酸锌

结构式为：

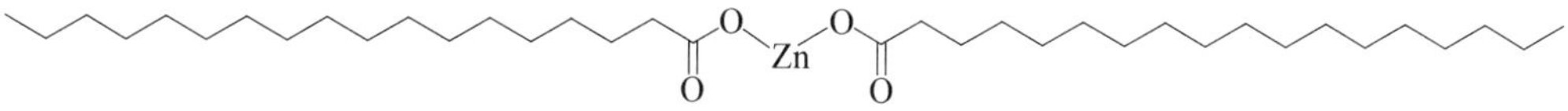

熔点 120℃，适于聚烯烃、ABS 等，用量为 0.3 份。

（3）硬脂酸钙

结构式为：

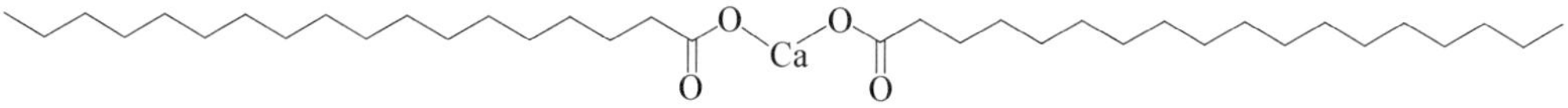

熔点 150℃，适于通用塑料，起内、外润滑作用，用量 0.1～1.5 份。

（4）其他脂肪酸金属盐类

如硬脂酸镉、硬脂酸铅等，具有较强的重金属毒性，建议不要使用。

4.1.4.6　硅油类润滑剂

硅油类润滑剂可同时作为润滑剂和脱模剂使用。

（1）甲基硅油

主要为二甲基硅氧烷，结构式为：　—Si—O—Si—

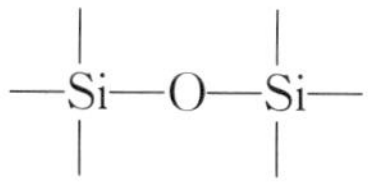

无色、无味、透明、黏稠的液体，相对分子质量为 5000～10000。可在 −50～200℃ 使用。具有优良的耐高低温性能，透明性、电性能和耐化学稳定性均良好，用作脱模润滑剂。

（2）苯甲基硅油

主要为聚甲基苯基硅氧烷，结构式为：

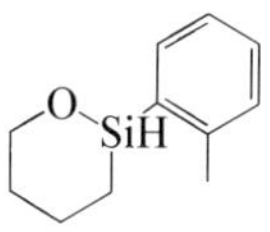

性能同甲基硅油。

（3）乙基硅油

主要为聚二乙基硅氧烷，结构式为：

$$C_2H_5-\underset{\underset{C_2H_5}{|}}{\overset{\overset{C_2H_5}{|}}{Si}}-O-\underset{\underset{C_2H_5}{|}}{\overset{\overset{C_2H_5}{|}}{Si}}-O-\underset{\underset{C_2H_5}{|}}{\overset{\overset{C_2H_5}{|}}{Si}}-C_2H_5$$

无色或者浅黄色透明液体，平均相对分子量 300～10000。使用温度 −70～150℃，具有优良的润滑性和电绝缘性，表面张力较小，防水、耐化学腐蚀性好。可作为脱模剂和润滑剂应用于塑料、橡胶加工。

4.1.4.7 复合润滑剂

复合润滑剂是人们为了使用方便配制的专用多种润滑剂包，它不仅使用方便，而且润滑性能好，能够使内部和外部润滑性能相平衡。在挤出加工过程中，使初期、中期和后期的润滑效果一致。

常见的复合润滑剂有如下几类：脂肪酸金属盐类和石蜡烃类复合润滑剂、稳定剂与润滑剂复合体系、脂肪酰胺与其他润滑剂复合物。

4.1.5　润滑剂的应用

4.1.5.1　润滑剂的选用原则

（1）相容性适中　润滑剂与聚合物的相容性是一个重要的条件，相容性过大会因增塑作用而造成聚合物材料的软化；相容性太小或完全不相容，则成品表面会产生起霜现象；相容性适中才能使内、外润滑作用平衡。在实际应用时相容性随加工温度升高而增大，相容性增大则外润滑性降低，因此在提高加工温度的同时一般需补加外润滑剂，但补加过量又易使制品冷却后起霜。

（2）严格控制加入量　润滑剂可以降低聚合物塑化中的剪切力，降低与加工设备的摩擦力，延缓塑化。用量过多，会影响正常的加工进行，如破坏挤出加工中的固体输送，使物料与料筒摩擦力下降，包着螺杆旋转，造成下料不畅。另外，也会使物料表面有大量润滑剂析出起霜，降低物料分流后的汇合粘接强度以及制品的焊接、印刷强度。

（3）良好的分散性　润滑剂与物料混合时如果润滑剂分散性不好，会造成成型时流动性不均匀而使产品质地不均，润滑剂聚集的地方易起霜。

（4）热稳定性和化学稳定性好　在高温加工时润滑剂应不分解、不挥发，不与聚合物或其他助剂发生有害反应。在高温下润滑剂与聚合物的相容性最好随温度变化小，以适应高速高温加工时的需要。

（5）不影响产品的物理力学性能　润滑剂的种类和用量直接影响聚合物熔融塑化过程中物料的摩擦剪切，实际直接影响物料的塑化质量、成型质量，最终影响产品的物理力学性能和外观。

（6）利用复合润滑体系　将几种性能不同的润滑剂配合使用能使内、外润滑和初、中、后期润滑达到平衡，不仅使用方便，节省润滑剂，而且具有更好的润滑效果。

（7）无毒、价廉、不腐蚀机械。

4.1.5.2　不同的树脂使用不同的润滑剂

树脂的结构不同，极性不同，所使用的润滑剂也不相同。表 4-2 介绍了不同树脂所使用的润滑剂。

4.1.5.3　不同的加工工艺采用不同的润滑剂

（1）压延　在聚氯乙烯压延配方中，为了在成型加工时防止粘附辊筒和降低物料黏度，提高流动性，内润滑剂和外润滑剂需要配合使用。压延工艺流程长，润滑剂的损失也较大，所以中后期润滑剂的使用也极为重要，通常以硬脂酸金属盐为主。

（2）挤出、注塑　宜以内润滑剂为主，降低物料黏度，使挤出、注射预塑过程顺利完成，润滑剂选择酯、蜡的配合使用。

表 4-2　　　　　　　　　　　　　　各种树脂使用的润滑剂

聚合物	润 滑 剂
聚氯乙烯	液体石蜡、固体石蜡、高熔点石蜡、聚乙烯蜡、亚乙基双硬脂胺、硬脂酸丁酯、单硬脂酸甘油酯、硬脂酸金属盐、硬脂酸、硬脂醇
聚乙烯和聚丙烯	亚乙基双硬脂酰胺、硬脂酰胺、硬脂酸钙、硬脂酸锌、聚乙烯蜡、高熔点石蜡、微晶石蜡、脂肪酸
聚苯乙烯	硬脂酸锌、亚乙基双硬脂酰胺、高熔点石蜡、硬脂酸丁酯、饱和脂肪酰胺等
聚酯类树脂	硬脂酸锌、硬脂酸钙、脂肪酰胺、高熔点石蜡、聚乙烯蜡
聚酰胺	油酸胺、硬脂酸胺、亚乙基双硬脂酰胺
醋酸纤维素和硝酸纤维素橡胶	脂肪酰胺、高熔点石蜡、硬脂酸镁、液体石蜡、固体石蜡、微晶石蜡、聚乙烯蜡、硬脂酸丁酯、单硬脂酸甘油酯、硬脂酸锌、硬脂酸甘油酯

（3）模压、层压　以外润滑剂为主，防止物料与炽热金属模具、钢板的粘附，通常以使用蜡类润滑剂为主。

（4）糊制品的成型　对润滑剂的要求相对来说要小一些，以内润滑剂为主，使用液体润滑剂较好。

4.1.5.4　不同的制品使用不同的润滑剂

（1）软制品　软制品配方中润滑剂用量较少，在透明薄膜配方中可采用相容性较好的硬脂酸金属盐或液态复合稳定剂，配合硬脂酸使用，硬脂酸用量通常都小于 0.5 份。吹塑薄膜为防止两层粘着，润滑剂可选用硬脂酸单甘油酯，也可采用硬脂酸。

（2）硬制品　硬制品配方中润滑剂的用量比软制品多，对润滑的要求也更高。

硬质透明制品，配方中多加入抗冲改性剂 MBS、加工改性剂 ACR，成型时物料熔体黏度也较大，润滑剂应选用对树脂中含上述两种助剂润滑作用显著的褐煤酯蜡，它兼顾了内、外润滑，中后期润滑效果也很好，一般加入量 0.3～0.5 份，与 0.5 份硬脂酸正丁酯配合使用，也可选用高碳醇 0.5 份与硬脂酸正丁酯或硬脂酸 0.5 份配合使用。

（3）硬质不透明制品　常见的板材、管材可选择硬脂酸金属盐、石蜡、硬脂酸并用的方法，硬脂酸金属盐 1～2 份，石蜡、硬脂酸 0.3～0.5 份。大口径管材、异型材，如窗框，配方中也要加抗冲击改性剂 ACR、CPE 等，润滑剂可采用褐煤酯蜡与硬脂酸金属盐、硬脂酸配合，或者用聚乙烯蜡、氧化聚乙烯蜡与硬脂酸配合，总的用量不宜过大，否则会降低后加工中的焊接强度。

4.1.5.5 聚氯乙烯加工配方实例

例1：挤出成型 PVC 管材配方（表4-3）。

表 4-3　　　　　　　　　　挤出成型 PVC 管材配方

原料	用量/份	原料	用量/份
PVC	100	CPE	10
热稳定剂	3.5	PE 蜡	0.3
碳酸钙	10	硬脂酸	0.3

例2：挤出成型 PVC 透明软质管材配方（表4-4）。

表 4-4　　　　　　　　　挤出成型 PVC 透明软质管材配方

原料	用量/份	原料	用量/份
PVC	100	硬脂酸丁酯	0.8
DOP	30	硬脂酸锌	0.1
有机锡稳定剂	3	DBP	15
OP(酯蜡)	0.2		

例3：可用于注塑成型 PVC 硬质透明品制造配方（表4-5）。

表 4-5　　　　　　　可用于注塑成型 PVC 硬质透明品制造配方

原料	用量/份	原料	用量/份
PVC	100	硬脂酸丁酯	0.5
硫醇盐类有机锡	3	硬脂酸钙	0.2
月桂酸-马来酸类有机锡润滑剂	0.5		

例4：可用于压延硬质透明制品制造配方（表4-6）。

表 4-6　　　　　　　可用于压延硬质透明制品制造配方

原料	用量/份	原料	用量/份
PVC	100	酯蜡(OP)	0.5
增塑剂	10	双酰胺	0.3
月桂酸二丁基锡	2.5		

例5：挤出成型抗冲击透明硬 PVC 配方（表4-7）。

表 4-7　　　　　　　挤出成型抗冲击透明硬 PVC 配方

原料	用量/份	原料	用量/份
PVC	100	高级脂肪酸	0.7
MBS	7	液体石蜡	0.2
环氧大豆油	7	硬脂酸锌	0.6
硬脂酸丁酯	1.0	有机锡稳定剂	3.5

思 考 题

1. 简述润滑剂的作用机理。内、外润滑剂的作用有什么不同？

2. 在 PVC 硬质挤出制品的配方设计中应如何考虑润滑剂的使用？

3. 请设计一个 PVC 挤出成型抗冲击透明硬 PVC 配方和一个 PVC 挤出成型软管配方。

4. 润滑剂和增塑剂的作用有何不同机理?

5. 简述润滑剂的选用原则。

4.2 脱 模 剂

4.2.1 脱模剂简介

脱模剂是一种作用于模具和成品之间,防止聚合物熔体与模具粘附的功能助剂。

4.2.2 脱模剂的发展历史

我国是塑料和橡胶的生产和消费大国,进入 21 世纪以来,塑料和橡胶工业一直保持着较高的增长速率,随着橡胶和塑料工业的蓬勃发展,脱模剂的使用越来越广泛,脱模剂的用量也大幅度提高,特别是近几十年来,注塑、挤出、压延、模压、层压等工艺的迅速发展,更促进了脱模剂的发展,不论在产量上还是品种数量上,脱模剂都已成为橡塑助剂的一个大类[2,3]。

4.2.3 脱模剂作用原理

脱模剂是含有较强极性基团(亲金属基团)并与树脂相容较差的一种助剂。工业上把脱模剂主要用于成型过程中,涂于模具表面形成隔离膜,达到聚合物与模具顺利分离的作用。脱模剂都是一些表面张力小的物质,能在聚合物与模具之间形成连续的隔离性薄膜的物质,按其作用方式可分为短寿命脱模剂和半永久性的脱模剂两种情况。

(1)短寿命脱模剂 在使用时具有一定的流动性,能充满两个表面之间,在取出制品时,因脱模剂层分裂成两个部分,使制品与模具分离。脱模剂黏度低时容易渗透到制品表面的微孔中,使得取出制品时较多的脱模剂保留在制品上,减少了模具上的脱模剂,所以在模具上涂刷一次能保持顺利脱模的使用次数较少;脱模剂的黏度越大,脱模效果好,向制品表面的微孔中渗透变难,保留在模具上的脱模剂就越多,涂刷一次使用的次数多。但涂抹的分散均匀程度受到黏度的限制。

(2)半永久性脱模剂 它是以固化膜的形式形成脱膜剂层的。由于涂布时经特殊的操作方法和施工条件处理,因此能在模具表面形成一层坚实的薄膜。在模塑后,取出制品容易,且较少影响膜层,因此能长时间使用。

4.2.4 脱模剂主要品种

脱模剂可分为无机物、脂肪族有机脱模剂和高聚物脱模剂三类。

① 无机物脱模剂有白黏土、二硫化钼、滑石粉等粉末,主要用作橡胶加工中胶片、半成品防粘用隔离剂。

② 脂肪族有机脱模剂有脂肪酸、脂肪酸金属盐、石蜡、乙二醇等。

③ 高聚物脱模剂主要包括有机硅(硅油、硅橡胶、硅树脂等)、聚乙烯醇、醋酸纤维素及氟塑料粉末等,其中有机硅是最重要的脱模剂。它们的脱模效率和热稳定性比脂

肪族有机脱模剂好得多。

4.2.4.1　有机硅脱模剂

化学稳定性好，耐热温度较高，不易分解；表面张力低，易形成均匀的膜、使用方便、对模具无腐蚀作用、脱模效果好，应用范围广。用作脱模剂的有机硅化合物主要是有机硅氧烷类，根据这些烃基的种类及性能不同可形成不同的有机硅脱模剂，常用的有硅油、硅橡胶和乳化硅油等。

（1）聚二甲基硅氧烷　结构通式 $(CH_3)_3SiO[SiO(CH_3)_2]_nSi(CH_3)_3$，结构式为

$$—\underset{|}{Si}—\underset{|}{\overset{|}{Si}}—O\Big]_n\underset{|}{Si}—$$

。黏度较高，可以溶在有机溶剂中制成硅油溶液使用，可用的溶剂有汽油、甲苯、二甲苯、多氯乙烷等，也可制成乳化液（乳化甲基硅油）使用。

硅油溶液可采用喷涂、刷涂及浸渍工艺，适用于低温成型及乳液不适用的场合。乳化硅油使用时需加温水（40℃以上）稀释，可用喷涂或抹涂，喷雾要细，模具一定要预热，否则不能形成连续的膜。把硅油和填料掺在一起做成膏状物，也可以在垂直面上涂布。

聚二甲基硅氧烷可用于聚氯乙烯、聚乙烯、氟塑料、有机玻璃、醋酸纤维素、三聚氰胺、聚酯等各种塑料的压延、挤出、浇注、层压等成型工艺上的脱模剂。有机硅脱模剂特别适用于构型复杂的精细塑料制品，如塑料花的脱模。

（2）硅树脂　硅树脂是一种可长期使用的固体脱模剂，涂布固化后在模具表面形成一层坚实的膜。一般要求在 150～200℃ 下固化数小时，适用于橡胶制品脱模。

（3）硅橡胶　将甲基（或甲基乙烯基）硅橡胶配成 10％ 汽油溶液存放，使用时再用汽油稀释、混匀，适用于运输带制品的脱模。

硅橡胶脱模剂有两种用法：第一种方法是把硅橡胶溶于有机溶剂，然后涂在模具上，溶剂挥发后即形成一层硅橡胶薄膜。这层膜可以硫化，可形成半永久性薄膜。也可不硫化，不硫化的膜实际上是一层黏度极高的硅油膜，这种膜的脱模效果很好，还可以重复涂布，例如在聚乙烯、聚苯乙烯板材及环氧树脂层压板的生产中用甲基硅橡胶作脱模剂，效果良好。另一种方法是用硅橡胶制成模具，硫化后使用。这种模具富有弹性，可以制造有凹陷的制件，并有优良的复制性。

（4）硅橡胶甲苯溶液　将甲基硅橡胶溶于甲苯中，稀释至 1％～2％ 的溶液，将溶液用绸布均匀涂在钢板上，在压机上于 180℃ 加热 1.5～2h，适用于橡胶、聚乙烯、聚苯乙烯制品的脱模。

4.2.4.2　聚乙烯醇脱模剂

将低聚合度聚乙烯醇溶解于水中或溶于水和乙醇中形成具有一定浓度的溶液，有时还加入少量的丙酮或甘油，使用时涂抹在模具上，溶剂挥发形成聚乙烯醇膜。聚乙烯醇脱模剂成膜性能好，干燥较快，清除方便，无毒，主要用于不饱和聚酯、环氧树脂的成型。

4.2.4.3　氟塑料脱模剂

有机氟化物是最佳的脱模剂，具有隔离性能很好、对模具污染小等优点，但是价格贵。主要有：聚四氟乙烯（相对分子质量1800）、氟树脂粉末（低分子 PTFE）和氟树

脂涂料（PTFE、FEP、PFA）。

4.2.4.4 其他类型脱模剂

石蜡类（合成石蜡、微晶石蜡、聚乙烯蜡等）、脂肪酸金属皂类（阴离子型）和无机粉末类（滑石、云母、陶土、白黏土等），还有些脂肪酸均可作脱模剂使用，但热稳定性，成膜性均不太好，只能用在对外观与后加工要求不高的工件的脱模。硬脂酸锌是透明聚碳酸酯、有机玻璃以及其他塑料的有效脱模剂。虽然它的脱模性能优良，但容易造成沉积在模内的问题，应控制用量。

4.2.5 脱模剂的应用

4.2.5.1 脱模剂的使用方法

（1）溶液法　将脱模剂溶于一定的溶剂中配成溶液，然后用喷涂、抹涂和浸渍等方法涂布于模具上，等溶剂挥发后即可使用。溶液法是用得最多的一种方法，绝大多数脱模剂都可用此法涂布。

（2）乳液法　将脱模剂制成水乳液再涂布，如常将甲基乙氧基硅油制成 30%～40%的乳液使用。

（3）热熔法　难溶性高分子脱模剂在室温下是固态的，可采用先加热熔融再涂覆的方法，例如含氟塑料粉末、石蜡等常用此法涂布。

（4）油膏法　有些在室温下使用的脱模剂，可将它们配成膏状直接涂抹。例如蜡膏是 3 份石蜡与 2 份凡士林的混合物。

（5）薄膜法　直接使用聚合物薄膜用于隔离，例如聚酯薄膜、氟塑料薄膜、锡纸、玻璃纸等。不过这种方法虽使用方便，但不能用于复杂制品的加工中。

4.2.5.2 配方实例

聚氨酯水性脱模剂，主要应用于聚氨酯制品生产过程浇注成型后离型，具有良好的脱模效果。其由下列组分组成：乳化蜡液 10%～15%（质量分数，下同）；甲基硅油乳液 15%～20%；改性硅油乳液 5%～8%；去离子水 50%～55%；乳化剂 4.5%～6%；添加剂 0.5%～1%；防腐剂 0.3%～0.5%。

思　考　题

1. 脱模剂与润滑剂的区别是什么？为什么石蜡不是很好的脱模剂？
2. 注塑 PP 成型和不饱和聚酯成型中分别采用什么样的脱模剂？
3. 如何使用脱模剂？如压制软 PVC 片材应选用什么样的脱模剂？如何使用？
4. 脱模剂主要有几种？其应用范围是什么？

4.3　加工改性剂

4.3.1　加工改性剂简介

加工改性剂又名加工助剂，是以改善热塑性树脂熔融加工性为主要特征的功能助剂。其成分多为高分子聚合物，最初加工改性剂主要以改善硬质聚氯乙烯的加工性能而设计研发，而后因其技术的进展以及市场需求，在塑料加工市场中的作用及地位愈发突出。

例如在聚氯乙烯加工过程中，因其分解温度与加工温度相近，聚氯乙烯熔体流动性差，为加速聚氯乙烯的塑化、降低塑化温度、提高塑化均匀程度及熔体内聚强度，成型较复杂的形状，常常加入少量的（1%～5%）ACR 改性剂。在 LLDPE 加工过程中，LLDPE 的熔体黏度较高会导致高剪切加工时出现熔体破裂，当加入少量的（0.01%～1%）含氟聚合物改性剂能明显的改善熔体流动状态，提高产量。

4.3.2　加工改性剂发展历史及主要生产厂商

加工改性剂最初为适应硬聚氯乙烯（PVC）硬制品加工而设计开发，因此其技术进展和市场需求与 PVC 成型工艺进步和软硬制品消耗比密切相关。1957 年，罗姆哈斯公司率先推出世界上第一个丙烯酸酯类加工改性剂品种 Parloid K-120，这标志着塑料加工改性剂的开发和应用进入实用阶段。随后，随着硬质 PVC 片、膜和管制品得以生产，改善加工改性剂的分散性显得尤为重要。而在这一阶段，核-壳结构丙烯酸类加工改性剂的合成，以良好的分散性、外润滑性以及不影响 PVC 制品加工性能等优点将加工改性剂技术进一步发展。随后在世界各著名化工公司研究者的努力下，多种加工改性剂也随之问世。

国外生产应用于硬质 PVC 改性的加工助剂的公司如美国罗姆哈斯公司、杜邦公司，日本钟渊化学、三菱人造丝、吴羽化学等公司，法国埃尔夫-阿托化学公司，德国巴斯夫公司等。生产用于聚烯烃改性助剂公司如荷兰阿克苏公司，美国埃克森公司、3M 特种含氟聚合物公司等。

国内加工改性剂生产公司主要分布于以山东淄博为中心的山东地区，少数在江苏、浙江及黑龙江等地，如江苏苏州安利化工厂、黑龙江新化工有限公司、山东淄博塑料助剂厂、山东沂源瑞丰高分子材料有限公司、山东齐鲁石油化工公司、山东潍坊永力化工有限公司、浙江温州润华化工实业有限公司等。

4.3.3　加工改性剂的作用原理

加工助剂为一类可以改善树脂熔体加工性能的助剂，其主要作用方式有三种：促进树脂熔融、改善熔体流变性能以及赋予熔体润滑功能。

（1）促进树脂熔融　PVC 树脂在加热的状态下，在一定的剪切力作用下熔化时，加工改性剂表面首先熔化并粘附在 PVC 树脂微粒表面，利用它与树脂的相容性和它的刚性核心，使 PVC 黏度及摩擦增加，从而有效地将剪切应力和热传递给整个 PVC 树脂，加速 PVC 熔融。

（2）改善熔体流变性能　PVC 熔体具有强度差、延展性差及熔体破裂等缺点，而加工改性剂可改善熔体上述流变性。其作用机理为促进 PVC 塑化的均匀程度，提高 PVC 熔体的黏弹性，从而改善离模膨胀和提高熔体强度等。

（3）赋予润滑性　加工改性剂与 PVC 相容部分首先熔融，起到促进熔融作用；而与 PVC 不相容部分则向熔融树脂体系外迁移，从而改善脱模性。

4.3.4　常用加工改性剂品种

4.3.4.1　丙烯酸酯类加工助剂

ACR 为甲基丙烯酸甲酯、丙烯酸酯、苯乙烯等单体的共聚物，是一个核-壳的结构。除可用作加工助剂外，还可用作冲击改性剂。

ACR 为白色易流动粉末，相对密度为 1.05～1.20，表观密度为 0.25～0.45g/cm³。

我国的 ACR 品种有 ACR201、ACR301 和 ACR401、ACR402 等；国外的牌号有 K120N、K125、K175、P530、P501、P551、P700、PA100 等。

ACR 加工改性剂的重要作用是缩短塑化时间、促进 PVC 的塑化、提高熔体塑化的均匀性、降低塑化温度。ACR 对塑化时间、温度等的影响见表 4-8。

表 4-8　　　　　　　　　　ACR 加工改性剂改性 PVC 的效果

ACR 用量	塑化时间/s	塑化扭矩/N·m	塑化温度/℃	平衡扭矩/N·m	平衡温度/℃
无 ACR	97	20.3	180	16.5	194
1.5%ACR201	62	22.0	178	17.0	196
1.5%ACR301	63	23.0	179	17.2	196
1.5%ACR401	89	20.5	180	16.5	194

4.3.4.2　含氟高聚物加工改性剂

含氟高聚物加工改性剂产品是一个或多个氟代烯烃的共聚物或氟代烯烃与其他烯烃的共聚物，如偏氟乙烯、四氟乙烯、六氟丙烯的二元共聚物或三元共聚物，偏氟乙烯、四氟乙烯、六氟丙烯与乙烯或丙烯的共聚物，还有与聚氧化乙烯、无机物等的复合物。

（1）PPA 的作用机理　含氟聚合物中氟原子高的负电性和氟原子的体积效应，使 C—F 键不易极化，C—F 键间的范德华引力比 C—H 键间小得多。氟碳化合物分子间引力很小，表面张力很低，极低的表面张力使氟化合物组成的固体表面形成良好抗粘连特性。

含氟聚合物加工助剂是由低表面能氟碳聚合物组成，加入聚合物树脂中，形成一个不相容的、以极小的微粒存在的分散相。在聚合物加工时，低表面能的微粒迁移至熔体表层与加工机械的金属表面，形成聚合物熔体-低表面能聚合物"涂层"。低表面能使被加工的聚合物畅通地滑过界面。"涂层"的形成，使在界面上发生的凝胶降低了，熔体与金属间摩擦力下降，物料的剪切应力也明显下降。

在"涂层"形成过程中，含氟聚合物加工助剂涂覆过程是动态的，"涂层"会被熔体磨损，助剂微粒不断地被流动的熔体带走，又不断地得到补充。助剂的最低添加量，是保证在界面上形成连续"涂层"，防止熔体聚合物粘接在金属表面的添加剂用量。当过程平衡后，加工设备中的背压、转矩和熔体表观黏度都会下降。

PPA 涂层的形成并达到稳定状态需要一定时间，约 1h，能明显地显示挤出机的背压、转矩和熔体表观黏度等塑料加工参数的变化。聚合物加工助剂的使用量为 0.002%～

0.1%。如果在加工初期使用较高浓度的助剂，能更快地使加工状态趋于稳定。

（2）PPA的功能

① 改善低熔融指数树脂的加工流动性。

② 消除吹塑加工时熔体破裂现象（薄膜表面的"鲨鱼皮"现象）。

③ 减少模口积料，减轻薄膜厚度不均的现象。

④ 降低塑料加工时挤出压力，减少能源消耗，减小机械磨损，降低薄膜加工的综合成本。

⑤ 提高薄膜表面光洁度、不影响制品透明度、透光率、雾度，提高产品抗张强度，提高产品质量。

⑥ 对需降低加工温度或对温度敏感型树脂，有助于改善加工条件。

⑦ 容易清洗螺杆和机筒内杂质，缩短颜色切换有效时间，并可以用作螺杆清洗料。

⑧ 以分散的球状小颗粒存在于高聚物材料中，分散效果好，不易在薄膜表面产生喷霜现象，不影响薄膜表面的印刷性能及其他性能。

（3）PPA的使用方法　含氟聚合物加工助剂使用时有3种方法：直接加入、制备母粒、制备浆膏。使用时应注意以下三点：

① 应用前应清洗系统，使系统残存的聚合物、凝胶、污垢清除干净，否则在应用含氟聚合物加工助剂初期会造成制品中晶点、黑点增多，影响制品质量。

② 含氟聚合物加工助剂在聚合物熔融流体中必须均匀分散，应选择合适的载体树脂。选用的载体树脂熔体流动速率指数应等于或高于基础树脂的熔体流动速率指数，利于助剂在基础树脂中的分散。

③ 应注意其他助剂与PPA的相互影响。含有填料的聚合物加工时，必须对填料表面进行改性，防止填料吸附助剂，使助剂的用量增加。必须采用合适的助剂使用量，助剂使用量过低，使助剂不能发挥，过高的助剂使用量，会给塑料加工造成不利的影响。

例1　HDPE挤塑管

树脂：HDPE（含2.5%炭黑），MFR＝0.45，密度0.946g/cm³；

添加剂：PPA　FX-5911，用量600mg/kg；

设备：45单螺杆挤出机，口模外径11.8mm，内径8.3mm。

PPA对挤出压力的影响见表4-9。

表4-9　　　　　　　　　　　　　PPA对挤出压力的影响

项目	相同螺杆转速的挤出压力/MPa	相同挤出压力螺杆转速/(r/min)
无PPA	12.8	34
600mg/kg PPA	11.1	47
变化率/%	−1.3	+38

从表4-9看出加入600mg/kgPPA，螺杆转速不变时，挤出压力从12.8MPa降至11.1MPa，挤出压力下降13%。当螺杆转速提高，达到起始压力时，螺杆转速从34r/min变为47r/min，转速提高了38%，测定不同转速时产量提高了45%。

PPA 用于 HDPE 挤出管的优点：降低熔体黏度，降低挤出压力；降低加工温度；减少熔体破裂，降低制品表面粗糙度；提高产量，降低能耗；消除或减少模口积料，减少维修时间。

PPA 对挤出温度的影响是在相同实验条件下，没有加入 PPA 时挤出螺杆转速 34r/min 时，挤出压力 12.8MPa；当加入 PPA 后，螺杆转速保持 34r/min，挤出压力保持 12.8MPa 时，挤出温度可降低 20～30℃，加工温度的降低对降低聚合物热分解程度、减少模口积料、减少低熔点挥发物的挥发，都是非常有益的。

例 2　HDPE 吹塑薄膜

HDPE 薄膜性能与密度、分子量、分子量分布有关。HDPE 薄膜强度比 LDPE 大，但熔体黏度较 LDPE 大，随着分子量提高，熔体强度也提高，使加工发生困难。HDPE 加工应用 PPA 来降低熔体黏度改善加工条件是十分有效的。

树脂：HDPE（含 2.5% 填充物），MFR＝1.8，密度 0.948g/m³；

添加量：3%PPA　FX-5911 母料。

设备：45 挤出机，口模外径 50mm，口模间隙 0.9mm，螺杆长径比 25：1。在运转 80min 后，加入 PPA，在螺杆转速不变的条件下，挤出压力下降了 22%。挤出压力维持同样数值，当转速提高至 88r/min，挤出量却增加 90%。

4.4　橡胶软化剂

将添加在橡胶组分中，改善橡胶加工性、降低橡胶加工中黏度的助剂称为软化剂。软化剂在橡胶加工中起到十分重要的作用，加入软化剂来改善橡胶的加工性，降低加工中橡胶的黏度，同时软化剂的加入也使橡胶制品的塑性增加，柔软性提高。因此软化剂的作用与增塑剂的作用类似，它与增塑剂的差别是它更着重对橡胶加工性能的改善，增塑剂着重强调对聚合物材料物理机械性能的影响。软化剂大多来源于天然物质，几乎全部用于橡胶。

4.4.1　橡胶软化剂的作用原理

软化剂的作用机理可以按润滑理论、凝胶分解理论和自由体积理论等来解释。

（1）润滑理论　由于软化剂分子与橡胶分子有一定的相容性，它粘附在橡胶大分子周围，促进大分子相对运动，减低了橡胶分子上的界面能，减少了分子内部的抗形变，克服了橡胶分子之间滑动摩擦和范德华力所产生的吸附力。软化剂在橡胶中像在两个移动物体间的润滑剂，促进橡胶大分子之间相互移动。

（2）凝胶分解理论　软化剂粘附在橡胶大分子周围，它的作用是把橡胶分子链间凝胶连接点断开，同时削弱橡胶分子间的作用力（分子间力、氢键、结晶或主价力），促使橡胶分子相互移动，增加分子的柔顺性。

（3）自由体积理论　弹性体的自由体积主要受三个因素的影响，即链端的移动、侧链的移动和主链的移动。橡胶软化剂通过润湿作用、表面溶解与溶胀作用、极性基的隔离与中和作用、晶区松解作用等提高了分子链的活动空间并降低活动温度，从而使弹性体更易于软化加工。但是，用自由体积理论解释橡胶的软化过程相对复杂。

4.4.2　软化剂应具备的性能

软化剂应具备与橡胶良好的相容性，但不影响硫化胶的物理性能，如回弹性等指标，特别是电绝缘性能。稳定性要好，能耐光、耐寒、耐热、耐介质、无污染性；加工性能好，软化速度快，加工操作性能良好，用量小，价廉等条件。实际上目前还没有能全部满足以上要求的品种，常将多种软化剂配合使用以达到协同效果。

4.4.3　橡胶软化剂的主要品种

按软化剂的作用方式可将软化剂分类为物理软化剂和化学软化剂。

4.4.3.1　化学软化剂

化学软化剂又称塑解剂，参与自由基引发的链氧化过程，能加速橡胶大分子的断链，从而使橡胶的塑性增加，是一种弱的分解剂。大多数化学软化剂都用在天然橡胶方面，但在特定条件下，有些化学软化剂对合成橡胶也有一定的软化效果。例如，促进剂 M、促进剂 D、芳硫醇等除用于天然橡胶外，还可用于丁苯橡胶中。

4.4.3.2　物理软化剂

物理软化剂在橡胶分子间仅起润滑剂的作用，主要是削弱分子链间引力，又分为溶剂型和非溶剂型两类。溶剂型软化剂与聚合物相容性良好，类似增塑剂，在聚合物内分散均匀，软化效果好，同时对橡胶制品的性能有影响。非溶剂型软化剂与聚合物相容性差，类似润滑剂，在聚合物中分散在胶体的粒子之间，促进大分子相对运动，减低了橡胶分子上的界面能，能起到瞬时的热弹性和应力缓冲作用，可得到回弹性较大的硫化胶。物理软化剂种类很多，常按其来源分类分成以下几类。

① 石油软化剂。由链烷烃、环烷烃、芳烃和少量沥青物质、含氮有机碱组成的混合物。

② 石油树脂软化剂。如脂肪族石油树脂、芳香族石油树脂。

③ 煤焦油系软化剂。如煤焦油、古马隆-茚树脂。

④ 松油系软化剂。如松焦油、妥尔油、松香等。

⑤ 脂肪油系软化剂。如植物油、脂肪酸及硫化油膏等。

⑥ 酯类软化剂。如磷酸酯、脂肪族二元酸酯等。

4.4.3.2.1　石油软化剂

大多数软化剂是来源于石油分离的产品。由于石油系软化剂品种多、适用范围广，通常把加入软化剂的过程称为"充油"。

石油系软化剂的主要性能指标包括黏度、流动温度、苯胺点（A·P）、沥青质、氮碱、第一嗜酸物、第二嗜酸物、饱和烃。

（1）石油系软化剂对橡胶性能的影响

① 对黏度的影响。橡胶是相对分子质量很高的聚合物，相对分子质量越高、分子结构越复杂、黏度就越高，加工就越困难。加入软化剂，可以降低其黏度。软化剂对橡胶黏度的改变可用填充指数（E.L.）和软化力（S.P.）来表示。填充指数是把门尼黏

度为 145 的 SBR 塑化为门尼黏度为 53.3（100℃）时所需加入的软化剂量（质量份）。软化力是以一种定量的油填充到橡胶中后，其门尼黏度的下降率。同一种油对不同聚合物而言，S. P. 大则 E. L. 则小。

② 对吸油速度的影响。橡胶吸油速度是指用炼胶机将软化剂添加到橡胶中去时，橡胶的吸油速度。这对加工来说是很重要的，软化剂的分散速度与聚合物的结构、软化剂的组成和黏度以及操作温度有关。在 SBR 与软化剂进行密炼时，链烷类软化剂或相对分子质量大的软化剂吸收速度较慢，而芳香类软化剂则吸收速度很快。

③ 对加工性的影响。不同的软化剂以等体积加入到胶料中时，一般相对分子质量小、黏度低的挤出速度快。

④ 对硫化过程的影响。软化剂对橡胶硫化过程的影响与软化剂的组成关系很大，芳香类油含量多的软化剂会促使硫化变快，甚至引起焦烧。氮碱、杂环及其他化合物（硫醇、环烷酸、酚等）能起弱的硫化促进剂作用，但随软化剂加入量再增大，硫化速度变慢。

⑤ 对力学性能的影响。低温下黏度变化小的油能使充油橡胶的硫化胶的低温性能得到改善。黏度大的油能增大硫化胶的曲挠性，但会降低硫化胶的定伸强度。黏度相同的软化剂，芳香类软化剂比饱和软化剂能得到更高的伸长率，因此采用芳香类的软化剂所得到的硫化胶的曲挠性良好。使用黏度高的油时，橡胶制品的生热高。在相同黏度的情况下，芳香油的生热较低。

⑥ 对油的析渗出的影响。制品中油的渗出是指橡胶制品在使用过程中，加入的软化剂会向表面迁移。软化剂的渗出可使制品变形，力学性能降低。橡胶硫化后，低相对分子质量的油被封在橡胶分子链的立体网状结构中，在一定条件下，油可穿过网络向外迁移，这种迁移与软化剂和橡胶的分子结构和性质有关。具有链状结构的烷类软化剂迁移速度比芳稠环结构的软化剂大；橡胶和软化剂的极性大时，油的迁移速度就小；使用温度高，分子运动快，橡胶网络松弛也有利于油向外迁移。

（2）石油系软化剂的类型　按在橡胶中的加入量，石油系软化剂可被分为加工油与填充油两类；按油中主要成分的结构与组成又可分为链烷油、环烷油和芳香油三类。

（3）常用的石油系软化剂

① 石蜡。石蜡分为高熔点石蜡、工业用石蜡与普通石蜡几种。对橡胶有润滑作用，使胶料容易压延、压出和脱模，并能改善成品外观，能提高成品的耐臭氧和光老化性能，用量在 2 份以下，过量易喷出。

② 机械油。为天然石油润滑油馏分经脱蜡及溶剂精制，并经白土处理所得的产品，棕褐色油状液体，相对密度为 0.91～0.93，工艺性能较好，但用量过大会喷出表面，影响附着力。用作润滑性软化剂，特别适用于顺丁橡胶。

③ 高速机械油。为石油润滑剂馏分经脱蜡和精制所得，黑色油状液体，凝固点＜−10℃，是常用石油系软化剂中黏度最小者，因其在硫化过程中易挥发，故它在加工工艺中能起到暂时软化作用以改善工艺，而在硫化后又不降低制品的性能。

④ 合成锭子油。由含烯烃石油馏分经三氯化铝催化叠合等工艺制得，淡黄色液体，相对密度为 0.888～0.89。凝固点≤−45℃，有较好的低温性能，无污染性，用于浅色

制品，其他性能同机械油。

⑤ 变压器油。由石油润滑剂馏分经脱蜡，酸碱洗涤或精制而得，浅黄色液体，凝固点－25℃，为较常用的石油系软化剂。耐氧化，有较好的耐寒性及绝缘性，无污染性，其他性能同机械油，主要用于绝缘制品。

⑥ 重柴油。系由天然石油炼制或页岩原油直馏制得，黑色稠液体，凝固点＜10℃，是价格较低的软化剂，低温性能稍差有时会发生喷霜现象，其他性能近似机械油，产品也可以作为再生胶脱硫软化剂。

⑦ 工业凡士林。淡黄色和深黄色膏状物，相对密度为0.88～0.89。用作润滑性软化剂，压出工艺性能好，污染性较小，一般用于浅色制品，可作为物理防老剂，其缺点是有时会喷出表面，使用时应加以注意。

⑧ 软化重油。为石油炼制时截取的重油馏分中的一段暗黑色新稠物，相对密度0.90～0.96，为通用软化剂，颜色较深，不适用于浅色制品。

⑨ 沥青。沥青能提高胶料的粘接性，具有补强作用，能提高橡胶的拉伸强度、弹性、耐环境性、耐磨性和电绝缘性能，用量一般为5～10份，不宜用于浅色制品，与硫黄共用有延迟硫化作用，需适当增加硫黄用量。

4.4.3.2.2　石油树脂软化剂

石油树脂软化剂是形态为黄色到棕色树脂状固体，它是由石油裂解的副产物不饱和烃在三氯化铝或三氟化硼乙醚催化下共聚所得到的聚合物。由副产物 C_4、C_5 以上的脂肪烃共聚成的石油树脂为脂肪族石油树脂，C_9 芳烃（甲基苯乙烯，茚及其衍生物等）聚合成的石油树脂为芳香族石油树脂，以两种原料的混合物共聚成的为脂肪族-芳香族石油树脂，将芳香族石油树脂加氢可得脂环族石油树脂。

石油树脂的酸值、皂化值都比较低，为0～2，碘值10～250，软化点5～125℃，易溶于石油系溶剂，与其他树脂相容性好，耐水、耐候、电性能优良。

低软化点的石油树脂在橡胶工业中用作软化剂和增黏剂，软化点较高者，可以提高合成胶的强度，具有补强软化作用。

4.4.3.2.3　煤焦油系软化剂

煤焦油系软化剂主要有煤焦油和古马隆-茚树脂。

（1）煤焦油　煤焦油是一种黑色黏稠液体，臭味，组成极为复杂，估计含上万种化合物，现已查明的有400余种，主要成分是奈及其他稠环芳烃和杂环化合物，因此煤焦油与橡胶能良好相容，是十分有效的活性软化剂，有助于塑炼、压延、挤出加工。在橡胶工业中主要用作再生胶脱硫的软化剂，也可用作黑色低级胶料的软化剂。由于使用煤焦油的橡胶制品的脆化温度高，所以不宜用于低温下使用的橡胶制品。煤焦油在胶料中能溶解硫黄，有延迟硫化的作用。另外，煤焦油中含有少量的酚类物质，对胶料有一定的防老作用。

（2）古马隆-茚树脂　古马隆-茚树脂，又称古马隆，苯并呋喃-茚树脂，香豆酮-茚树脂。古马隆-茚树脂对天然橡胶的作用并不十分显著，但对合成橡胶作用十分显著，加入古马隆后可使胶料的可塑性、黏性增加，并改善填充剂的分散性。因此随着合成橡胶用量的不断增加，对古马隆-茚树脂的需要量也越来越大。

橡胶用古马隆-茚树脂根据软化点可分成以下 3 类：①软化点 5～35℃的为黏稠液体，用作天然橡胶和合成橡胶的软化剂和增黏剂，再生橡胶的再生剂。②软化点 35～75℃的为带黏性的固体，主要作橡胶的软化剂、增黏剂或辅助补强剂。③软化点 75～135℃的为脆性固体，用作橡胶的补强剂或辅助软化剂。高软化点古马隆-茚树脂与石油系软化剂配合使用可扩大其使用范围。

古马隆-茚树脂与橡胶相容性良好，但并不与橡胶起化学反应，是溶剂型软化剂。古马隆-茚树脂能在无机填料与橡胶之间起良好的润湿作用，能显著改善填料的分散性；对硫有强的溶解能力；能与硫 1∶1 混溶，并且清澈透明；能防止橡胶硫化时的不均匀性和焦烧现象，提高硫化胶的物理性能；还能使橡胶制品表面光洁，易于脱模，从而提高了制品耐酸、碱及海水的能力。同时古马隆-茚树脂能使合成橡胶具有天然橡胶那样的自黏性，因此能提高制品的拉伸强度和抗撕裂性，且使制品的疏水性更强。

在 SBR 中加入 10～20 份古马隆-茚树脂，在用微粒碳酸钙增量的情况下，能使拉伸强度和伸长率得到显著改善。古马隆-茚树脂在 SBR、NBR 和 CR 中应用也能明显提高拉伸强度和断裂伸长率。对于碘值高的古马隆-茚树脂是不适宜使用的。在再生橡胶的生产上古马隆-茚树脂可以和再生活化剂并用，所得到的再生橡胶拉伸强度大，抗磨耗也良好。

因为古马隆-茚树脂是完全热塑性的树脂，所以用量多的制品在高温时会软化，在低温时又会硬化，曲挠性也会变差，所以在温度范围变化较大的场合使用的制品，要注意其用量。

4.4.3.2.4　松油系软化剂

松油系软化剂包括松焦油、妥尔油、松香等。

（1）松焦油　松焦油为深褐色或黑色黏稠液体，有特殊气味，沸点为 240～400℃，微溶于水，溶于乙醇、乙醚、氯仿、冰醋酸、氢氧化钠溶液等，不可曝晒，以免爆炸。

松焦油的成分比较复杂，含有苯酚及取代酚、松节油和松脂等。松焦油可作橡胶的通用软化剂，并能增加胶料的黏性，改善炭黑的分散性。由于含酸性物质，因此，一般对硫化过程有一定的延迟作用。松焦油还可作再生橡胶的脱硫软化剂。

（2）妥尔油　妥尔油也称松浆油，为棕色油状液体，碘值 135～216，皂化值 142～185，是造纸厂用松木为原料以硫酸盐法制木浆产生的废液中分离出来的一种副产物，是各种脂肪酸和树脂酸的混合物。

粗妥尔油可直接用作橡胶的软化剂，或经氧化改性得到的妥尔油是优良的橡胶再生脱硫软化剂，适用于水法和油法再生橡胶的生产，其软化效果与松焦油相近。妥尔油再生橡胶的特点是热软冷硬，混炼时配合剂容易分散均匀，一般用量为 4～5 份。

4.4.3.2.5　脂肪油系软化剂

脂肪油系软化剂包括一些不饱和植物油脂及其改性植物油脂，其中植物油改性产物硫化油膏（白油膏与黑油膏）为常用的品种。

白油膏也称冷法油膏，为白色松散固体，是精制菜籽油与一氯化硫反应的产物。黑油膏也称热法油膏硫化油，是棕褐色弹性固体，由不饱和植物油（菜籽油、棉籽油、亚麻油等）与硫黄的反应产物。

硫化油膏用作橡胶的软化剂，能使填充剂在胶料中很快分散，并能使胶料表面光滑、收缩率小，有助于压延、压出操作。由于油脂易皂化，因此硫化油膏不能用于耐碱和耐油的制品。白油膏由于色浅，可用于浅色胶料中，黑油膏含有游离硫，充油胶硫化时应注意减少促进剂用量，以防止出现过硫化现象。

4.4.3.2.6 酯类软化剂

邻苯二甲酸酯、磷酸酯等增塑剂可作橡胶软化剂使用，酯类增塑剂对极性强的丁腈橡胶、氯丁橡胶，尤其是耐油性强的丁腈橡胶的软化是有用的。

4.4.4 橡胶软化剂的应用

生胶的组成各自不同，其聚集状态也不相同，加入软化剂的种类和加入量都不同，下面将几种主要的橡胶充油的方法介绍如下：

（1）丁苯橡胶（SBR） 在橡胶加工中，由于一般软化剂的价格比生胶的价格低很多，加入软化剂（充油）一方面是为了改善加工性能，另一方面可以较大范围的降低原材料的成本。在充油 SBR 中，填充油的添加量常为 20～50 份，其中以 37.5 份的最普遍。

（2）顺丁橡胶（BR） 在顺丁橡胶生产中可以加入大量炭黑等填充剂，加入加工软化剂可改善加工性，并得到物理性能良好的硫化胶。充油 BR 不仅使加工性能得到改善，而且降低了成本。一般充油量为 37.5～50 份。

（3）乙丙橡胶（EPR） 乙丙橡胶也能与大量的炭黑配合，因此软化剂的用量也很大。乙丙橡胶的硫化与普通的橡胶不同主要是靠过氧化物的引发剂产生自由基，进行自由基的加成反应。要注意芳香类油中芳稠环会吸收自由基，对过氧化物硫化有影响；而环烷类油的加工性良好，且能得到较高的拉伸强度；链烷类油低温性良好。

（4）氯丁橡胶（CR） 普通黏度的氯丁橡胶加油的目的是改善加工性，由于用量较少，所以对油的品种无需过分选择，一般使用环烷类油。高黏度的氯丁橡胶能大量地添加填充剂和油，但会使拉伸强度和伸长率降低。

（5）天然橡胶（NR） 普通天然橡胶中一般充入 15 份油，但含油量多的天然橡胶硫化胶的物理性能常常明显低于普通天然橡胶。充油并用炭黑补强后的硫化胶，老化后的物理性能保持性良好。天然橡胶是结晶性橡胶，用体积较大、芳稠环含量少的油对结晶性影响小。

（6）其他橡胶 丁基橡胶在室温下弹性很低，为了增加弹性，可使用链烷类油。在使用低黏度的油时，需要注意油在高温下的挥发损失和迁移损失等。丁腈橡胶（NBR）极性强，油易渗出，因此很少使用油，环烷类油的焦烧时间长，用芳香类油可以改善黏性。

思 考 题

1. 软化剂在橡胶工业中的作用是什么？

2. 丁苯橡胶（SBR）和乙丙三元橡胶的加工中，如何使用软化剂？

3. 软化剂对橡胶性能有什么影响？如何使用软化剂？

4. 物理软化剂种类都有哪些?

4.5　发　泡　剂

4.5.1　发泡剂简介

能够使高分子材料产生气泡微孔的助剂被称为发泡剂,是用于制造泡沫高分子材料的添加剂。发泡剂可分为有机发泡剂和无机发泡剂。发泡剂的特点是在受热时能放出气体或发生化学反应时放出气体,这些气体在聚合物基质中形成泡沫结构。

制造泡沫塑料的主要目的在于降低塑料的密度,从而减轻材料及制品的质量和降低价格。但泡沫塑料还具有其他优点,可以改善绝热性和对声音的阻隔性,改善电气性能,提高冲击吸收性,提高整体材料的刚性,同时可以产生仿木的美化装饰效果。

4.5.2　发泡剂的发展历史和主要生产商

发泡剂的应用可以追溯到橡胶工业早期。Hancock 等人 1846 年发表了有关发泡剂的专利,采用碳酸铵和挥发性液体作为发泡剂用于天然橡胶制得了开孔海绵制品。后来一段时期,碳酸盐作为发泡剂被广泛使用。

1940 年杜邦公司提出了第一个工业上应用的有机化学发泡剂,化学名称为二偶氯氨基苯,尽管海绵厂家认为该物质有一定毒性和污染性,但在当时仍得到了广泛应用。在这之后,又有一系列有机化合物作为发泡剂被普遍采用,最具代表性的是非污染性发泡剂偶氮二异丁腈。20 世纪 50 年代,偶氮二甲酰胺以其无臭、无毒、不污染、不助燃等优点,发展成为发泡剂的主力产品,其用量一举跃居发泡剂之首。20 世纪 70 年代,日本等国又推出了酰肼类发泡剂的代表产品——4,4'-二磺酰肼,产品本身和分解产物都具有良好的电性能,在高频和超高频电线电缆领域受到青睐。

4.5.3　发泡剂的主要性能指标

发泡剂主要指标是:①起始分解温度;②分解的最高温度;③起始分解温度与生成气体的最后温度之间的温度差;④在给定温度条件下的产气量 (mL/g);⑤放热/吸热效应。

其中起始分解温度和产气量是设计配方必须认真考虑的。测定发泡剂指标的主要方法是热分析 (DTA、DSC 和 TGA) 方法,可测定发泡剂的热数据 (起始分解温度、分解峰温、分解的放热或吸热等),TGA 还能测定发泡剂在静态及动态温度条件下的质量损失。

4.5.4　发泡剂作用原理

目前,制造泡沫塑料的方法,主要有以下五种,使用发泡剂的为前三种。

① 物理方法。通过化合物理状态的变化,如挥发性液体的蒸发膨胀或升华性固体物质而产生气体。

② 化学方法。利用化学物质经加热分解放出气体。

③ 合成反应发泡方法。在塑料的形成过程中，伴随反应而产生气体，如聚氨酯泡沫塑料的制造。

④ 机械方法。在机械搅拌下，将空气或非反应性气体（N_2、CO_2 等）充入熔融塑料中。

⑤ 其他方法。如加入烧结疏松粉状的填料、加入空心微珠等方法。

发泡剂根据它们释放发泡气体的方式分类，可分为化学发泡剂和物理发泡剂，其中化学发泡剂又分为有机和无机化合物，在一定温度下会热分解或反应产生气体而使聚合物基体发泡。它们的反应或分解可以是放热的或吸热的，但大部分是放热的。

物理发泡剂主要通过物理状态的变化来实现，在加工过程中，当压力消除时，压缩气体膨胀可以形成气源，或者液体受热时的蒸发气化形成气体。在物理发泡剂中，挥发性液体是主要的一类发泡剂。由于液体蒸发是一个吸热过程，因而用挥发性物理发泡剂时容易控制温度，有利于制得较厚的发泡体。

4.5.5 发泡剂主要品种

4.5.5.1 物理发泡剂

物理发泡剂包括三类：气体发泡剂、可溶性固体发泡剂、挥发性液体发泡剂。其中，气体发泡剂有空气、二氧化碳和氮气等；挥发性液体发泡剂有氟利昂、低碳烷烃、苯和乙醇等；可溶性固体发泡剂，有水溶性聚乙烯醇等。

（1）二氧化碳发泡剂　二氧化碳发泡剂有两种，一种是异氰酸酯和水反应生成二氧化碳（水发泡）作为发泡剂，另一种是液体二氧化碳。

二氧化碳的优点是 ODP（臭氧损耗值）为零、无毒、安全、不存在回收利用问题，不需要投资改造发泡设备；缺点是在聚氨酯发泡过程中多元醇组分黏度较高，发泡压力与泡沫温度都较高，泡沫塑料与基材粘接性变差，尤其是硬泡产品的热导率高。由于二氧化碳从泡孔中扩散速度较快，而空气进入泡孔较慢，从而影响泡沫塑料尺寸稳定性。目前主要用于对绝热性要求不高的供热管道保温、包装泡沫塑料和农用泡沫塑料等领域。二氧化碳作为氟利昂的替代品，目前在聚苯乙烯、聚氨酯、聚乙烯、聚丙烯等聚合物发泡材料中开始进入实质应用阶段，相关技术不断发展成熟。

（2）挥发性液体发泡剂　在挥发性发泡剂中，脂肪烃（含 5～7 个碳的碳氢化合物）被广泛应用，其他还有低沸点的醇、醚、酮和芳烃。常用的各种挥发性发泡剂的一些物理常数如表 4-10 所示。

表 4-10　　常用的各种挥发性发泡剂的物理常数

化学名称	相对分子质量	密度/(g/cm³)	沸点或沸程/℃
丙烷	44	0.8521	−45
甲醚	46	—	−25
戊烷	72.15	0.616	30～38
新戊烷	72.15	0.613	9.5
己烷	86.17	0.658	65～70
异戊烷	86.17	0.655	55～62

续表

化学名称	相对分子质量	密度/(g/cm³)	沸点或沸程/℃
庚烷	100.20	0.680	96～100
异庚烷	100.2	0.670	88～92
石油醚	—	0.62～0.67	40～70
丙酮	58	0.791	56.1
丁烷	58	0.578	1
乙醚	74	0.713	35
三氯乙烯	131.4	0.466	87.2

4.5.5.2　化学发泡剂

（1）无机类化学发泡剂

① 碳酸氢钠 $NaHCO_3$。$NaHCO_3$ 即小苏打，为白色粉末，分解温度范围是 130～180℃，产气量为 125mL/g，这实际上接近它的理论 CO_2 含量。$NaHCO_3$ 分解还生成水，反应式如下。含碳酸盐及重碳酸盐的无机物是最古老的和最简单的发泡剂，碳酸氢钠价格低廉，来源广泛。但是，用这类发泡剂很难得到高质量的发泡体，因为它们在基体中难以分布均匀。以碳酸盐为发泡剂时，形成粗的泡孔，且泡孔结构不均匀。

$$2NaHCO_3 \xrightarrow{\text{加热}} Na_2CO_3 + H_2O + CO_2 \uparrow$$

碳酸氢钠主要用作橡胶、酚醛树脂的发泡，也可作为聚苯乙烯和聚氯乙烯用助发泡剂。

② 碳酸氢铵。白色结晶粉末，相对密度 1.586。分解温度 30～60℃，放出的气体主要是氨气、二氧化碳，发气量为 700～850mL/g。分解过程中还生成水，反应式如下。本品溶于水，不溶于乙醇，无毒。

$$NH_4HCO_3 \Longrightarrow NH_3 \uparrow + CO_2 \uparrow + H_2O$$

碳酸氢铵主要作为橡胶、酚醛树脂和脲醛树脂的发泡剂。碳酸氢铵的发气量在所有化学发泡剂中为最大，但分解温度低，易在混炼等过程中提前分解损失，故需要的用量大，而且放出的氨气有难闻的臭味，有时会造成不利的副反应。

（2）有机发泡剂　有机发泡剂使用的物质种类很多，按化学结构分主要有 N-亚硝化合物，如 N,N-二亚硝基五次甲基四胺（DPT）、N,N-二甲基-N,N-二亚对苯二甲酰胺（NTA）等；偶氮化合物，如偶氮二甲酰胺（ADC）、偶氮二异丁腈、偶氮二甲酸异丙酯、偶氮二甲酸二乙酯、二偶氮氨基苯、偶氮二甲酸钡等；酰肼类化合物，如 4,4′-氧代双苯磺酰肼（OBSH）、对苯磺酰肼、3,3′-二磺酰肼二苯砜、4,4′-二苯二磺酰肼、1,3′-苯二磺酰肼、1,4′-苯二磺酰肼等。主要使用的品种有发泡剂 ADC、DPT、DBSH 等，其中 ADC 在国外占化学发泡剂的 90%，在我国占 95% 以上。

① 偶氮二甲酰胺（ADC）。橘黄色结晶粉末、相对分子质量 116、相对密度 1.65。溶于碱，不溶于醇、汽油、苯等一般有机溶剂，难溶于水。分解温度 190～205℃，不易燃。发气量为 200～300mL/g，主要是氮气、一氧化碳和少量二氧化碳。室温贮存甚为稳定，有自熄性，但在 120℃ 以上时因分解产生大量气体，在密闭容器中易发生爆炸，保存时应注意安全防护。目前认为 ADC 的分解方式包含如下三种：

$$H_2N-\overset{O}{\underset{}{C}}-N=N-\overset{O}{\underset{}{C}}-NH_2 \xrightarrow{\text{加热}} N_2+CO+[H_2N-\overset{O}{\underset{}{C}}-NH_2] \rightleftharpoons HNCO+NH_3$$

$$H_2N-\overset{O}{\underset{}{C}}-N=N-\overset{O}{\underset{}{C}}-NH_2 \xrightarrow{\text{加热}} N_2+2H_2N-\overset{O}{\underset{}{C}}\cdot \rightleftharpoons H_2N-\overset{O}{\underset{}{C}}-\overset{O}{\underset{}{C}}-NH_2$$

$$2H_2N-\overset{O}{\underset{}{C}}-N=N-\overset{O}{\underset{}{C}}-NH_2 \xrightarrow{\text{加热}} H_2N-\overset{O}{\underset{}{C}}-N=N-\overset{O}{\underset{}{C}}-NH_2+2HNCO+N_2$$

偶氮二甲酰胺（ADC）是应用广泛的高效发泡剂，发气量大，价格较便宜。适用于聚乙烯、聚氯乙烯、聚苯乙烯、聚丙烯、ABS树脂等塑料。其分解产物无毒、无臭、不污染，可以制得纯白的泡沫体。ADC分解温度高，产生的气泡均匀，致密，适用于闭孔泡沫体、常压或加压发泡体、厚或薄的发泡体等各种泡沫制品，如聚氯乙烯压延和增塑糊发泡体、聚烯烃的压延和模塑发泡体、泡沫人造革等。有机酸及其盐类、尿素、硼砂、乙醇胺、氧化锌等对偶氮二甲酰胺ADC有活化作用，可以降低分解温度。

②偶氮二异丁腈（AIBN）。白色结晶粉末，相对密度1.1左右，挥发组分1%，熔点＞99℃。溶于甲醇、乙醇、丙酮、乙醚、石油醚等有机溶剂，不溶于水。分解温度98～110℃，放出氮气，气量130～155mL/g。在室温下缓慢分解，在30℃下贮存数月后显著变质，应在10℃以下存放。

AIBN为最早使用的偶氮类发泡剂。适用于聚氯乙烯、环氧树脂、聚苯乙烯、酚醛树脂及橡胶等，特别是在聚氯乙烯中，可以很容易地获得硬质和软质泡沫体。分解时的发热量低，为30～40kcal/mol，故使用量高达40%也不致使制品烧焦，可制得洁白的制品。AIBN分解温度低，可用于普通的聚氯乙烯糊。本品的主要缺点是毒性较大。

③N,N'-二亚硝基五次甲基四胺（DPT）。淡黄色结晶细微粉末，相对分子质量为186.18，本身无臭味，相对密度1.45左右。分解温度190～205℃，发气量260～270mL/g。放出的气体主要是氮气，有少量一氧化碳和二氧化碳等气体。DPT易燃，与酸或酸雾接触会迅速起火燃烧，故不能与这些物质共同存放，并应严禁明火。

$$2\,ON-N\underset{\underset{CH_2-N-CH_2}{\overset{CH_2-N-CH_2}{|}}}{\overset{\overset{CH_2-N-CH_2}{|}}{}}N-NO \xrightarrow{\triangle} \text{(环状结构)} N-CH_2-N \cdots +4HCHO+$$

$$4N_2 \xrightarrow[+6H_2O]{\triangle} 10HCHO+4NH_3+4N_2$$

DPT是应用广泛的发泡剂之一，主要用于制造海绵橡胶，在塑料中多用于聚氯乙烯。其发气量大，发泡效率高。使用水杨酸、己二酸、邻苯二甲酸等有机酸或尿素作发泡助剂，可以降低分解温度，调节在90～130℃的范围内。DPT分解时的发热量大，易造成厚制品的中心部位炭化，而且分解产物有恶臭，并用尿素后可消除臭味。本品在聚氯乙烯中的用量为7%～15%。

④聚硅氧烷—聚烷氧基醚共聚物（发泡灵）。黄色或棕黄色油状黏稠透明液体，酸值＜0.2mgKOH/g，相对密度1.04～1.08，黏度0.15～0.5Pa·s（50℃）。

发泡灵是聚醚型聚氨酯泡沫塑料一步法生产中用的泡沫稳定剂，也可作为聚氨酯类、丙烯酸酯类等涂料的流平剂。在彩色胶片防光晕层的涂布方面也有应用。

⑤ 4,4'-二-氧代双苯磺酰肼（OBSH）。OBSH 是塑料和橡胶工业常用的低温发泡剂，主要由二苯醚磺化后与水合肼反应而得，最早由日本开发使用，尤其在超高频电线电缆领域得到青睐和广泛应用。OBSH 发泡剂优点为分解温度较低，不需要加分解助剂，适合各种合成材料，毒性极低，适用于接触食品的包装材料。电绝缘性能好，有硫化剂和发泡剂双重作用，泡孔细密均匀。

4.5.6　发泡剂的应用

4.5.6.1　发泡剂的选择方法

选择设计发泡剂的用量时应该特别注意以下几点：

① 发泡剂的分解温度应与聚合物的加工温度相匹配。

② 聚合物加工过程中，可控制发泡气体的释放。

③ 发泡剂的分解不应是自催化的，以避免热积累使聚合物遭受热破坏。

④ 发泡气体应当是化学惰性的，最好的是 N_2 和 CO_2。

⑤ 化学发泡剂应容易加入到聚合物中，与聚合物相容，能在高聚物中均匀分散。

高分子材料的熔体发泡体系是一个十分复杂的体系，它除了应达到上述条件外，还有一个重要的因素：熔体的强度。熔体的强度是保证产生的气泡均匀、致密、气泡倍率高的重要因素。熔体的强度与聚合物本身结构、加工温度、压力、剪切速率等条件有关。因此，想制备理想的发泡材料应从多方面考虑。还有一点也应注意，不管是发泡剂本身，还是其分解产物，都不应对人类健康产生危害，也不应对塑料的热稳定性及力学强度有任何不利的影响，同时不应产生腐蚀。发泡剂的分解残余物应与塑料相容，不会渗出和使材料变色。

在化学发泡剂使用中某些金属氧化物都在一定程度上对化学发泡剂的分解温度、发气量和泡孔的质量影响较大。同时，也有一些抑制剂使发泡剂延长发泡开始的时间，如有机酸（马来酸、富马酸），酰卤（硬脂酰氯、苯二甲酸氯），酸酐（顺丁烯二酸酐、苯二甲酸酐），多元酚（对苯二酚、萘二酚）等。

4.5.6.2　发泡配方

（1）PE 发泡配方实例　PE 加热到熔融温度后，其熔体黏度迅速下降，熔体强度降低，发泡剂分解产生的发泡气体很容易穿破泡孔壁，导致发泡失败。另外，PE 熔体的气体透过率比较大，也加速发泡气体的外逸。为了克服 PE 上述发泡弱点，在 PE 发泡配方设计时，必须对 PE 树脂进行改性，增加熔体黏度和强度，实例见表 4-11。

表 4-11　　　　　　　　　　　　　　　发泡 PE 配方实例

原料	用量/份	原料	用量/份
LDPE	100	ZnSt	1
AC	2～10	DCP	0.6

（2）PP 发泡配方参考实例　树脂 PP 树脂具有与 PE 相似的发泡缺点，因此也常常

进行交联改性，也可以使用高熔体强度的聚丙烯树脂。PP 常用化学发泡剂进行发泡，由于 PP 加工温度高达 200℃，所以要求发泡剂的分解温度也要高，发泡剂的分解温度应在 200℃以上，实例见表 4-12。

表 4-12 PP 发泡配方实例

原料	用量/份	原料	用量/份
PP	80	AC	2
PE	20	DCP	0.25
二乙烯基苯(助交联剂)	1		

（3）PVC 发泡配方参考实例　PVC 泡沫塑料可以分成开孔与闭孔、软质与硬质等品种（表 4-13）。

表 4-13 PVC 发泡配方参考实例

原料	用量/份	原料	用量/份
PVC	100	复合稳定剂	4
DOP	40	AC	2
DBP	20	$CaCO_3$	10

思 考 题

1. 聚合物加工中常用哪两种发泡方法？它们的原理是什么？
2. 在聚合物加工中物理发泡剂与化学发泡剂的施加方法有何不同？
3. 设计一个软质 PVC 发泡配方和 PE 发泡配方。
4. PP 发泡成型应注意哪些问题？
5. 发泡剂的选择原则是什么？

4.6 交 联 剂

4.6.1 交联剂简介

交联剂是指能使线型聚合物分子转化成网状或体型聚合物分子的一类化合物。聚合物的交联反应在聚合物加工中有着十分重要的地位，在不同类型的聚合物中有不同的作用，在热塑性树脂中交联剂的作用是使分子链进行交联或接枝反应，提高熔体强度，提高制品拉伸强度、热性能等。在橡胶工业中主要是用硫黄来作交联剂，橡胶用的交联剂习惯上称为硫化剂，把生胶的线型聚合物转化成网状结构，使制品有强度和弹性。在热固性树脂生产中，由于热固性树脂一般都是一些相对分子质量比较低的低聚体，在使用时加入一定的交联剂使之交联成为固体，在这种场合交联剂又称固化剂。

4.6.2 交联剂的发展

交联剂使聚合物生成三维结构开始于硫磺对天然橡胶的硫化。1834 年，N. Hayward 发现生胶中加入硫黄，经加热可提高橡胶的弹性并延长使用寿命。1893

年，C. Goodyear 独自完成了硫化方法并获得了专利。1910 年 Bakeland 实现酚醛树脂工业化。这期间，对橡胶交联除用硫黄、有机氧化物之外，各种交联剂随不同种类合成橡胶的开发而被开发和应用。

4.6.3　交联剂作用原理

交联剂作用机理，因高分子化合物的结构和交联剂的种类不同而不同。

（1）交联剂引发自由基反应　在这类交联反应中，交联剂分解产生自由基，这些自由基引发高分子自由基链式反应。从而导致高分子链发生 C—C 键交联，在这里交联剂实际上起的是引发剂的作用。以这种机理进行交联的交联剂主要是有机过氧化物，它既可以引发不饱和聚合物交联，也可以引发饱和聚合物交联。

（2）交联剂的官能团与高分子聚合物反应　利用交联剂分子中的官能团（主要是反应性双官能团、多官能团以及 C ═ C 双键等），与高分子化合物进行反应，通过交联剂作为桥键把分子交联起来。这种交联机理是热固性树脂固化所采用的主要形式。

（3）交联剂引发自由基反应和交联剂官能团反应相结合　这种交联机理实际上是前述两种机理的结合形式，它把自由基引发剂和官能团交联联合使用。例如用有机过氧化物和不饱和单体来使不饱和聚酯进行交联。由于有机过氧化物的引发作用，使不饱和单体中的 C ═ C 键与不饱和聚酯中的 C ═ C 键发生自由基加成反应，从而将聚酯中的大分子交联起来。

（4）硫化交联　硫化剂在一定条件下能够生成双基硫，这些双基硫可以引发橡胶分子发生自由基链式反应，而生成橡胶分子链自由基。然后这些自由基可以与双基硫结合，生成多硫侧基。多硫侧基与橡胶分子链自由基结合，就终止了链式反应，这样将橡胶分子链交联起来。

4.6.4　交联剂主要品种

4.6.4.1　有机过氧化物

有机过氧化物在引发乙烯基化合物聚合的过程中具有重要作用。在聚合物交联反应中，利用聚合物的双键、叔碳上的氢等易反应的部位，由过氧化物分解提供的自由基引发链引发反应（有时加入些不饱和单体增加交联链的长度，常常把不饱和单体称为交联剂，把有机过氧化物称为引发剂）达到分子链交联的目的，或者加入有特性的不饱和单体进行接枝反应，这些方式成为聚合物改性的一个重要手段。

（1）过氧化二异丙苯（DCP）　相对密度 1.08，熔点 42℃，分解温度 120～125℃，折射率 1.54，常和氧化锌并用，提高强度及耐老化性。分解温度 171℃，半衰期 1min，117℃时半衰期为 10h。

（2）过氧化环己酮　白色糊状液体（50％的 DBP 或 BOP 溶液），分解温度 174℃（半衰期 1min）；97℃时的半衰期为 10h，工业常用于不饱和树脂玻璃钢生产，用环烷酸钴做促进剂。

（3）过氧化苯甲酰（BPO）　白色粉末，熔点 103～106℃，分解温度 133℃（半衰期 1min）。72～73℃时的半衰期 10h，极不稳定，不溶于水，微溶于溶剂。

（4）二叔基过氧化物（DTBP）　微黄色透明液体，相对密度 0.8，沸点 111℃，燃点 182℃，折射率 1.4，126℃时半衰期为 10h。分解温度 193℃，半衰期 1min。工业常用于硅胶树脂的固化剂。

（5）甲基乙基过氧化物　无色液体（50%～60%的邻苯二甲酸二甲酯溶液），分解温度 164℃（半衰期 1min）。105℃时的半衰期 10h，工业常用于不饱和树脂玻璃钢生产，用环烷酸钴做促进剂。

4.6.4.2　硫化交联剂

硫化剂即橡胶的交联剂，它能使线型链状橡胶分子交联成为立体网状结构，从而使其变成坚实而有弹性的物质。硫化剂品种很多，目前作为商品生产的就有 70 余种，按所用的硫化剂含硫情况可将其分类成含硫硫化剂和非硫硫化剂。因为非硫硫化剂品种太多，还需进一步分类。

（1）硫黄类

① 硫黄粉。将硫黄粉碎筛选而得，是橡胶硫化用的主要品种。硫黄粉为单斜结晶体，常温下稳定，熔点 114～118℃，相对密度 1.96～2.07，纯度>99%，粒径一般在 200 目以下。

② 沉淀硫黄。沉淀硫黄由含硫无机物分解制得，粒径 1～5μm 在胶料中分散性高，适用于制高级橡胶制品。

③ 胶体硫。将硫黄粉或沉淀硫黄与分散剂混合研磨成的极细（粒径 1～3μm）糊状物。分散均匀，为高分散性品种，主要用于制胶乳薄膜制品。

④ 不溶性硫黄。为不定形弹性硫黄，系将硫黄粉加热沸腾或熔流状后迅速冷却而成，不溶性硫黄能避免胶料喷硫，并无损于生胶的黏性，在硫化温度下能转化成可溶性硫黄，一般用于制备特别重要的制品。

⑤ 表面处理的硫黄。在硫磺粒子表面上包裹一层油类或聚异丁烯或橡胶等物质，这种特殊硫黄在橡胶中分散性很好。为了防止硫黄聚集，有时将硫黄粉与其他橡胶配合剂混合成复合体系，这种复合体系在橡胶中更易分散均匀。

（2）二硫化二吗啉　白色或淡黄色粉末，熔点 120℃，硫化温度下可以释放出活性硫。用量 2～4 份，除了可以硫化二烯类橡胶外，还可以硫化丁基橡胶、三元乙丙橡胶。但单独使用时硫化速度慢，常与促进剂配合使用。

4.6.4.3　金属氧化物硫化交联剂

用于交联氯丁橡胶的金属氧化物主要是氧化锌和氧化镁。氧化锌硫化速度很快，能得到良好的平坦硫化曲线，硫化胶的耐热性、耐老化性好，但易发生焦烧，硫化胶的力学性能差。氧化镁（轻质氧化镁）在高温 100℃以上具有硫化作用，能提高硫化胶的定伸强度，并能吸收硫化过程中产生的氯化氢，在低温具有稳定剂的作用，能防止焦烧，但硫化时间长，硫化程度不高。

4.6.4.4　多胺类化合物

多胺类硫化剂是丙烯酸酯橡胶和氟橡胶最重要的硫化剂，因为这两种橡胶基本不含碳碳双键，不能用硫黄硫化，而是用多元胺进行交联。

常用的多元胺及其硫化活性顺序为六亚甲基二胺（HMDA）>乙二胺水合物

（EDA）＞三亚乙基四胺（TETA）＞四亚乙基五胺（TEPA）＞三乙基三亚甲基三胺（TB）。多胺硫化橡胶的特点是硫化胶的力学强度大，压缩永久变形小，高温长期老化后仍能保持良好的物理力学性能。但硫化胶易老化、变硬、发脆，与适量硫黄配合使用可得耐热性的硫化胶。

4.6.4.5　环氧树脂固化剂

环氧树脂固化剂是指与具有线性结构的环氧树脂分子中的环氧基团发生化学反应，固化形成三维立体网状结构。环氧树脂固化剂种类繁多，分为反应型固化剂和催化型固化剂。反应型固化剂可与环氧树脂进行加成聚合反应，并通过逐步聚合反应的历程交联成体型网状结构，固化剂本身参与到已形成的三维网状结构中。一般都含有活泼的氢原子，在反应过程中伴有氢原子的转移，例如多元伯胺、多元羧酸、多元硫醇和多元酚等。催化型固化剂可引发树脂分子中的环氧基按阳离子或阴离子聚合的历程进行固化反应，而本身不参加到三维网状结构中，例如叔胺、三氟化硼络合物等。

根据化学结构的不同也可以分为胺类固化剂、酸酐类固化剂、树脂类固化剂、咪唑类固化剂及潜伏性固化剂等。比较常用的为胺类固化剂和酸酐类固化剂。

（1）胺类固化剂　胺类固化剂包括多元脂肪胺型固化剂、多元脂环胺型固化剂、芳香胺类固化剂、聚醚胺类、聚酰胺类。

在众多胺类固化剂中，多元脂肪胺和芳香胺类固化剂用得比较普遍。伯胺与环氧树脂的反应是连接在伯胺氮原子上的氢原子和环氧基团反应，转变成仲胺，仲胺再与另一个环氧基反应生成叔胺，反应如下：

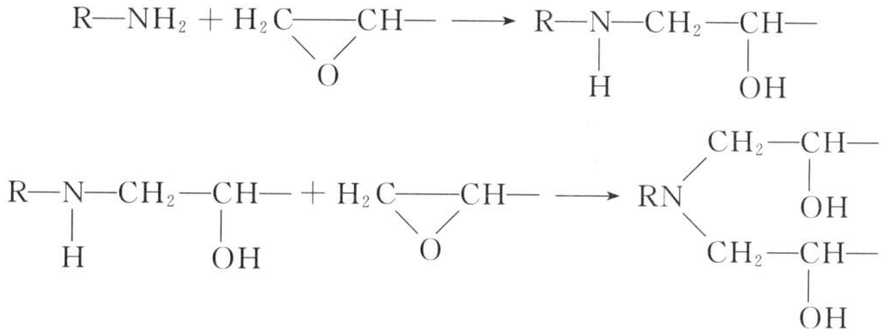

伯胺与仲胺类固化剂用量的计算，是根据胺基上的一个活泼氢和树脂的一个环氧基反应来考虑的。

$$胺的用量(phr)＝胺基当量×环氧值$$

$$胺基当量＝胺的分子量/胺中的活泼氢数量$$

① 4,4′-二氨基二苯甲烷（DDM）。又称甲撑二苯胺，分子量 198.3。外观为白色结晶粉末，熔点 89～90℃，沸点 232℃。溶于丙酮、甲醇。难溶于苯、乙醚。有毒。固化温度：120℃/2h，170℃/4h。结构式如下：

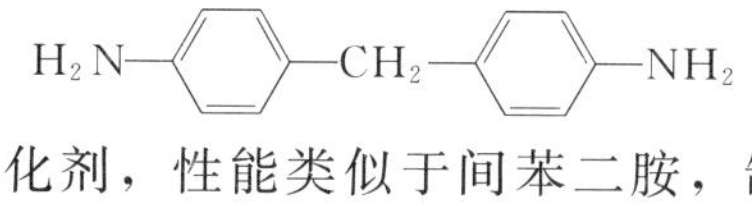

主要用作环氧树脂的固化剂，性能类似于间苯二胺，制品耐热温度低于 DDS，但 DDM 熔点低，在较低的温度下与环氧树脂能够充分相容，适用于浇铸品、层压品、黏合剂和涂料。环氧树脂的固化温度 150～170℃，时间 3～5h。

② 4,4′-二氨基二苯砜（DDS）。又称 4-氨基苯砜、4,4′-磺酰基二苯胺、双（4-氨基

苯基）砜、氨苯砜、氨基砜。分子量 248.3，外观为白色结晶粉末或微黄色结晶性粉末，无气味，味苦；密度 1.361g/cm³，熔点 175～177℃，沸点 511.7℃；性能稳定，可燃，和强氧化剂不相容。主要用于环氧树脂固化剂，使用时需要较高温度才能与环氧树脂混溶，制品耐热性高，环氧树脂的固化温度 170～190℃，时间 3～5h。其结构式如下：

$$H_2N-\!\!\bigcirc\!\!-\overset{O}{\underset{O}{\overset{\|}{\underset{\|}{S}}}}-\!\!\bigcirc\!\!-NH_2$$

（2）酸酐类固化剂　酸酐类固化剂是固化剂中用量较大，应用较广泛的重要品种，早在 1936 年国外就开始使用邻苯二甲酸酐作为环氧树脂固化材料。它能与环氧树脂制成电子电器浇注、层压绝缘材料及复合材料等。

酸酐的固化反应分为无促进剂和有促进剂存在两种情况。当无促进剂存在时，首先是环氧树脂中的羟基使酸酐开环，生成单酯和羧酸；羧酸对环氧基加成，生成二酯和羟基；酯化生成的羟基与酸酐继续发生反应。如此开环、酯化反应不断进行下去，直至环氧胶黏剂交联化。当有叔胺促进剂存在时，叔胺进攻酸酐，生成羧酸盐阴离子；此羧酸盐阴离子与环氧基反应生成烷氧阴离子；烷氧阴离子与别的酸酐反应，再生成羧酸盐阴离子。反应依次进行下去，逐步进行加成聚合，而使环氧树脂固化。

用酸酐类固化剂时，一个酸酐开环只能与一个环氧基反应。酸酐和环氧树脂的化学计量关系如下：

$$酸酐固化剂用量 = C \times 酸酐当量 \times 环氧值$$

式中　C——常数，依酸酐的种类不同而异，一般的酸酐 $C = 0.85$，含卤素酸酐 $C = 0.60$，加有叔胺催化剂时 $C = 1.0$。

酸酐类固化剂挥发性小，对皮肤刺激小，毒性低。与环氧树脂配合量大，与树脂混合后黏度较低，可加入多种填料进行改性，加入填料量大，可以降低产品成本。一般使用期长，有利于工艺操作。与环氧树脂固化后，电性能优异，解电性能和胺类固化剂相比，性能较为突出。与环氧树脂固化后，固化物体积收缩小，色泽较浅，耐热性能较好。

按照化学结构分为芳香族酸酐、脂环族酸酐、长链脂肪族酸酐、卤代酸酐和酸酐加成物。

① 邻苯二甲酸酐（PA），简称苯酐，是邻苯二甲酸分子内脱水形成的环状酸酐，分子式为 $C_8H_4O_3$，结构式如下。苯酐为白色固体，是化工中的重要原料，尤其用于增塑剂的制造。

主要用作环氧树脂的固化剂，参考用量 30～50 份（质量），100g 树脂配合物适用室温、120℃/1.5h。固化条件：100/2h＋150℃/5h 或 100℃/12h，140℃/8h，200℃/

6h。固化时发热性小，固化物具有良好的电性能和机械强度，热变形温度为110～152℃。

② 顺丁烯二酸酐。又名马来酸酐或失水苹果酸酐，常简称顺酐。分子式为$C_4H_2O_3$，结构式如下。相对分子质量为 98.06，无色结晶，有强烈刺激气味，凝固点52.8℃，沸点202℃，易升华。

主要用于生产不饱和聚酯树脂、环氧树脂、醇酸树脂。用作环氧树脂的固化剂，参考用量 19～27 份（质量），因反应性和挥发性大，不宜单独使用，多与他酸酐或增韧剂（如均苯四酸二酐）混熔使用。固化条件 160～200℃/（2～4h）。

4.6.5　交联剂的应用

交联剂主要有三方面的应用：热塑性聚合物的交联或接枝改性、热固性聚合物的交联固化和橡胶的硫化交联。

4.6.5.1　热塑性聚合物的接枝交联改性

表 4-14～表 4-16 为热塑性聚合物的接枝交联改性的配方实例。

表 4-14　　　　　　　　　　　PP 马来酸酐接枝改性配方

原料	用量/份	原料	用量/份
PP	100	DCP	0.02
马来酸酐	2		

表 4-15　　　　　　　　　　　PE 交联发泡配方

原料	用量/份	原料	用量/份
LDPE	100	EVA	20
DCP	1	三盐	3
AC	5		

表 4-16　　　　　　　　　　　硅交联 LDPE 配方

原料	用量/份	原料	用量/份
LDPE	100	引发剂 DCP	0.1～0.2
交联剂乙烯基三乙氧基硅烷	2.5～3	催化剂二月桂酸二丁基锡	0.1

4.6.5.2　热固性聚合物的交联固化

表 4-17～表 4-19 为热固性聚合物的交联固化的配方实例。

表 4-17　　　　　　　　　　　酚醛树脂固化成型配方

原料	用量/份	原料	用量/份
PF	100	MgO	3
木粉	100	ZnSt	2
六次甲基四胺	12		

表 4-18   环氧树脂浇铸成型配方

原料	用量/份	原料	用量/份
EP	100	DDS	20
石英粉	100		

表 4-19   不饱和树脂浇铸成型配方

原料	用量/份	原料	用量/份
UP	100	过氧化环己酮	3
石英粉	300	环烷酸钴	2

4.6.5.3 橡胶的硫化

表 4-20、表 4-21 为橡胶的硫化配方实例。

表 4-20   天然橡胶基本配方

原料	用量/份	原料	用量/份
天然橡胶 NR	100	氧化锌	5
硬脂酸	2	防老剂 PBN	1
促进剂 DM	1	硫黄	2.5

表 4-21   丁苯橡胶基本配方

原料	用量/份	原料	用量/份
丁苯橡胶 SBR(非充油)	100	氧化锌	3
硬脂酸	1	炉法炭黑	50
促进剂 NS	1	硫黄	1.75

思 考 题

1. 交联剂在聚合物加工应用中主要起什么作用？

2. 有机过氧化物和硫化剂分别使用在什么聚合物的成型中？它们的作用原理是什么？

3. 请设计交联 PE 和橡胶硫化的配方。

4. 橡胶硫化、不饱和树脂玻璃钢固化、聚乙烯交联分别使用哪些交联剂？

4.7 防 焦 剂

4.7.1 防焦剂概述

橡胶炼胶操作过程防止胶料产生焦烧（过早硫化），所加入的助剂称为防焦剂。防焦剂是一种在胶炼胶操作过程阻止橡胶过早硫化交联，而在硫化过程中基本不影响促进剂和硫化剂正常发挥作用的助剂。防焦剂的作用是提高胶料炼胶操作安全性和贮存稳定性。

4.7.2 防焦剂主要种类

在胶料的配合过程中，防焦剂应根据生胶种类、硫化体系、加工历程和加工温度等进行选择。

4.7.2.1　亚硝基化合物

亚硝基化合物是目前广泛使用的防焦剂，在加工温度下的防焦效果好。在硫化温度下对硫化速度基本上没有什么影响，对含有噻唑类、秋兰姆、二硫代氨基酸盐类，尤其是噻唑-秋兰姆混合促进剂的胶料特别有效。适用于天然橡胶及部分合成橡胶，主要品种有 N-亚硝基二苯胺、N-亚硝基-N 苯基 2-萘胺、N-亚硝基 2,2,4-三甲基-1,2-二氢化喹啉聚合物等。用量一般为 0.3～1 份。

4.7.2.2　有机酸类

有机酸是应用较早的一类防焦剂，效果较 N-亚硝基化合物稍差，但污染性小，可用于制备浅色制品，用量一般为 0.3～1 份。主要品种有邻苯二甲酸酐、苯甲酸、邻羟基苯甲酸、顺丁烯二酸等。

（1）邻苯二甲酸酐　邻苯二甲酸酐可作为天然橡胶、异戊橡胶、顺丁橡胶、丁苯橡胶和丁腈橡胶的防焦剂。对含有碱性促进剂的胶料及含有噻唑-胍、噻唑-秋兰姆促进剂体系的胶料特别有效，但不适用于秋兰姆无硫硫化。对总的硫化时间及制品的耐老化性能影响不大，但总硫化时间比 N-亚硝基二苯胺更长。

邻苯二甲酸酐在胶料中容易分散，不喷霜，污染性比 N-亚硝基二苯胺弱，可适用于浅色胶料，遇光时也会轻微的变色，因此一般不宜用于白色胶料。作为防焦剂的用量通常为 0.25～1 份，用量过多会大大延长硫化时间。

（2）苯甲酸　苯甲酸可作为天然橡胶、合成橡胶及其胶浆的防焦剂，能提高许多促进剂的硫化临界温度，从而增加胶料的抗焦烧性能。不过其效果较 N-亚硝基二苯胺、邻苯二甲酸酐差，且有降低硫化速度之不足。本品的主要特点是没有污染性，因此可用于浅色胶料或白色胶料，在胶料中易分散，不喷霜，一般用量为 0.5～3 份，但不适用于秋兰姆无硫硫化。苯甲酸的另一特点是能增加未硫化橡胶的可塑性、流动性及硫化胶的硬度，这对于含大量填料的胶料加工非常有利。

（3）邻羟基苯甲酸　邻羟基苯甲酸俗称水杨酸，可作为天然橡胶、合成橡胶及其胶浆中酸性促进剂的防焦剂。混炼时有显著的抗焦烧性能，在硫化温度下对硫化又稍有活化作用。本品的特点是不污染胶料，不发生变色，因此可用于浅色制品和白色制品，一般用量为促进剂的 1/4～1/2。在干胶中分散容易。

4.7.2.3　次磺酰胺类化合物

次磺酰胺类化合物，如 N-环己基硫代酞酰亚胺（PVI）等最大好处是可减少对橡胶的污染，避免使橡胶力学性能降低、硫化速度降低、促进硫化胶老化的问题。

思　考　题

1. 防焦剂的作用原理是什么？
2. 在白色橡胶制品加工中应选择哪种防焦剂？
3. 天然橡胶制品加工中应选择哪种防焦剂？

第5章　功能性助剂

5.1　着　色　剂

5.1.1　着色剂简介

着色剂是能改变塑料、橡胶和纤维固有颜色的有色化学物质的总称，包括无机颜料、有机颜料和溶剂染料。

塑料着色后可提高塑料制品的外观质量和内在性能。塑料着色后可以制成绚丽多彩、鲜艳夺目的制品，广泛用于日常用品、儿童玩具、建筑、电子电气、文教用品、交通器材、包装、装饰装修等领域。与此同时，塑料着色还可明显改善和提高制品的外观质量，对提高商品价值具有重要的意义。而在应用过程中，着色剂的耐候性、耐光性和透光性将影响材料的性能，因此，在使用时应对其基本性能有所了解。着色剂的主要作用如下：

（1）装饰作用　可增加塑料的花色品种，繁荣塑料商品市场，提高塑料制品的商品价值和外观质量。

（2）改善和提高制品性能　某些着色剂，特别是炭黑，具有抗紫外线辐射，耐户外老化、遮蔽阳光等功能，可显著提高制品的耐环境性和耐候性。

（3）隐蔽和保护内容物　着色后的塑料制品可隐蔽内容物，防止阳光照射，有利于延长内容物的贮存期。

（4）分类、标示作用　像电线、电缆的包覆层，可制成不同的颜色，在使用时便于区分。

5.1.2　着色剂作用原理

着色剂是通过有选择性地将可见光谱中某些波长的光吸收和反射，从而产生出颜色。

着色剂根据物理性质不同可分为两类：不溶于所应用介质中的称为颜料，能溶于所应用介质中的称为染料。颜料是惰性微粒，它和高聚物基体以物理方式结合在一起。当颜料微粒直径小于 0.2nm 时，可以允许光线通过，这时被着色物看起来就是透明的。当颜料微粒直径等于或大于 0.2nm 时，对光具有散射作用，这时被着色物看起来就不透明。当材料用染料着色时，由于染料可溶解在材料中而不会形成引起光散射的微粒，这种情况下材料看起来也是透明的。

5.1.3　着色剂的性能指标

着色剂在应用中的主要性能指标有：着色力、颜色深度、透明度、耐热性、耐光性、耐候性、迁移性、分散性等。

（1）耐热性 着色剂的耐热性，又称热稳定性或者称温度稳定性，而着色剂的耐热性可通过温度和着色剂暴露时间来测定。

（2）耐光性 耐光性是指着色材料暴露于室内或室外以后，其最初的颜色改变的程度。在太阳光的辐射中，紫外线（UV）容易使着色剂褪色。耐光性级别是根据样品暴露在同一测试光下的颜色改变程度来确定其级别，级别与耐光性的关系见表5-1。

表 5-1 耐光性的级别和它们的含义

级别	耐光性	级别	耐光性
8	极好	4	中等
7	优良	3	一般
6	较好	2	差
5	好	1	较差

（3）迁移性 迁移性是指当着色剂分散在材料中，它向材料表面迁移或者进入和材料相接触的另一体系的程度。

（4）磨蚀 许多无机颜料，诸如二氧化钛，具有天然的金红石晶体结构，还有铬、钼的钛酸盐等，由于具有很高的硬度，会对挤出螺杆、挤出筒等加工装置造成磨损。

（5）沾色 沾色是指着色塑料在加工设备如双辊机上沉积的现象。由于配方中原料的不相容性造成的。比如，当配方中润滑剂和稳定剂相斥时析出，将颜料部分带出沉积到模具上，在加工压延薄膜时，压辊上的沾色就会引起薄膜表面缺陷。

（6）粉化 出现粉化的一个常见因素是颜料的含量过高和颜料的耐光性差。

（7）对流变性的影响 添加剂能改变高分子材料的流动特性，颜料同样可以改变流动特性，并且颜料的粒径和分散性对材料的性能影响很大。但由于颜料的添加量一般很少，因此它们总的影响相对较小，但是在高颜料含量薄膜和薄壁制品中其影响是不容忽视的。

5.1.4 着色剂主要品种

按着色剂的溶解性分类，可分为颜料和染料两大类。根据化学组成不同，颜料又可分为无机颜料和有机颜料两类。

无机颜料具有耐热、耐气候等优异特征，在塑料中不迁移，遮盖力较强，缺点是着色性差，色泽不鲜艳。

有机颜料具有着色性强、色泽鲜艳、使用量小的特点。不同的有机颜料的耐热、耐气候等差异很大，要慎重选择。

染料的透明性、着色能力、色泽比颜料好，但在耐热、耐气候、耐光、耐迁移等方面不及颜料好。

液体着色剂一般是染料溶于液体溶剂中或颜料与液体助剂研磨制成膏剂来使用，一般比直接使用粉末着色剂效果好、污染小。

色母料着色剂一般是指将颜料或染料和分散剂、载体混合造成浓缩的颗粒料，使用时按一定比例与被着色物混合使用，使用方便，污染小。

5.1.4.1 无机颜料

（1）二氧化钛 俗称钛白粉，无臭无味白色粉末，是白色颜料中着色力和遮盖力最强的品种。根据结晶形式可分为金红石型和锐钛型。

金红石型二氧化钛质地较软，耐候性、耐热性和耐水性较好，屏蔽紫外线的作用强，不易变黄，特别适用于户外的塑料制品。锐钛型二氧化钛耐热性和耐光性较差。

应用范围：广泛应用在涂料、油墨、造纸、塑料、橡胶及合成纤维等领域。

（2）氧化铁颜料 有红、褐、黄、黑色。黄色氧化铁和黑色氧化铁的耐热性较差，红色的氧化铁价格低廉，遮盖力强，着色力大，具有优良的耐光性、耐热性、耐溶剂性、耐水性和耐酸碱性。

应用范围：适用于聚烯烃、ABS、尼龙、聚苯乙烯、酚醛树脂、环氧树脂等多种塑料；在聚氯乙烯中多用于人造革。氧化铁红在橡胶中多用于胶管和胶板等制品的着色。

（3）锌钡白 也叫立德粉，白色粉末、相对密度 4.1～4.5、折射率为 2.1，其遮盖力及耐光性均低于钛白粉，价廉。

应用范围：广泛用于聚烯烃、乙烯基树脂、ABS 树脂、聚苯乙烯、聚碳酸酯、尼龙和聚甲醛等塑料及油漆、油墨的白色颜料。在聚氨酯和氨基树脂中效果较差，在氟塑料中则不太适用。

5.1.4.2 有机颜料及染料

无机颜料大都用于需要遮盖和高温度加工的地方，而有机颜料主要用于需要色泽亮度高的地方。有机颜料常常和无机颜料相结合使用达到综合的效果。有机颜料商品化的产品就有上千种，这里仅举例说明。

（1）颜料黄 13 联苯胺双偶氮颜料，结构如下：

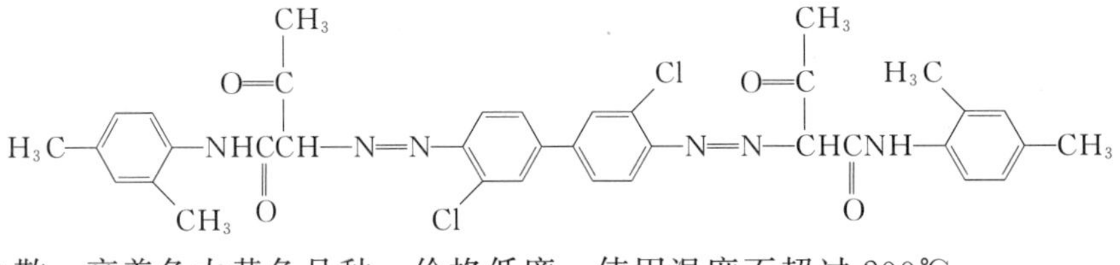

易分散，高着色力黄色品种，价格低廉。使用温度不超过 200℃。

（2）颜料橙 64 苯并咪脞酮颜料，结构式如下：

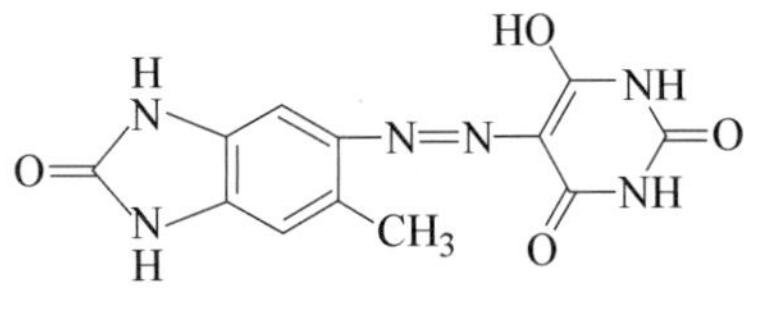

色相非常干净，高着色力，优异的耐热性、耐光性，高性能橙色品种，广泛适合聚合物（含食品接触）着色。

（3）颜料红 122 喹吖啶酮颜料，结构式如下：

非常鲜艳的蓝光红色，着色力强。具有优异的耐迁移性和热稳定性。

（4）颜料紫 19（β）　喹吖啶酮颜料，结构式如下：

具有非常优异的耐溶性和耐迁移性，良好分散性。

（5）颜料紫 23　二噁嗪颜料（红光），结构式如下：

浓艳亮丽紫色，色品性能非常优异，可与酞菁颜料媲美，不能用于浅色调色。

（6）颜料棕 25　苯并咪唑酮颜料，结构式如下：

性能非常优异的棕色品种，在 PVC 中的各项性能都十分优异，耐候性好，当其应用于 HDPE 注塑产品不会引起扭曲。

（7）颜料蓝 15　α-不稳定型铜酞菁蓝颜料，结构式如下：

具有高着色力、高耐光耐候性能和价格低廉的特点。

（8）颜料绿 7 铜酞菁颜料，结构式如下：

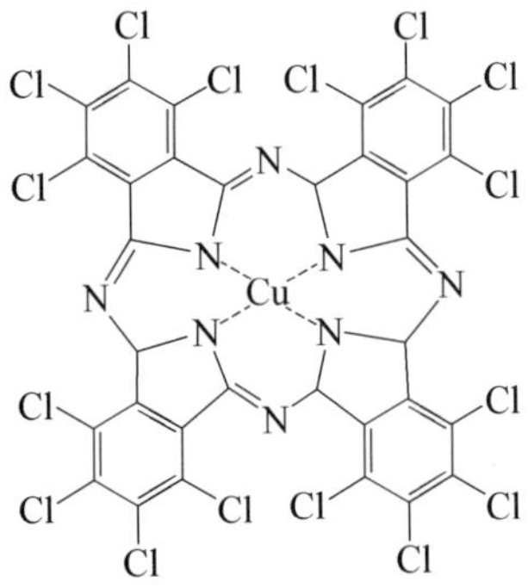

鲜艳明亮绿色，酞菁颜料以其着色力、耐光性、耐热性等高性能，适合所有塑料着色，在 HDPE 注塑制品会引起变形。

5.1.4.3 荧光着色剂

荧光着色剂又称为增白剂或荧光增白剂。它是一类有机化合物，能够吸收波长为 $300\sim400nm$ 的紫外线，将吸收的能量转换，辐射出 $400\sim500nm$ 的紫色或蓝色荧光，这样就可弥补被物品所吸收的蓝光，造成白色物品全反射的均一效果，提高了其白度，又不降低亮度。此外，普通颜料中添加少量荧光增白剂，有增加色彩鲜亮的效果。

（1）塑料荧光增白剂 PEB 黄褐色粉末，荧光色调为蓝色。不溶于水、乙醚、石油醚，可溶于苯、丙酮、氯仿、乙醇、醋酸等。在 $170℃$ 短时间受热不分解。本品主要用于聚氯乙烯、醋酸纤维素的增白和增艳，在透明聚氯乙烯制品中的用量一般为 $0.05\%\sim0.1\%$，不透明制品中为 $0.01\%\sim0.1\%$。此外，本品还可用于聚乙烯、聚苯乙烯、聚酯、聚丙烯酸酯等塑料的增白，在透明料中的一般用量为 0.05%。

（2）荧光增白剂 DBS 绿黄色粉末，无毒。最大吸收波长 $372\sim380nm$。熔点 $360℃$，分解温度 $>360℃$。微溶于乙醇、二甲基甲醇胺、苯、甲苯、水等，耐强酸、强碱。应用于聚丙烯、聚乙烯、聚苯乙烯、聚氯乙烯、高耐冲聚苯乙烯、ABS 树脂等不饱和树脂。

（3）荧光增白剂 OB 淡黄色粉末。荧光色调为蓝～绿，最大吸收光波长 375nm。可用于塑料和涂料的增白和增艳，耐热性优良，耐光性也较好。在聚氯乙烯透明制品中的用量为 0.01 份，白色或彩色制品中的用量为 $0.03\sim0.1$ 份。

5.1.4.4 珠光颜料类

珠光剂能使塑料在一定角度上强烈反射光线，产生像珍珠一样的晶莹闪光。珠光剂的耐热性随种类而异，一般在 $220\sim250℃$。目前使用的珠光剂主要有天然珠光剂和合成珠光剂两类，前者是由带鱼等鱼鳞制成，无毒；后者多为铅的化合物，如碳酸铅、砷酸铅、磷酸铅等，有毒。

还有一种珠光型颜料，它是由二氧化钛涂于云母表面所制成，在塑料中既有良好的着色性，又可赋予美丽的珠光。

珠光颜料一般加 1～3 份。

5.1.4.5 金属类颜料

金粉是铜粉或青铜（铜锌合金）粉，粒径在 $50\sim100\mu m$ 时呈明亮金色；在 $10\sim20\mu m$ 时呈金色绸缎状。粒径越小，覆盖力越强。

银粉（铝粉），铝粉分粗、细铝粉，其呈现的颜色也与粒径有关系：粒径较细时，呈银色缎子色；较粗时，银色金属效果好。

金属粉末颜料一般添加量为 $1\%\sim2\%$。

5.1.5 着色剂的应用

（1）聚乙烯着色配方设计 PE 的着色比较容易，常用无机颜料和有机颜料，而染料一般不适用。

聚乙烯着色配方设计应注意如下几点：

① 迁移性大的着色剂，加入 PE 会发生渗色和起霜现象，不宜选用。

② 含有 Mn、Co、Cu、Zn、Ti 等金属及盐的着色剂，会促进 PE 光氧化。

PE 的基本配方举例（表 5-2）：

表 5-2 　　　　　　　　　　　　　**PE 的着色配方**

原料	用量	原料	用量
PE	100kg	白油(或 DOP)	30ml
钛白	0.05kg	塑料红 B	0.5kg
硬脂酸盐	0.004kg		

（2）聚丙烯着色配方设计 PE 可选用的着色剂可适于 PP，只是 PP 的成型温度较 PE 高，要求着色剂的耐热性要好。

Cu、Co、Mn、Sn 等金属离子会促进 PP 光、热、氧化，其促进程度较 PE 大。

炭黑、锌白等着色剂兼有抗氧剂的作用。

钛白、群青等着色剂在紫外线照射下，会促进 PP 氧化。

PP 用于餐具时，不能选用松节油为助染剂。

PP 基本配方举例（表 5-3）：

表 5-3 　　　　　　　　　　　　　**PP 的着色配方**

原料	用量	原料	用量
PP	100kg	白油(或 DOP)	30ml
钛白	0.05kg	钛菁蓝	0.015kg
硬脂酸盐	0.004kg		

（3）聚苯乙烯着色配方设计 PS 易于着色，是塑料中着色最好的品种，它可选用所有着色剂品种，可大量使用有机颜料和染料，无机颜料因不透明而用得少一些，PS 着色剂的使用量少，一般为 $0.1\%\sim0.2\%$。

对于透明聚苯乙烯制品，可选用溶于酯类油溶性染料。

PS 基本配方举例（表 5-4）：

表 5-4   PS 的着色配方

原料	用量	原料	用量
PS	100kg	磷酸三甲酚酯	30ml
油溶红	0.005kg		

（4）尼龙（PA）着色配方设计　常用无机颜料和炭黑，有机颜料和染料因不耐250℃高温配方设计一般很少使用。

PA 配方设计时应注意如下几点：PA 本身微黄色，着色剂遮盖力要高；PA 对水敏感，着色剂含水量要低，含结晶水着色剂不宜用。

PA 的基本配方举例（表 5-5）：

表 5-5   PA 的着色配方

原料	用量	原料	用量
PA	100kg	松节油	30ml
二氧化钛	0.03kg	永固黄	0.5kg

PA 成型温度较高，在 250℃以上，所以要注意所使用的着色剂的分解温度，最好使用无机颜料。

思 考 题

1. 着色剂一般分为几类？每类的特点是什么？
2. 在设计 PVC 着色剂配方时应注意什么？
3. 在设计 PVC 塑料门窗配方和透明 PS 玩具配方的着色剂应分别选用哪一类？
4. 尼龙着色配方设计应注意哪些问题？

5.2 抗 菌 剂

5.2.1 抗菌剂简介

抗菌剂是使一些细菌、霉菌、真菌、酵母菌等微生物高度敏感的化学成分，在塑料中的添加量很少，但能在保持塑料常规性能和加工性能不变的前提下，起到杀菌的功效，对塑料制品的发展起着十分重要的作用。

抗菌产品的抗菌性能可以通过在制品中掺入抗菌剂等功能材料而实现，通过表面接触杀灭或抑制在材料表面细菌的繁殖，保持制品长期的卫生性。抗菌产品的抗菌广谱性、持久性、安全性赋予了人们健康的生活环境。

5.2.2 抗菌剂的发展历史和主要生产厂商

现代抗菌材料的大规模应用始于第二次世界大战时期，德军穿戴经抗菌整理加工的军服，减少了伤员的细菌感染和伤病减员。20 世纪 60 年代以后，抗菌卫生织物开始在民用产品中推广。抗菌剂主要是添加有机锡和氯代酚等强抗菌性化学物质，80 年代中期后开发出多种季铵盐类硅烷抗菌整理剂。

20 世纪 80 年代，抗菌纤维的开发成功使抗菌纺织品的长效性得到更好的保证。日本无机抗菌剂的开发和应用在国际上居领先地位。目前中国抗菌行业的产业化和国际化同步，并已发展成为一个年产值约为 1000 亿元的新兴产业，覆盖家电、纺织、建材、卫生用品、日用品等领域。

5.2.3　抗菌剂作用原理

抗菌剂的作用机理以及抗菌剂对微生物作用方式就是干扰和破坏微生物细胞相关的生理、生化反应和代谢活动，最终导致微生物的生长繁殖被抑制，甚至死亡。

抗菌剂对微生物的作用与抗菌剂的浓度以及作用时间的长短有密切关系。有的只是使微生物的生命活动的某一过程因受阻而受到抑制，因而有杀菌作用和抑菌作用之分。抗菌剂和抗菌制品包含有杀菌和抑菌的双重作用。

抗菌机理一般可分为两大类：一类是破坏菌体的结构，另一类是影响代谢作用和生理活动。

破坏菌体的结构的情况又可分为几种类型：①作用于细胞壁，如季铵盐类可吸附带负电荷的细菌，引起胞壁结构损害，使内容物漏出。②作用于原生质膜。如有毒的重金属离子、嘧啶类、咪唑类抗菌剂。③对细胞内容物作用，如醌类、酚类、酮类等，涉及多种类的有机抗菌剂。

影响代谢作用和生理活动的可分为以下几种：①对酶体系作用，如 8-羟基喹啉酮、重金属离子、甲醛等。②抑制呼吸作用，如 2,4-二硝基苯酚抑制微生物的氧化磷酸化。③对有丝分裂影响，如 α-萘胺和酚类等。

一种抗菌剂对微生物的作用不是单一的，可能同时作用于几个方面，也可能作用于一点而产生多方面的影响。

5.2.4　抗菌剂主要品种

5.2.4.1　无机抗菌剂

无机抗菌剂是抗菌的高分子材料中应用最广泛、市场潜力最大的抗菌剂，它是利用无机物负载了具有抗菌性的金属离子，其中金属离子又以银、铜、锌、钛等金属及其复配的杀菌和抑菌性而制得的一类抗菌剂。

（1）磷酸盐类抗菌剂　耐高温性好、结构稳定、耐变色性优，是一类重要的无机抗菌剂，其主要品种有磷酸铝盐抗菌剂、磷酸钙盐（羟基磷灰石基）抗菌剂、磷酸钛盐抗菌剂等。

（2）银沸石类抗菌剂　沸石是碱金属或碱土金属的铝硅酸盐化合物。含银 2.5% 的银沸石抗菌剂对大肠杆菌和金黄色葡萄球菌效果优良，耐变色良好，是应用最为广泛的无机抗菌剂。

（3）陶瓷抗菌剂　陶瓷抗菌剂具有耐热、耐高温、颜色稳定好的优点。

（4）可溶性玻璃抗菌剂　可溶性玻璃抗菌剂可以缓慢地释放 Ag^+ 而产生抗菌效果，对大肠杆菌和金黄色葡萄球菌的有很好的抑菌效果。

（5）硅胶类抗菌剂　具有和金属离子进行交换的能力，通过含 Ag^+ 溶液处理，可以抑制细菌。

5.2.4.2　有机抗菌剂

（1）酚类有机抗菌剂

① 五氯苯酚（pentachlorophenol），又名 Penta，简称 PCP，结构式如下：

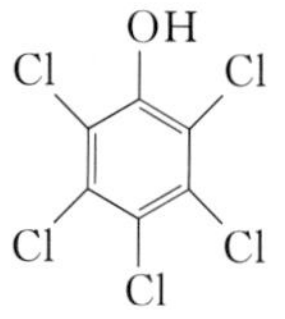

纯品为白色粉末或针状结晶，随蒸气挥发，熔点 174℃，沸点 309～310℃，300℃以上分解，具有刺激性气味；25℃饱和溶液的 pH 为 5.7，极易溶于乙醇和乙醚，易溶于苯和丙酮，微溶于水。

PCP 是目前广泛使用的抗菌防霉剂，抑制微生物能力高；分散在基材中不显色，化学性能稳定，挥发性低，抗菌防霉长效性好。主要应用于聚氯乙烯等塑料、橡胶、涂料、胶黏剂、纤维、木材、纸张等。

② 五氯酚钠（sodium pentachlorophenate），又名五氯苯酚钠，结构式如下：

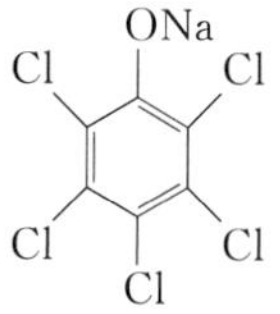

为白色或灰白色结晶，有芳香味；熔点 170～174℃，沸点 310℃；微溶于水、稀碱液、乙醇、丙酮、乙醚、苯和卡必醇等，微溶于烃类；五氯酚钠有很强的抗菌和防霉作用，毒性较低，是 FDA 批准的可以用于食品包装的添加剂，可作为木材、胶黏剂、涂料等材料的抗菌防霉剂。

③ 邻苯基苯酚（o-phenylphenol），又叫 2-羟基联苯，结构式如下：

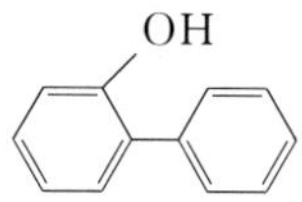

为白色针状结晶，熔点 57℃，沸点 285℃，闪点 123℃，低毒；溶于水、乙醇、异丙醇等溶剂。可广泛用于胶黏剂、涂料、塑料、橡胶、皮革、纤维、切削油等领域的抗菌防霉。

（2）季铵盐类和胺类有机抗菌剂　N,N-二甲基-N'-苯基-（氟二氯甲基硫代）-磺酰胺结构式如下：

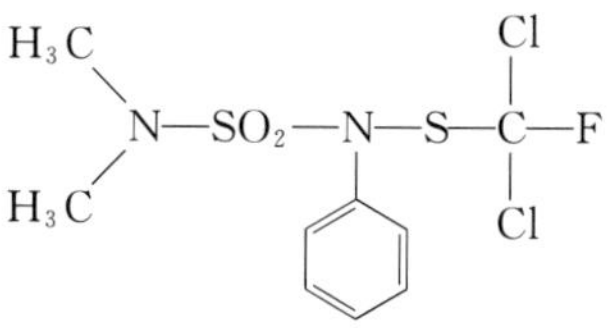

白色粉末，熔点 105℃，分解温度 120℃。不溶于水，溶于氯甲苯、邻二氯苯、醋

酸乙酯、甲醇、二甲苯等溶剂。对细菌和霉菌都有明显的抑制作用，其 LD_{50} 为 4760mg/kg，是实际无毒产品。不可用于需要高加工温度的塑料中，可用于橡胶制品和涂料中。

（3）吡啶类有机抗菌剂　2,3,5,6-四氯-4-甲磺酰基吡啶，也叫道维希尔，结构式如下：

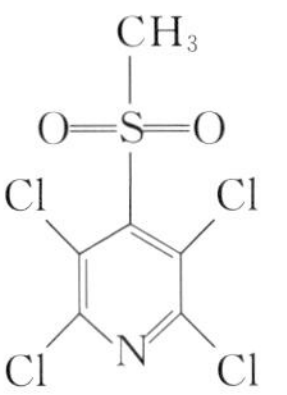

白色粉末，熔点 141～143℃，挥发性低，属于低毒物质；难溶于水，溶于二甲基甲酰胺、丙酮、丁酮、二氯甲烷、苯等有机溶剂；对多种细菌和霉菌都有明显的抑制或杀灭作用，而且效果持续时间长。可广泛应用于涂料、塑料、建材等各种材料的抗菌防霉。

（4）含卤素类有机抗菌剂　2,4,4′-三氯-2′-羟基二苯醚（triclosan），Ciba 精化公司称 Irgasan-300、DP-300 等，中文名称为玉洁新，结构式如下：

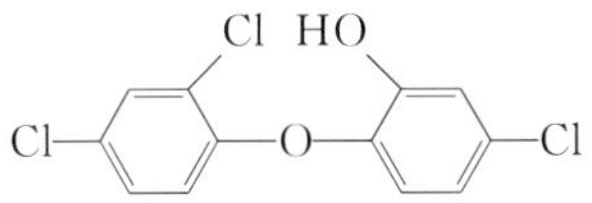

本品为具有芳香气味的白色结晶粉末，无毒；熔点 56～60℃，分解温度 270℃；微溶于水，溶于乙醇、丙酮、乙醚和碱性溶液。可直接添加或先制成浓缩母粒再添加到 LDPE、HDPE、PP、EVA、PMMA、PS、PVC 及 PU 等多种塑料及其制品中。

（5）腈类有机抗菌剂　2,4,5,6-四氯-1,3-间苯二腈（TBN），俗称百菌清，结构式如下：

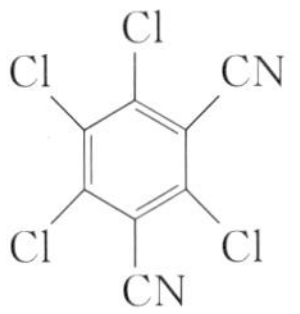

白色无味结晶，工业品经常为略有刺激气味的浅黄色结晶。熔点 250～251℃，沸点 350℃。溶于丙酮、环己烷、二甲亚砜、二甲苯等有机溶剂，在水中溶解度极低。常温下对酸、碱及紫外光等化学性能稳定，在强碱中容易分解，不腐蚀金属等。具有优异的热稳定性能，毒性极低。可广泛应用于涂料、皮革、木材、塑料等行业。

（6）有机金属抗菌剂　双-(8-羟基喹啉基)-铜（copper-8-quinolinolate），结构式如下：

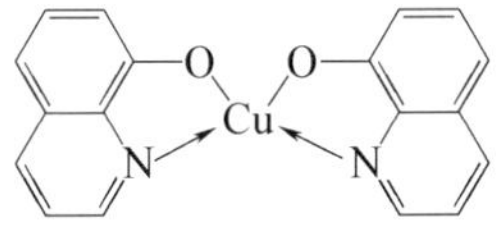

一种黄绿色粉末，分解温度超过 270℃，毒性较低；在各种溶剂中的溶解度都不

大，但和 2-乙基己酸镍混合可提高其溶解性；化学稳定性好，不挥发，在紫外线下也很稳定。可作为织物、皮革、塑料和涂料等的抗菌防霉剂。

（7）咪唑类有机抗菌剂　苯并咪唑氨基甲酸甲酯（BCM），俗称多菌灵，结构式如下：

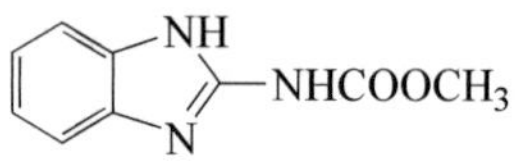

$$\text{(结构式)} \quad \text{NHCOOCH}_3$$

白色结晶，熔点 302～307℃；微溶于水、乙醇、苯等溶剂；对热、光、碱性环境稳定，在酸性环境中易与酸结合生成盐；毒性低，是实际无毒物质。可应用于塑料、橡胶、胶黏剂、纤维、皮革、木材、涂料、纸张。

（8）天然抗菌剂　天然抗菌剂是天然提纯物，如壳聚糖、桧木醇、辣根、江南竹油等，均具有抗菌性。比较常用的是壳聚糖。

（9）高分子抗菌剂　吡啶型主链的高分子具有杀灭细菌的功能，并证实了吡啶高分子的杀菌机制是通过分子链吸附微生物的功能捕捉细菌，并通过分子链所带的电荷和微生物起作用，从而使微生物失去活性，完成杀菌过程。带吡啶侧基的聚烯烃材料，具有明显的杀菌功能。1997 年美国又研制出一种具有抗菌功能的聚苯乙烯己内酰脲，简称 POLY1。

思　考　题

1. 抗菌剂的主要用途是什么？
2. 抗菌剂的作用原理是什么？
3. 思考一下，选择抗菌剂时需要注意哪些问题。

5.3　防　霉　剂

5.3.1　防霉剂简介

防霉剂是一类能抑制霉菌生长和杀灭霉菌的添加剂，其作用是使高分子材料免受真菌侵蚀，保持良好的外观和物理性能。

不论是天然高分子、合成高分子还是某些金属材料，都会受到微生物的侵蚀，其中，天然高分子的木制品、纤维制品、皮革等非常容易受霉菌的侵蚀。而像塑料、合成橡胶这一类合成高分子，虽然一般比天然高分子抗微生物性要强些，但在某些情况下，也会发生类似的微生物侵蚀。

由于微生物尤其是霉菌（真菌）的作用，会使材料变色，产生霉斑，甚至生长菌丝。用显微镜可以观察到材料被侵蚀的地方有许多微细的穿孔。一般而言，塑料中加入添加剂以改善产品的性能，比如增塑剂、着色剂、稳定剂、抗氧剂等来满足人类的使用要求，但同时也为霉菌的生长提供了营养物质。置于自然环境中使用，尤其是在华南一带，高温湿热的天气就会使塑料制品滋生各种霉菌。霉菌的生长和蔓延，使塑料制品内部分子结构遭到破坏，物理性能和电气性能降低，从而影响使用寿命，限制了塑料的进一步发展和应用。因此，塑料制品的防霉技术引起关注，提高材料的防霉性能，对塑料发展有着至关重要的意义。

霉菌种类繁多，在适当的温度和湿度（温度 26～32℃、相对湿度在 85％以上）下极易繁殖。但某些霉菌在 0℃以下或在高达 65℃时仍能够生存。当相对湿度在 95％～100％时，其生长最为迅速，而温度低于 70％时则很少能够生长，但霉菌孢子在低湿度下仍能够长存。

霉菌生长所需要的养分大致有：能源（利用分解反应热），碳源（葡萄糖、淀粉、有机酸），氮源（胺盐、硝酸盐、氨基酸、蛋白质），无机盐类（Ca、Na、Mg、K、P、S、Fe 等盐类）以及维生素。目前，添加防霉剂是塑料制品中最常用的防霉技术。

对合成高聚物纯树脂而言，除少数树脂（聚氨酯、醋酸树脂等）外，绝大多数是不易受霉菌破坏的。但是，由于添加了如增塑剂、润滑剂、稳定剂等这些容易滋生霉菌的物质，当它们受霉菌破坏时，则会导致制品的微生物老化。纯聚氯乙烯本身对霉菌具有化学抵抗力，但含大量增塑剂的软质制品如薄膜，则会因增塑剂受破坏而老化。不同的增塑剂受霉菌破坏程度是不一样的。

5.3.2　防霉剂作用机理

防霉剂对霉菌有杀灭作用，是通过降低或消除霉菌细胞内各种酶的活性，消灭孢子或破坏、阻止其发芽来实现防止霉菌生长的目的。

防霉剂必须具备有防霉效果突出的特点，耐水性能优异，要求用量小，并具有良好的耐热性，其分解温度要高于塑料加工成型温度，与树脂和其他助剂的相容性好，不发生有害的化学反应，且毒性要小。

5.3.3　防霉剂品种

防霉剂可分为天然防霉剂、无机防霉剂、有机防霉剂和复合防霉剂等四类。这里主要介绍有机防霉剂。

5.3.3.1　取代芳烃类

取代芳烃类主要以卤代酚应用最多，是有效的防霉剂，它们主要用于增塑 PVC。五氯苯酚和五氯苯酚钠等酚类化合物在抗菌剂中已经介绍，它们同时也是优良的防霉剂。

5.3.3.2　有机金属化合物

有机金属化合物防霉剂的品种较多。不同金属显示抑制霉菌的能力也各不相同，根据其防霉能力大小，大致顺序如下：Ag＞Cu＞Ni＞Zn＞Fe＞Mn＞Mg。以前使用的有机汞、镉、锡因为其毒性，应禁止使用。

5.3.3.3　酰胺类化合物

酰胺类化合物防霉剂主要有水杨酰苯胺及其卤代衍生物。

水杨酰苯胺为白色或乳白色粉末，熔点 135.8～136.2℃，无臭、无刺激性，防霉杀菌效力强。常用于聚氯乙烯电缆料的防霉剂。

5.3.3.4　杂环化合物

① 5,6-二氯苯并恶唑啉酮。为白色或米黄色粉末，熔点 196～197℃，挥发性低，在水中溶解度低，毒性较小，用量为 1％。使用时将其直接拌入物料，也可溶于乙醇或

香蕉水中再加入到物料中。用于塑料、电工材料及其制品，防霉效果优良。

② N-(三氯甲基硫代) 邻苯二甲酰亚胺，又名灭菌丹。为粉末状物，熔点175℃，无刺激性，杀菌防霉效力高，热稳定性好，可作为聚氯乙烯及乙烯基塑料的防霉剂，适用于压延、挤塑和增塑糊等制品；与树脂相容性好，可用于透明和不透明制品。

③ 2-(4-噻唑基) 苯并咪唑。为白色或淡黄色粉末，最初由美国迈克公司作为农药和食品用杀菌剂而开发，化学稳定性好，能耐300℃高温，用量为0.05%～0.1%。加入塑料薄膜和板材材质中，或涂敷其表面，可防止霉菌的滋生；也可用于电子线路板用环氧树脂或聚氨酯树脂的防霉处理。

5.3.3.5 有机磷化物

这一类以磷酸酯增塑剂为主，卤代磷酸酯可兼作阻燃剂，防霉效能更高。

5.3.3.6 防霉环氧增塑剂

环氧四氢邻苯二甲酸二（2-乙基己）酯即EPS，是很好的防霉性增塑剂。主要优点是无毒性，在软质PVC防霉配方中应用较广。

5.3.4 防霉剂的应用

由于防霉剂的加入，可能会影响材料物理性能和力学性能，所以在选择时主要考虑如下几点。

① 添加量少，适用范围广，对侵蚀塑料制品的各种霉菌都具有极高的杀灭能力，在使用中应对人和环境无害。

② 本身的稳定性高，耐热、耐候性良好，对电性能影响小。

③ 升华性小，不易被水、油或溶剂抽出，无色无味，低挥发性。

④ 使用方便，价格低廉等。

应用举例（表5-6）：

表5-6 抗菌防霉PVC配方

原料	用量/份	原料	用量/份
PVC基体	40～60	PSA纤维	1～5
氰脲酸三聚氰胺	3～5	纳米氧化铜	3～5
缩水甘油醚型环氧树脂	1～3	纳米锌	3～5
三乙烯二胺	1～3	异噻唑啉酮化合物	4～6

思 考 题

1. 防霉剂的主要作用效果是什么？为什么要使用防霉剂？
2. 防霉剂的作用原理是什么？

5.4 阻 燃 剂

5.4.1 阻燃剂简介

阻燃剂，是能够赋予易燃材料难燃性的功能性助剂，也被称为防火剂。

大多数高分子材料都是易燃材料,容易引发火灾,如聚乙烯、聚丙烯、聚甲基丙烯酸甲酯和聚苯乙烯等是极易燃烧的。现在国内外法律法规对建筑和电器用品中使用的高分子材料的阻燃性能有明确的规定,以减少和避免火灾,提高高分子材料应用的安全性。现在对汽车、飞机、船舶、建筑材料、家具、采油、煤矿、家用电器、计算机、电讯仪表和器材等都提出,要求采用难燃的高分子材料,即在制品中采用具有不燃性或自熄性功能的高分子材料。为此,在高分子材料配方中需要加入阻燃剂来提高其防火阻燃性能。

5.4.2　阻燃剂的发展历史和主要生产商

阻燃剂是当代发展最快的一类助剂,在 20 世纪 50 年代才开始应用到工业上,随着人们对材料的安全性越来越重视,70 年代后得到迅速的发展。

我国的阻燃技术虽然起步较晚,但从 2000 年以后,阻燃产业得到迅速发展,形成了以山东和江苏为中心的溴系阻燃剂生产基地,以江苏、浙江、广东为中心的无卤阻燃剂生产中心,几乎可以生产所有的阻燃剂品种。

5.4.3　高分子材料的燃烧及燃烧性能的评定

最常用的衡量材料燃烧难易的参数为极限氧指数测试和燃烧试验箱测试,可以分别获得极限氧指数值（Limiting Oxygen Index,LOI）和燃烧等级。

极限氧指数的定义是在一定的氮气、氧气混合气体流速下,样品能够维持燃烧所需的最低氧气的体积分数。通常大气中氧气浓度为 20.8%（体积分数）,因此,一般认为通常塑料的 LOI 小于 21% 时属易燃材料,而当 LOI 值大于 21% 时开始具有一定的阻燃效果,显然 LOI 的值越大的高分子材料越难燃烧,阻燃性能越好。经测试一些高分子材料的极限氧指数的有关数据如表 5-7。

表 5-7　　　　　　　　　　部分高分子材料的极限氧指数

塑 料 品 名	LOI/%	塑 料 品 名	LOI/%
聚甲醛(POM)	16.1	聚酰胺(PA1010)	25.5
聚氨酯(PU)	17~18	软质聚氯乙烯(SPVC)	26.0
发泡聚乙烯(PE)	17.1	聚酰胺(PA6)	26.4
聚甲基丙烯酸甲酯(PMMA)	17.3	酚醛树脂(PF)	30.0
聚乙烯(PE)	17.4	聚苯醚(PPO)	30.0
聚丙烯(PP)	18.0	聚酰胺(PA66 8%水)	30.1
聚苯乙烯(PS)	18.1	聚砜(PSF)	32.0
丙烯腈-丁二烯-苯乙烯共聚物(ABS)	18.2	密胺树脂(MF)	35.0
环氧树脂(EP)	19.8	聚酰亚胺(PI)	36.0
聚对苯二甲酸丁二醇酯(PBT)	20.0	聚苯硫醚	40.0
聚对苯二甲酸乙二醇酯(PET)	20.6	纯聚氯乙烯(PVC)	45.0
氯化聚醚	23.0	硬质聚氯乙烯(HPVC)	50.0
聚酰胺(PA66-F)	24.3	聚偏氯乙烯(PVDC)	60.0
聚碳酸酯(PC)	24.9	聚四氟乙烯(PTFE)	95.0

燃烧试验箱对于阻燃等级的测定可以依据不同标准，主要有美国保险业实验室的UL94 燃烧等级标准和中国国家标准，两个标准基本一致。UL94 标准将塑料按燃烧时间、燃烧长度、有无滴落以及滴落物是否引燃脱脂棉等结果将阻燃性分为 V-0 级、V-1 级、V-2 级和无级别，其中 V-0 级材料阻燃性能最好。

5.4.4　阻燃剂的作用机理

火灾通常是由可燃物燃烧引发，而燃烧必备四个条件：可燃物、氧气、点火源和热量反馈。阻燃材料大都是通过添加阻燃剂来达到阻燃效果的。阻燃剂就是在可燃物燃烧过程中能阻止或抑制燃烧过程，为了实现阻燃作用，阻燃剂通常针对燃烧的四个条件发挥作用，终止燃烧过程。

（1）在凝聚相中发挥作用　阻燃剂使可燃物的表面进行炭化或者形成不挥发残留物覆盖在材料表面，达到隔绝空气和阻止可燃性气体释放的阻燃效果。这种阻燃剂主要有卤化物、金属氢氧化物、硼酸盐和磷氮阻燃剂，或者这几种阻燃剂间的相互反应生成的物质。

（2）在气相中发挥作用　在燃烧过程中产生的自由基链式反应是导致燃烧的根源之一，阻燃剂的分解产物将产生的气相活泼自由基切断从而达到阻燃的目的。主要是卤化物和含磷化合物，卤自由基和磷氧自由基对于气相的自由基链式反应具有很好的淬灭效应。

（3）吸热效应、减少可燃物和稀释可燃物质　这种阻燃机理主要是运用在燃烧过程中阻燃剂分解吸收热量，从而降低聚合物基体的分解速率，通过炭化减少可燃性物质的释放，释放水汽、氨气等不可燃气体，稀释可燃性气体，减弱燃烧过程中的自由基链式反应程度，从而抑制燃烧过程。

多数阻燃剂都是通过若干途径共同作用达到阻燃目的。

5.4.5　阻燃剂分类

（1）反应型阻燃剂　反应型阻燃剂通常含有可反应的活性官能团，将反应型阻燃剂的单体添加于聚合物或预聚物中，通过化学反应成为树脂成分的一部分，制备阻燃聚合物。如用四溴双酚 A 代替双酚 A 制备阻燃环氧树脂，用二溴新戊二醇可作为聚氨酯泡沫塑料的反应型阻燃剂制备阻燃聚氨酯。

（2）添加型阻燃剂　添加型阻燃剂通常不含有活泼的反应官能团，将其添加于聚合物中，不与聚合物发生化学反应，通过共混制备成阻燃聚合物。比如氢氧化镁被添加于EVA 树脂中制备成阻燃电缆料，将十溴二苯乙烷和三氧化二锑添加于 ABS 中制备阻燃ABS 等。

5.4.6　主要阻燃剂品种及性质

阻燃剂主要按阻燃元素分类，可分为卤系、磷氮系、硼系、硅系、金属氢氧化物和氧化物等。

（1）卤系阻燃剂　卤系阻燃剂包括含氯阻燃剂、含溴阻燃剂和含氟阻燃剂，其中含溴阻燃剂应用最为广泛。卤系阻燃剂的优点是用量少、阻燃效率高且适应性广，长期使用稳定性好，电气性能好。但其严重缺点是燃烧时烟量大，生成大量具有刺激性、腐蚀性的气体。

氯系阻燃剂虽然价格便宜，但稳定性差，已部分被溴系阻燃剂取代，已经不作为主要的阻燃剂品种来使用。

有机溴系阻燃剂是当前最有效，使用最广泛的阻燃剂，包括十溴二苯乙烷、四溴双酚 A、溴化环氧树脂、溴化聚苯乙烯、八溴醚等。这类阻燃剂主要是通过与氧化锑共同作用分解产生的不可燃的三溴化锑气体覆盖在聚合物表面而阻止氧的供给，从而达到阻燃效果。溴系阻燃剂与氧化锑并用可以明显提高其阻燃效果，应用过程中阻燃剂中溴原子的物质的量与锑原子的物质的量比例为 2:1。

目前，在众多的溴系阻燃剂中，十溴二苯醚和六溴环十二烷被确定具有持久性有机污染作用，因而在《斯德哥尔摩公约》中列为禁用。

① 十溴二苯醚。十溴二苯醚（DBDPO）是一种含溴量高的添加型阻燃剂，其熔点高达 304℃、分解温度为 425℃，其结构式如下，主要用于 HIPS、ABS、PE、PP 等热塑性树脂及各种热固性树脂。有机溴系阻燃剂在众多阻燃剂中是加入量较小的，例如在 PP 中加入 10~20 份十溴联苯醚与三氧化二锑配合，使原来 PP 的氧指数由 17% 升高到 25%~35%。目前已经在《斯德哥尔摩公约》中列为禁用。

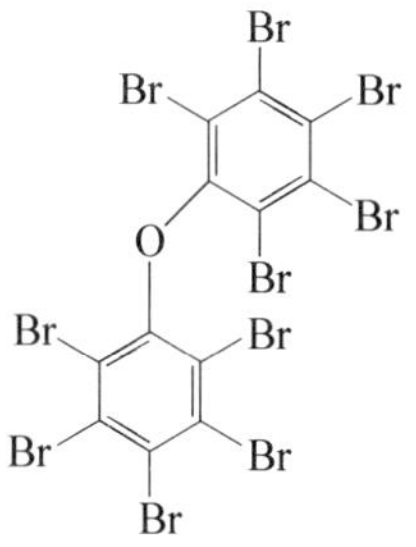

② 十溴二苯乙烷。十溴二苯乙烷是一种使用范围广泛的广谱添加型阻燃剂，是十溴二苯醚的替代产品，呈白色粉末状，熔点≥345℃，结构式如下。其溴含量高，热稳定性好，抗紫外线性能佳，较其他溴系阻燃剂的渗出性低。本品适用于聚苯乙烯、高苯乙烯、ABS、环氧树脂、弹性体等胶黏剂和密封剂，特别适用于生产电脑、传真机、电话机、复印机、家电等的高档材料的阻燃。

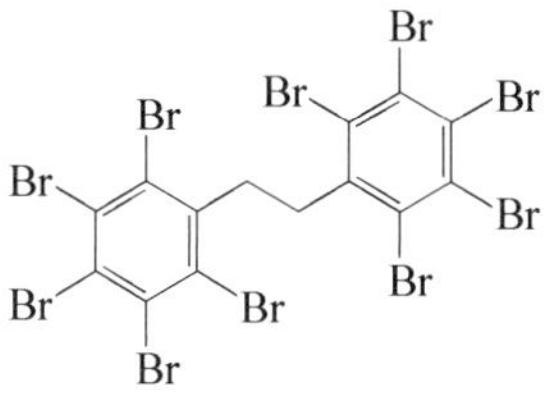

③ 四溴双酚 A。四溴双酚 A 为白色粉末，熔点 179~182℃，结构式如下。其溴含量 58%，是常用的反应型溴系阻燃剂之一。作为反应型阻燃剂，可用于制备溴化环氧

树脂、八溴醚、四溴苯酐等阻燃剂和阻燃材料。

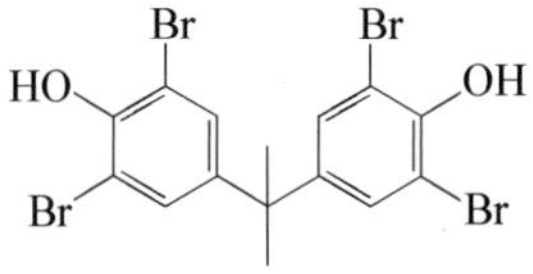

④ 溴化环氧树脂。溴化环氧树脂一种高分子聚合物产品，具有很好的自熄性和耐热性。它不仅具有一般环氧树脂的优良的电气绝缘性和粘接性，还具有优异的自阻燃性，主要用作各种阻燃复合材料、结构材料、胶黏剂、涂料，广泛用于建筑、航空、船舶、电子电器行业。溴化环氧树脂通常按相对分子质量可分为低、中、高三种。低相对分子质量适于阻燃 ABS 和 HIPS，高相对分子质量适合 PBT、尼龙和 PC/ABS 合金。

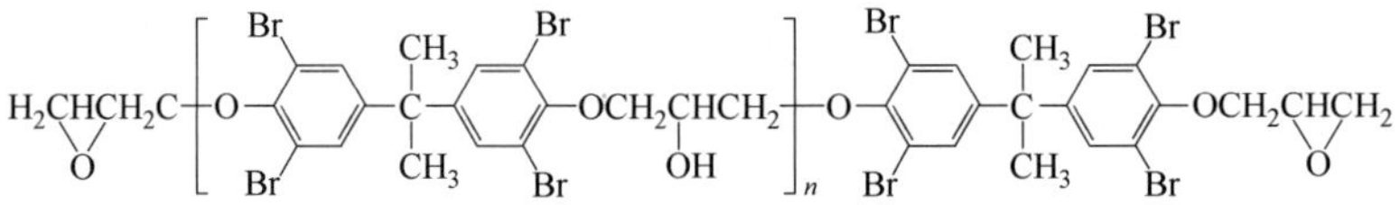

EP型溴化环氧树脂

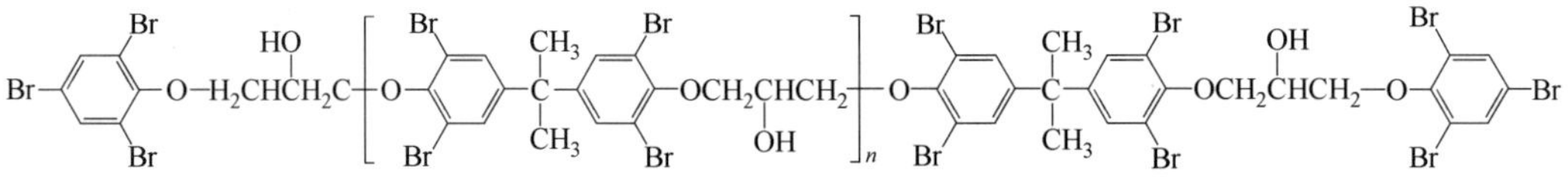

EC型溴化环氧树脂

⑤ 溴化聚苯乙烯。溴化聚苯乙烯的发展与溴化环氧树脂类似，也是近年发展较快的一个高相对分子质量阻燃剂品种。溴化聚苯乙烯具有相对分子质量大，热稳定性好，在高聚物中分散性和混容性好，易于加工，不起霜等优点，主要应用在 PA、PBT、PET 等热塑性树脂中。

（2）磷系阻燃剂　磷系阻燃剂大都具有低烟、无毒（部分磷酸酯有水生生物毒性）等优点，符合阻燃剂的发展方向，具有很好的发展前景。磷系阻燃剂包括红磷、磷酸酯、磷酸盐和焦磷酸盐、磷杂菲化合物和磷腈化合物等，但应用最广的是磷酸酯和焦磷酸盐，磷杂菲和磷腈两类磷系阻燃剂的研究比较热门，有少量的产品进入商用领域。

① 红磷又称赤磷，含磷量接近 100%，红棕色粉末，相对密度 2.3，无毒、着燃温度 260℃。红磷在聚乙烯中含量为 8% 时，其氧指数由原来的 18.6 提高到 26.2，含量超过 8% 氧指数反而下降到 21～24。用 1%～2% 红磷量的氯化石蜡对红磷进行表面处理，提高其在树脂中的分散性。另外可用环氧树脂或酚醛树脂包覆红磷，以掩盖红色。

② 磷酸酯化合物通常为小分子液体形态，由于其具有低黏度、良好的相容性等特点，可以广泛应用于聚氨酯、环氧树脂等热固性材料中，也可以应用于聚酯等材料的阻燃。

③ MP 是三聚氰胺磷酸盐，白色固体粉末，无其他气味。MP 受热到 240～250℃以上时，开始失水，所以其初始失重温度不高，难以被应用于需要高温加工的材料中，常用于如聚丙烯、生物降解塑料、涂料等材料中。

④ 三聚氰胺聚磷酸盐（MPP）可以由 MP 脱水制得，MPP 为白色固体粉末，着色

性能优越，分散性好，无其他气味，热稳定性好，水溶性小，发烟性小。比 MCA 的分解温度高，加工过程不影响基材的表面光洁度，在防火涂料中添加也不明显增加涂料黏度。MPP 可单独用于玻纤增强阻燃 PA66，也可以与季戊四醇等炭源一起应用于聚烯烃、玻璃纤维增强阻燃 PA6、EVA 等材料中，它也可以与聚磷酸铵一起复合使用。MPP 在某些条件下可以替换聚磷酸铵（APP）使用。

⑤ 磷杂菲 DOPO 通常作为反应型阻燃剂被引入到其他结构中，由于 DOPO 结构的非平面性和大体积特性，通常引入 DOPO 会由于非对称效应和自由体积效应降低材料的玻璃化转变温度。

⑥ 磷腈结构由于具有非共轭的特性，呈现柔软的分子结构特性，软化温度较低，但热稳定性良好，考虑到单一磷腈结构阻燃效率的不足，应筛选适当磷腈取代基团以获得更加优异的阻燃效率，同时取代基团也将直接影响磷腈阻燃剂热稳定性的高低。

⑦ 有机次磷酸盐热稳定性很高，阻燃效率随其烷基侧基的增长而降低，可以适用于尼龙的阻燃，与三聚氰胺类阻燃剂复合使用效率更高。

（3）铵盐型无机阻燃剂　铵盐类阻燃剂由于制备简单、清洁生产、应用和废弃时可无害降解等特性符合目前材料科学发展中循环经济、低碳生产、环境友好的要求而越来越受到关注。其主要品种包括聚磷酸铵（APP）、三聚氰胺氰尿酸盐（MCA）、三聚氰胺磷酸盐（MP）、三聚氰胺聚磷酸盐（MPP）等。

① 聚磷酸铵，又称多聚磷酸铵或缩聚磷酸铵，简称 APP，为白色结晶或无定形微细粉末。APP 无毒无味，其水溶性和吸湿性随聚合度的增加而降低，初始分解温度大于 250℃，含磷量 30%～32%，含氮量 14%～16%，燃烧生烟量极低。APP 作为无卤阻燃剂的主要品种，目前应用普遍，但其单独阻燃作用有限，作为膨胀型阻燃体系的酸源和气源，与其他无卤阻燃助剂复配使用，可以获得优异的阻燃性能，主要用于防火涂料和塑料橡胶阻燃助剂的常用组分之一。

② 三聚氰胺氰尿酸盐（melamine cyanurate，MCA）是由三聚氰胺和氰尿酸经酸碱成盐反应制备的化合物，该化合物呈现白色粉末状固体，该化合物具有亲水性，难溶于水，在醇类、酯类以及醚类溶剂中溶解度均极低。热稳定性高，初始分解温度高于 290℃，甚至 300℃ 以上。MCA 可以单独应用阻燃尼龙 6，MPP、MP、MCA 可以与烷基次磷酸盐复配使用用于阻燃尼龙和聚酯。

（4）金属氧化物和氢氧化物

① 氢氧化铝，亦名三水合氧化铝（ATH），分子式为 $Al(OH)_3$ 或 $Al_2O_3 \cdot 3H_2O$，氢氧化铝的相对分子质量为 78.00，$Al_2O_3 \cdot 3H_2O$ 的相对分子质量为 156.00，氢氧化铝具有阻燃、消烟、填充三个功能，不会产生二次污染。$Al(OH)_3$ 的缺点是阻燃效果低，加入量要达到 40%～60% 效果才明显。大量的加入会导致材料力学性能下降，$Al(OH)_3$ 在 200℃ 开始分解，使用时应注意混合物的加工温度应低于 200℃。氢氧化铝可与多种物质并用，起协同阻燃作用。如 $Al(OH)_3$、$Mg(OH)_2$ 与氧化锑、含卤的化合物并用可以明显提高其阻燃效果。

② $Mg(OH)_2$ 的阻燃作用与 $Al(OH)_3$ 相似，只是分解温度为 340℃，高于 $Al(OH)_3$ 的 200℃，与 $Al(OH)_3$ 按 1∶1 比例并用，协同阻燃效果好。与 $Al(OH)_3$ 一

样加入量要达到40％～60％效果才明显，大量的加入会导致材料力学性能下降。

（5）锑系阻燃剂 三氧化二锑（Sb_2O_3）为最常用的锑系阻燃剂，为白色粉末，熔点654℃，沸点1456℃，其蒸气较重，易附着在材料表面，隔绝空气起到阻燃作用。常与含卤阻燃剂或含磷阻燃剂并用。

（6）硼酸锌 硼酸锌具有阻燃、抑烟、成炭、抑阴燃和防止熔滴生成等多种功能。在阻燃不饱和聚酯、环氧树脂、PBT、PET及尼龙等多种塑料中，硼酸锌可单独用做卤系阻燃剂的增效剂，全部代替氧化锑，也可与氧化锑混合使用。但硼酸锌的增效作用与卤系阻燃剂的类型十分有关。

5.4.7 阻燃剂的应用

5.4.7.1 阻燃剂应用规律

阻燃剂在应用过程中应具备的如下考虑如下问题：

① 不降低或很少降低材料原来的物理、力学性能以及电性能。

② 阻燃剂的分解温度应高于高分子材料加工的条件。因为它必须保证在高分子材料成型加工时不致分解，但受强热时急剧地分解发挥其最大的阻燃效果。

③ 具有较好的耐候性。

④ 迁移性小，即在制品中能较长期保持其阻燃效力，不应在使用期丧失其阻燃作用。

⑤ 与聚合物相容性好，容易分散。

⑥ 阻燃剂不污染制品、无臭味、低毒性。

⑦ 价格适中。

5.4.7.2 阻燃配方

① 配方举例一（表5-8）。

表5-8 PBT电器阻燃配方（UL94 V-0级，3.2mm，LOI 31％）

成分	用量/％	成分	用量/％
PBT	76.7	阻燃剂溴化环氧树脂	18
抗氧剂1010	0.4	协效剂三氧化二锑	5
抗氧剂168	0.2		

② 配方举例二（表5-9）。

表5-9 PA6阻燃配方（UL94 V-0级，3.2mm；LOI 34％）

成分	用量/％	成分	用量/％
PA6	76.7	二乙基次磷酸铝	18
抗氧剂1010	0.2	三聚氰胺氰脲酸盐	5
抗氧剂168	0.1		

③ 配方举例三（表5-10）。

表5-10 无卤阻燃聚丙烯阻燃配方（UL94 V-0级，3.2mm；LOI 32％）

成分	用量/％	成分	用量/％
PP	77.4	聚磷酸铵	17
抗氧剂1010	0.4	成炭剂	5
抗氧剂168	0.2		

思 考 题

1. 阻燃剂根据阻燃元素分类有几种，它们的主要作用机理是什么？
2. 膨胀阻燃系统主要由哪几部分组成？它们的作用机理是什么？
3. 设计一个氧指数为 30% 的 PE 阻燃制品的配方和氧指数为 32% 的 PBT 电子配件。
4. 极限氧指数的概念是什么？UL94 阻燃等级是什么？

5.5　防　雾　剂

5.5.1　防雾剂定义和用途

防雾剂是防止水蒸气冷凝在塑料薄膜上形成一层水滴阻挡光线通过的助剂，其作用是使塑料薄膜或薄板形成亲水界面，当空气中所含水蒸气已达饱和，水蒸气冷凝在塑料薄膜或薄板上，由于薄膜是亲水界面，水冷凝在表面上形成水膜而不是微小的水滴，当光线照射进来，水膜只是产生一定的折射，并不影响光线的透过。如果形成水滴，则会造成光线的漫反射，严重降低光线透过性。防雾剂实际上是一种表面活性剂，主要应用于两个方面：

（1）食品包装塑料膜　当塑料包装的食品（例如肉制品）在冰箱中冷藏时，密闭于包装中的空气被冷却，于是空气中的水蒸气会在塑料薄膜表面冷凝为液滴，严重影响包装物的美观。因此塑料包装需要进行防雾处理。

（2）农膜　农业大棚膜是当前农业生产的重要设施。由于大棚膜内温度、湿度都高于外界，棚内中空气湿度大，水蒸气冷凝在塑料薄膜表面，容易形成水滴则造成薄膜透光性下降，对植物的生长十分不利。所以需要采用防雾剂保证阳光的透过。

5.5.2　防雾剂的作用机理

防雾剂可分成下述两类：外涂覆型防雾剂、内添加型防雾剂。

外涂覆型防雾剂以喷涂或浸渍的方式应用，其优点是防雾剂集中在表面，在用量很少时也可立即生效，缺点是很容易从塑料膜表面损失，因而通常只能发挥短时间作用。但外防雾剂使用方便，费用低。

内添加型防雾剂具有长期有效性。将内添加型防雾剂加入聚合物中后，它可迁移至塑料膜表面。表面的防雾剂由于水洗及磨蚀损失后，聚合物内部的防雾剂又重新迁移至材料表面补充，直至聚合物所含防雾剂全部耗尽。

防雾剂的作用机理都是利用非离子表面活性特殊的分子结构，一部分为亲水基团，一部分为亲油基团，当加入到塑料膜后，由于亲水基团的作用，防雾剂分子向薄膜表面迁移，亲水基团迁移到薄膜表面形成亲水基团层如图 5-1 所示。

5.5.3　内添加型防雾剂品种

内添加型防雾剂主要应用于生产具备长效防雾性的农用塑料棚膜，即将该类防雾剂

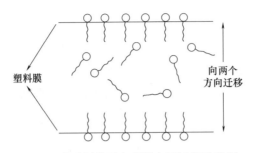

图 5-1 防雾剂分子向薄膜表面迁移示意图

与聚合物原料共混后，再经过挤出和吹塑等工艺制得防雾农用塑料棚膜。目前，生产农用塑料棚膜的防雾剂主要是由具有长碳链亲油基和亲水基构成的多种非离子型表面活性剂复配而成，例如，脂肪酸多元醇、脂肪酸聚氧乙烯基胺及含硅、硼和氟等特种非离子型表面活性剂。

常用的内添加型多元醇防雾剂的重要类别有：丙三醇酯、聚丙三醇酯、脱水山梨糖醇酯、乙氧化衍生物、乙氧化壬基酚、乙氧化醇等，其结构式如下。

丙三醇-油酸酯结构

聚丙三醇酯结构

脱水山梨糖醇酯结构

乙氧化脱水山梨糖醇酯结构

乙氧化壬基酚结构

乙氧化醇结构

有机胺类的表面活性剂主要包括非离子型叔胺化合物和部分季铵盐类的化合物。该产品防雾效果较好，持久性强，具有一定的毒性和杀菌性。

烷基酚类主要指烷基酚聚环氧乙烷醚、乙氧基化烷基酚醛树脂及烷基酚醛树脂与环氧乙烷、环氧丙烷的加成物等。烷基酚类化合物是全球第二大类非离子表面活性剂。

有机硼类表面活性剂分子的亲水基中含有硼元素，与水分子可形成 B—O 键。它的沸点高、不易挥发、高温下较稳定，能用作聚氯乙烯、聚丙烯酸甲酯的抗静电剂和防雾剂，无腐蚀性，毒性较低，但在水中能水解。

有机硅类的防雾剂按疏水基来分，可分为硅烷基型（Si—C 键）和硅氧烷型（SiO—C 键）两类，硅烷基型结构稳定，不易水解，硅氧烷型因硅氧键不稳定，容易在酸性溶液中水解。此类活性剂表面活性好，仅次于含氟表面活性剂，润湿性好，消泡性好，热稳定性高，毒性小，刺激性低，但生物降解性较差，成本高。目前用于防雾剂的含硅表面活性剂多为非离子型，一般是聚甲基硅氧烷和环氧乙烷的加成物，它们均具有优良的润湿性能。

含氟表面活性剂就是碳氢链亲油基上的氢原子完全被氟原子取代了的表面活性剂。含氟表面活性剂活性高，耐热性、耐化学性也较高，其防雾效果是目前诸多表面活性剂中最好的，但成本太高限制了其市场应用。含氟消雾剂用量一般为含硅的 $1/3 \sim 1/2$。

5.5.4　外涂覆型防雾剂品种

外涂覆型防雾剂在使用上比内添加型防雾剂更为简便易行，可直接喷涂或涂覆在塑料材料表面。根据其主要成分的不同，可分为表面活性剂型、高分子型、有机-无机杂化型。

将防雾剂直接涂覆在透明材料上是早期进行防雾研究所采用的方法。在实际应用中，阴离子与非离子表面活性剂复合型防雾剂的效果，要优于单独的离子或非离子表面活性剂型防雾剂。

高分子型防雾剂最常用的类型主要为亲水性丙烯酸酯类、甲基丙烯酸酯类或其均聚物和共聚物、有机硅树脂类等。将该类防雾剂涂覆于透明材料表面，可获得长效的防雾性能及较好的耐磨擦性能。

有机-无机杂化型防雾剂是无机亲水涂料和有机高分子树脂之间的综合产品，其与无机亲水性防雾剂的区别在于，涂膜的亲水性主要由有机高分子树脂提供，而加入硅酸盐或有机硅溶胶则是为了进一步增强膜层的硬度和耐磨性。该类防雾剂具备耐磨性较好、稳定性高、膜层接合力好和防雾时间长等优点。有机硅树脂类防雾剂主要应用于玻璃及镜面材料的防雾。

5.5.5　防雾剂的应用

防雾剂在食品包装塑料膜和农用大棚膜的要求是不一样的，因为在农用大棚膜使用中会使塑料膜中的防雾剂连续地随水流失。所以，为获得持久的防雾效果，应仔细选择迁移速度适当的防雾剂，以保证在农膜使用期内，其表面具有足够浓度的防雾剂，能发挥必要的防雾效能。如所选用的防雾剂的迁移速度过高，则它们会由于冷凝水的冲洗而流失。

农膜与食品包装袋相比的区别还有：

① 农膜内的温度可能相当高，农膜内的温度是变化的并且农膜内外的温度是不同的。

② 农膜中的防雾剂必须在较长时间（几个月或几年）内有效。

③ 必须考虑浸有防雾剂的水滴对农作物的影响。

由于上述原因，在膜上的冷凝水量要比食品包装袋上的多得多。这些冷凝水，加上温度连续波动所引起的水在农膜表面的连续冷凝和蒸发，大大增强了农膜中防雾剂的水洗和萃取效应，使之流失严重。

而用于食品包装袋的防雾剂必须考虑的以下几点：

① 食品接触法规，无毒无害。

② 塑料加工温度下的热稳定性。

③ 无气味，在膜加工时不挥发。

④ 不影响塑料膜透明度，不会引起膜变色。

⑤ 在塑料膜中不会过度迁移，不会引起印刷及焊接问题。

应用举例（表 5-11、表 5-12）。

表 5-11 **防雾滴 PE 母料配方**

成分	用量/%	成分	用量/%
LDPE	100	PE 蜡	3
山梨醇单月桂酸酯	10	白炭黑	3
山梨醇双硬脂酸酯	10		

表 5-12 **防雾滴 PE 食品包装母料配方**

成分	用量/%	成分	用量/%
LDPE	100	PE 蜡	3
山梨醇单甘油酯	10	白炭黑	3
山梨醇双硬脂酸酯	10		

思 考 题

1. 防雾剂的作用机理是什么？分为几类？

2. 防雾剂在食品包装塑料膜和农用大棚膜的要求有什么不一样？

3. 设计一个防雾滴 PE 母料配方。

4. 设计一个防雾滴 PE 塑料大棚膜母料配方。

5.6 抗 静 电 剂

5.6.1 抗静电剂的定义和简介

高分子材料的体积电阻率都非常高，是非常好的绝缘材料。因此，聚合物材料及制品在动态应力及摩擦力的作用下常产生表面电荷集聚，即产生静电。静电会导致材料吸附尘土而静电释放会造成材料破坏，甚至引起火灾和电伤人体。

消除静电的方法有改变材料的表面性质、调节环境湿度、机械导电。其中改变材料表面性质是我们能够主动避免材料静电问题的主要方法。改变材料的表面性质的方法主要是加入抗静电剂或导电填料以及在材料表面涂覆导电涂料。

能够降低聚合物材料静电产生和静电累积的助剂被称为抗静电剂。

5.6.2　抗静电剂作用的基本原理

抗静电剂可大致分为三类：它们是外抗静电剂、内抗静电剂和高分子导电填料。

5.6.2.1　外抗静电剂

外抗静电剂先溶于适当溶剂载体中，以喷涂或浸渍的方法将抗静电剂涂覆于塑料上，然后溶剂载体则蒸发将抗静电剂留在塑料表面。其机理是包覆后抗静电剂中亲水性基团在空气一侧取向排列，通过吸附空气中的水分，在基材表面形成均匀分布的导电层或自身离子化传导表面电荷达到抗静电效果。非极性链段会迁移至材料里层，使其具有一定的耐摩擦性能。外抗静电剂优点是所需的抗静电剂量较小，效果直接；而缺点是抗静电性易损失，同时可能会引起印刷和焊封困难。

5.6.2.2　内抗静电剂

内抗静电剂加入到聚合物配方中制造成制品，然后抗静电剂迁移至聚合物表面。抗静电剂的作用一是尽量抑制静电荷的发生，起到润滑剂作用，使摩擦和静电的产生得以减少；二是使产生的电荷尽快漏泄，抗静电剂分子能排列于塑料表面，吸附空气中的水分子后形成水膜，这层水膜在塑料表面提供了一层导电的通路，增加了电荷通向空气的传导作用，如图 5-2 所示。

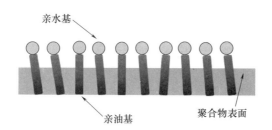

亲水基

亲油基　　　　　聚合物表面

图 5-2　内抗静电剂在聚合物中作用机理

5.6.2.3　导电填料

导电填料，如炭黑、铜粉，可直接加入到高聚物基体中，降低材料电阻，增加材料表面导电能力也可以有效地降低静电的产生。

5.6.3　抗静电剂的分类

抗静电剂的品种很多，但主要是一些表面活性剂，按以下几种方法进行分类。

根据抗静电剂分子中的亲水基能否电离，抗静电剂可以为离子型和非离子型。亲水基电离后带负电荷即为阴离子型，反之带正电荷则为阳离子型，如果抗静电剂的分子中具有两个以上的亲水基，而电离后又可能分别带有正、负不同的电荷时，则为两性离子型抗静电剂。带有羟基、醚键、酯键等不电离基团的是非离子型抗静电剂。

5.6.3.1　阴离子型抗静电剂

阴离子型抗静电剂的种类很多，有高级脂肪酸盐、多种硫酸和磷酸衍生物、高分子阴离子等。它们主要在纤维和纺织品上作为整理剂使用。在聚合物加工中主要使用酸性烷基磷酸酯、烷基磷酸酯盐和烷基硫酸酯的胺盐，相关化学式如下所示。

$$ROSO_3Na \qquad \begin{array}{c} O \\ \| \\ RO-P-ONa \\ | \\ ONa \end{array} \qquad \begin{array}{c} RO \quad O \\ \ \ \ \ \| \\ P-ONa \\ \ \ \ \\ RO \end{array} \qquad \begin{array}{c} RCH(CH_2)nCOOH \\ OSO_3Na \end{array} \qquad \begin{array}{c} O \quad OH \\ \| \\ RO-P \\ | \\ ONa \end{array}$$

高级醇硫酸酯盐　　　　　中性磷酸酯盐　　　　　　硫酸化脂肪酸　　　　酸性磷酸酯盐

（1）硫酸衍生物　有机硫酸衍生物包括硫酸酯盐（—OSO_3M）和磺酸盐（—SO_3M）。在分子结构上虽然硫酸盐与磺酸盐仅相差一个氧原子，但其性质却有颇大的差异。硫酸酯盐比磺酸盐水溶性大，宜作乳化剂和纤维处理剂，但对氧和热不太稳定。与此相反，磺酸盐其用途虽然有限，但对于氧和热却要比硫酸酯盐稳定得多。

（2）磷酸衍生物　作为抗静电剂使用的磷酸衍生物主要是阴离子型的单烷基磷酸酯盐和二烷基磷酸酯盐。由于磷酸酯盐的抗静电效果一般要比硫酸酯盐好得多，因此是纺织工业上不可缺少的抗静电剂，广泛用作纤维的油剂成分，也可作为塑料的内抗静电剂和外抗静电剂使用。代表性品种有二月桂基磷酸酯钠盐或三乙醇胺盐、月桂醇环氧乙烷加合物、磷酸酯钠盐、高级醇环氧乙烷加合物的酸性磷酸酯及钠盐等。

（3）高分子阴离子　高分子阴离子抗静电助剂产品种类不多，典型的有聚乙烯磺酸钠和聚苯乙烯磺酸钠。聚苯乙烯磺酸钠作为抗静电助剂加入至 PET 树脂中，能降低PET 的体积电阻率，并具有优良的热稳定性。

5.6.3.2　阳离子型抗静电剂

阳离子型抗静电剂主要包括多种胺盐、季铵盐和烷基氯唑啉，其中以季铵盐最为重要。阳离子型抗静电剂对高分子材料有较强的附着力，抗静电性能优良，是纤维、塑料用抗静电剂的主要种类。

（1）季铵盐　季铵盐是阳离子型抗静电剂中附着力最强的，作为外部抗静电剂使用有优良的抗静电性，但季铵盐耐热性差，容易分解，因此以季铵盐作为内抗静电剂在使用时应予以注意。例如：抗静电剂 SN，结构式如下。

$$\left[\begin{array}{c} O \qquad\qquad\qquad CH_3 \\ \| \qquad\qquad\qquad\quad | \\ C_{17}H_{35}-C-NH-CH_2-CH_2-N-CH_2CH_2OH \\ | \\ CH_3 \end{array} \right]^+ \quad NO_3^-$$

抗静电剂 SN

（2）烷基咪唑啉　1-羟乙基-2-烷基-2-咪唑啉及其盐是纤维、唱片的外部抗静电剂，同时也可作为聚乙烯、聚丙烯等的抗静电剂使用，其结构式如下。

$$\begin{array}{c} N-CH_2 \\ \ \ \ \ \ \ \ \ \ \\ R-C \\ \ \ \ \ \ \ \ \ \ \\ N-CH_2 \\ | \\ CH_2CH_2OH \end{array} \qquad\qquad \left[\begin{array}{c} N-CH_2 \\ \ \ \ \ \ \ \ \ \ \\ R-C \\ \ \ \ \ \ \ \ \ \ \\ N-CH_2 \\ | \ \ \ | \\ R' \ \ CH_2CH_2OH \end{array} \right]^+ X^-$$

式中 R＝$C_{5\sim22}$，右式中 R′＝H 时为一般咪唑啉盐，R′＝烷基或芳烷基时为季铵型的咪唑啉盐。

（3）胺盐　胺盐的种类很多，有烷基胺的盐、环烷基胺盐等。例如：烷基胺盐酸盐及磷酸盐、烷基胺环氧乙烷化合物的盐、高级脂肪酸与乙醇胺或三乙醇胺的酯盐、硬脂酰胺基的盐以及环己胺的磷酸盐等，一般多作为纤维的外抗静电剂使用。

5.6.3.3　两性离子型抗静电剂

主要包括季铵内盐、两性烷基咪唑啉和烷基氨基酸等。在一定条件下既可以起到阳离子型抗静电剂的作用，又可以起到阴离子型抗静电剂的作用。这类抗静电剂的最大特点在于它们既能与阴离子型抗静电剂配合使用，也能与阳离子型抗静电剂配合使用。它和阳离子型抗静电剂一样，对高分子材料也有较强的附着力，因而能发挥优良的抗静电性。

（1）季铵内盐　季铵内盐的分子中同时具有季铵型氮结构和羧基结构，其合成路径如下所示，因此在大范围 pH 下水溶性良好。十二烷基-二甲基季铵乙内盐等是良好的纤维用外部抗静电剂，含有聚醚结构的两性季铵盐耐热性良好。

$$C_{12}H_{25}N(CH_3)_2 + ClCH_2COONa \longrightarrow C_{12}H_{25}-\overset{\overset{CH_3}{|}}{\underset{\underset{CH_3}{|}}{N^+}}-CH_2COO^- + NaCl$$

它除了作塑料的内部抗静电剂使用外，由于与尼龙、腈纶、涤纶、丙纶等相容性良好，能经受纺丝时的高温，抗静电性优良，因此可作为合成纤维内部抗静电剂。

（2）两性烷基咪唑啉　1-羧甲基-1-β-羟乙基-2-烷基-2-咪唑啉盐氢氧化物是两性咪唑啉型抗静电剂的典型品种，结构式如下。两性咪唑啉的抗静电性优良，与多种树脂相容性良好，是聚丙烯、聚乙烯等优良的内抗静电剂。

$$\left[\begin{array}{c} R-C \underset{\underset{\underset{CH_2COOM}{\underset{|}{CH_2CH_2OH}}}{\overset{N-CH_2}{\overset{\|}{N}-CH_2}}}{} \end{array} \right]^+ \quad OH^-$$

5.6.3.4　非离子型抗静电剂

一般非离子型抗静电剂的抗静电效果均较离子型抗静电剂差，要达到相同的抗静电效果，通常非离子型抗静电剂的添加量为离子型抗静电剂的两倍。但非离子型抗静电剂热稳定性良好，也没有离子型抗静电剂易于引起塑料老化的缺点，所以成为塑料内部的主要抗静电剂。非离子型抗静电剂主要有多元醇、多元醇酯、醇或烷基酚的环氧乙烷加成产物、胺或酰胺的环氧乙烷加成产物等。

（1）多元醇和多元醇酯

① 多元醇、甘油、山梨醇、聚乙二醇等吸湿性的多元醇有一定的抗静电性，但由于附着力差目前基本不使用了。

② 多元醇的脂肪酸酯。在多元醇的脂肪酸酯中较重要的有山梨糖醇单月桂酸酯和甘油的单硬脂酸酯。它们具有一定的亲水性，除可作为纤维的油剂成分外，也可以作为塑料的内抗静电剂使用。

（2）胺类衍生物

① 烷基胺-环氧乙烷加成产物。高级脂肪胺-环氧乙烷加合物的耐热性良好，作为塑料的内部抗静电剂能得到良好的抗静电效果，是目前消费量最大的塑料用内抗静电剂，适用于聚乙烯、聚丙烯，同时也作为纤维的外抗静电剂使用。常用的商品为烷基胺与

1～3个环氧乙烷分子的加成产物，结构式如下。随着环氧乙烷加成数目的增加，水溶性相应增大，但与聚乙烯等树脂的相容性却随之降低。

$$RN \begin{cases} (CH_2CH_2O)_m H \\ (CH_2CH_2O)_n H \end{cases}$$

烷基胺-环氧乙烷加合物

② 酰胺-环氧乙烷加成产物。酰胺-环氧乙烷加成产物可作为纤维的外抗静电剂和塑料的外或内抗静电剂，其结构式如下。

$$R-\overset{\overset{\displaystyle O}{\|}}{C}-N \begin{cases} (CH_2CH_2O)_m H \\ (CH_2CH_2O)_n H \end{cases}$$

酰胺-环氧乙烷加合物

③ 胺-缩水甘油醚加成产物。伯胺、仲胺与缩水甘油的反应物可作为塑料的抗静电剂，这类抗静电剂的代表品种是 N-(3-十二烷氧基-2-羟基) 丙基乙醇胺。

5.6.4　导电填料

导电填料，如炭黑、金属粉末，可混入高聚物基体中，但只有当塑料的表面电阻率小于 $10^8 \Omega \cdot m$ 时才可以应用。

5.6.4.1　炭黑

制品对颜色没有特殊要求的场合下，炭黑可以作为塑料和橡胶的内抗静电剂使用。

炭黑的种类很多，如乙炔炭黑、石墨炭黑、导电炭黑等。炭黑表面有大量含氧官能团，其电阻率为 $50 \Omega \cdot cm$。

高分子材料电阻率下降与加入炭黑量是半抛物线的关系。导电率与炭黑的种类、粒径、聚集状态、表面孔隙率、灰分含量有很大的关系。

5.6.4.2　导电金属填料

（1）铜粉　相对密度为 8.91，粒径在 $30 \sim 200 \mu m$，粒径形状为片状粉末，价格较高，加入量在 20%～60%。

（2）铝粉　相对密度为 2.72，粒径在 $20 \sim 150 \mu m$，粒径形状为片状粉末，加入量在 10%～40%。

（3）铁粉　相对密度为 7.8，粒径在 $10 \sim 120 \mu m$，粒径形状为颗粒粉末，加入量在 30%～70%。

还有纤维状金属填料，薄片状金属填料等，其效果比粉末状要好。

5.6.5　抗静电剂的应用

抗静电剂有外涂法和内加法两种用法。

外涂法是将所用的抗静电剂配成水溶液或有机溶液，均匀地涂覆在制品表面。溶液的浓度一般为 0.5%～3%。应注意溶液与高分子材料制品表面的相容性，否则采用这种方法涂上的抗静电剂会因摩擦、洗刷而损失。另外还要注意涂覆对制品表面的影响，如外观、手感等。

在实际应用中，抗静电剂的使用大多是用内加法，先用树脂做载体，加入大量抗静电剂混合、混炼，制成抗静电剂母粒，然后再用母粒与加工所用的树脂混合制备制品。因此，不仅要求抗静电剂抗静电性优良，而且还要求其与树脂有一定的相容性，还要具有一定的析出性，对树脂本身的透明性和加工性能还不能产生不利影响。

对于一些透明性高的树脂，抗静电剂的用量需要控制。例如，对聚甲基丙烯酸甲酯，当抗静电剂 SN 用量超过 0.5% 后，制品透明性就达不到使用要求。由于一些聚合物如 PA66、PET 加工温度较高，因而对抗静电剂的分解温度、汽化温度要求必须高于加工温度。对于 PVC 树脂来说几乎所有的抗静电剂都会使其配料的热稳定性下降，尤其是季铵盐型阳离子抗静电剂有促进 PVC 脱 HCl 的降解作用，要特别注意在加工中导致制品的变色、分解问题。还要注意抗静电剂一般都有较好的润滑作用，大量使用时，会不可避免地改变聚合物原来的加工性能以及制品的印刷性、焊接性。此外，由于抗静电剂一般都是吸湿性化合物，在成型加工前必须充分干燥。

用内加法使用抗静电剂除了注意抗静电剂的自身效果外，还应注意抗静电剂在聚合物中的分散性、析出速度、持久性。抗静电剂的抗静电效能的测定方法通常是通过测定塑料的表面电阻率来确定的（通常要求 $<10^{10}\,\Omega\cdot cm$）。此外，测定摩擦带电电压和吸灰性可以用示波器测定静电荷衰减的半衰期等方法来实施。

在相对湿度低、空气十分干燥的地区，当使用通常的抗静电剂效果不理想时，可以采用添加导电性填料如导电炭黑（高结构炭黑）、金属的微纤维、微箔和细粉。但添加量一般要求较多，大概在 10%～50%，因为只有当其在聚合物基体中形成一定的连续的导电通路后，才能起到有效的抗静电作用。因此，导电填料抗静电剂的效果与其在聚合物中的分散和浓度有直接的关系。

5.6.6　应用举例

应用举例，见表 5-13～表 5-15：

表 5-13　LDPE 抗静电母料配方

成分	配方/%	成分	配方/%
载体 LDPE	100	吸附剂 SiO_2	5
抗静电剂 CJKM-1	25	偶联剂	0.5

表 5-14　ABS 抗静电母料配方

成分	配方/%	成分	配方/%
载体 ABS	100	分散剂	2
抗静电剂　有机硼	25	偶联剂	1
吸附剂 SiO_2	10		

表 5-15　PS 抗静电母料配方

成分	配方/%	成分	配方/%
载体 PS	100	偶联剂 KH-95	2
抗静电剂　铜粉	45	润滑剂 HSt	2
分散剂 PE 蜡	5		

思　考　题

1. 抗静电剂的作用机理是什么？分为几类？
2. 抗静电剂与防雾剂作用机理有什么不一样，又有何相同？
3. 离子型抗静电剂与非离子型抗静电剂的作用机理有何不同？
4. 设计一个 ABS 抗静电母料配方。

第6章 配方设计基础

配方设计是根据目标产品的形状、结构、性能等要求，确定所需高分子材料和助剂的种类、用量配比、加工工艺，为目标产品的材料制备提供指导和依据。配方设计需要遵循"实用""高效""经济"三大原则。

配方设计过程并不是各种原材料的简单搭配，而是在充分掌握各种原材料结构和性能的基础上，构建材料与材料、材料与助剂、助剂与助剂协同作用体系的系统科学工程。同时，配方设计过程实际也是高分子材料学科各种基本理论的综合应用的过程，还是高分子材料结构与性能关系在实际应用中的综合体现。因此，配方设计人员需要具备扎实的高分子材料专业基础理论和各相关学科的先进技术与理论。此外，配方设计人员应该在日常工作中注意积累、收集、汇总有关的基础数据，拟合一切可能的经验方程，从而在大量的统计分析中，找出内在的规律性，为今后的配方设计与研究提供借鉴和指导。

6.1 配方设计依据

高分子材料因其加工性能好、成型周期短、密度低以及良好的耐腐蚀性和电绝缘性等特性，受到了越来越广泛的应用。随着社会经济和产业技术的不断发展，制造业领域对高分子材料提出了越来越广泛、越来越严格的性能要求。因此，如何进一步改善聚合物材料的力学强度、耐蠕变、耐高低温以及耐老化等性能，赋予聚合物材料阻燃、导电、抑菌以及电磁屏蔽等额外功能，都是配方设计人员在设计聚合物制品配方时需要考虑的问题。

在聚合物制品配方设计时，我们应该全面了解以下几方面的信息。

6.1.1 了解制品的性能要求

（1）了解制品的各项性能指标、适用标准以及相应的检测方法。

（2）了解制品的使用环境、使用方法以及市场信息。

（3）了解制品的使用要求，尤其是一些特殊要求，如卫生等级、成本等。

6.1.2 了解原材料

（1）原材料的作用和性质　配方设计中的原材料主要包含高分子材料和助剂。其中，高分子材料是基体，决定了制品的基本性能，而助剂则对制品性能的强化和新功能的形成都具有重要影响。不同的聚合物和助剂配合形式可以形成用途不同的材料，如弹性材料、导电材料、透明材料、耐磨材料等。同时，也应注意各种原材料配合时的相互影响，尽量发挥原材料间的协同作用，获得最佳效果。

（2）原材料的质量指标及其检验标准　原材料的质量一般都有相应的国家标准或行业标准，应注意的是，往往一种高分子材料就会有数十个到上千个牌号，而且同一产品在不同生产厂家中的牌号也不尽相同。每种牌号的高分子材料都有其特定的用途和性能。例如：我国按国家标准生产的悬浮聚合型 PVC 树脂有八种牌号的产品，而且八种牌号的 PVC 都有各自的质量指标，分别适用于不同的制品生产。此外，如 PE、PP、PS 以及 PA 等树脂的产品牌号和质量指标则常常因生产企业而异。因此，在选用原材料时，应系统关注所选原材料的生产企业、产品牌号、质量指标以及检验方法等信息。值得注意的是，使用原材料前，应按照规定的检验方法严格检查原材料的质量指标，以免造成不必要的质量问题。

（3）原材料的价格　生产企业在生产条件、技术水平、营销运转等方面的差异，使得其所生产原材料的生产营销成本和质量稳定性都会有所不同，进而在原材料市售价格上也会有所差异。而在高分子材料制品生产中，原材料成本是生产成本的主要组成部分。因此，合理设计配方组成，合理选购原材料都有助于降低生产成本。在不影响产品质量的前提下，尽量降低生产成本也是企业的追求目标。实际生产经验表明：知名企业生产的原材料，质量稳定性更高，更有助于保障制品加工和制品质量的稳定性，应是我们首选的目标。

6.1.3　了解成型设备和生产条件

生产加工高分子材料制品的方法很多，各种加工方法都有其特点和相应的设备，对加工树脂的性能要求也不尽相同。即使相同型号的设备，由于其使用时间不同造成的设备损耗差异，使得调整的技术参数也不尽相同，对生产配方的要求也不一样。例如：在 PVC 加工中，使用的高速混合机牌号不同，混合效果也是不同的；同一种混合机，由于使用时间不同，磨损状态也不同，造成混合效果相差也较大，而高速混合又是 PVC 生产的重要环节，因此要根据该设备的混合状态，制定相应的制品配方和混合工艺。再比如，同是 65/130 锥型双螺杆挤出机生产 PVC 门窗型材，每台设备中两根螺杆的间隙不可能完全相同，螺杆和料筒的间隙也不尽相同，在相同加工工艺下，上述差异这都会导致 PVC 树脂受到的剪切作用不同，使得 PVC 树脂的塑化质量有所差异，其所生产的门窗型材质量也会不同。因此，在设计配方时，为了充分考虑生产设备的运转状况，应注意以下几点：

① 物料在成型设备中的受热经历、受热时间、受力过程、受力行为以及受力时间。

② 物料在成型设备中运行状态和持续时间，特别是停滞的情况。

③ 物料所要经过的机头和模具的结构特点与物料流变行为的关系。

一个理想的配方设计，应该充分发挥生产设备的加工质量和生产能力，实现良好质量和最佳经济效益有机结合。

6.2　高分子材料的选择

结构和性能的多样性为高分子材料的广泛应用奠定了重要基础，使其在纷繁复杂的应用领域中有了更多的可能。高分子材料制品的配方设计，就是从种类繁复的高分子材料家族中，筛选出适用于目标制品使用目的和用途的高分子材料，再辅以相应的功能助剂，制备出满足目标性能和功能要求的高分子材料制品。作为基体成分，高分子材料直接决定了制品的基础性能。因此，了解高分子材料的选择原则和方法是配方设计的重要基础。

6.2.1　确定制品的功能和性能

制品的功能和性能要求是配方设计的基础。高分子材料制品的功能，包括使用功能和环境功能。作为一个制品，在一定时间、空间、环境下需要完成一定的使用效果和作用。例如：包装材料，用作食品包装的高分子材料，首先要求是无毒无害的，其次要求具有一定的力学性能（如：拉伸强度、拉伸伸长率、撕裂强度、抗冲击强度、抗穿刺性、硬度等），再就是包装某些食品时的特殊使用要求，例如：透明性、耐热性能、阻隔空气性能以及二次加工性能（如：印刷性能、热合性能）等。再比如，作为机械零件的高分子材料制品，除了要求具有一定的力学性能外，结构支承、机械传动或者电气绝缘等则往往是具体应用中的特殊性能要求。

目前，通用的高分子材料制品已逐渐建立了相应的国际、国家、行业和企业标准，这些标准为我们进行高分子材料制品设计提供了最基本的依据。在这些标准中，明确规定了某种高分子材料制品的应用领域、使用条件以及功能和性能指标及其测试方法。在确定制品的功能和性能时，我们应尽量与现行的标准相符合，当然也可以根据制品的特殊使用要求，确定相应的功能和性能指标及其测试标准。

高分子材料的性能包括力学性能和物理化学性能等，通常情况下，我们都可以通过查阅相关资料手册，获得某种树脂材料的技术指标。需要注意的是，树脂材料的性能不等于高分子制品的性能，大多数高分子制品是将树脂经加热熔融，再经冷却固化成型制得的，其原材料的性能有可能在这一加工历程中发生下降，或出现新的内在缺陷，从而影响到成型制品的性能。当然，也有部分树脂材料在加工过程中，发生分子取向、结晶度提高、晶型转变等情况，使得成型制品的某些性能有所提高。

首先，选择合适的树脂材料，不仅要保证制品的功能和性能要求，也要考虑可加工性和经济成本。其次，确定制品的加工方法，不同的加工方法适用于不同形状和尺寸制品的加工成型，所选加工方法应具有一定的加工精度、良好的生产效率以及相应的成型模具和设备。再次，确定高分子材料制品的装配方法和表面修饰要求。再就是，对高分子材料制品进行性能测试和失效分析。为保证高分子材料制品在使用期限内的可靠性，应该根据制品功能和性能对时间、温度、环境的敏感性，按照主要失效形式进行预测性的理论计算和相应的实验测试。例如高分子材料制品压力装配后，计算温度升高和应力松弛后的传递力矩。再比如，塑料齿轮在弯曲疲劳、接触点齿面磨损或热膨胀情况下的模数和中心距的理论计算。另外，在重要应用场合，还需对制品进行冲击、疲劳、耐候、渗透等测试。最后，生产成本分析，这对于企业生产活动的成败是十分重要的。不同的配方设计、不同的生产工艺、不同的制品质量以及不同的精度要求，其所带来的生产成本是不一样的，所获得的经济效益是不同的。

配方设计时，要遵循"多方案分析比较、逐步优化"的方法，尽量实现高分子材料制品功能和性能与生成成本的优化平衡。

6.2.2 高分子材料的选择原则

高分子材料的选择不仅要保证料制品的功能和性能要求，还要考虑制品的加工工艺、生产成本以及货源供应等。我们可以通过材料手册和材料制造商说明书，了解高分子材料的性能参数、货源供应以及当前技术水平等情况。需要注意的是，材料性能项目所列数值，一般是该材料性能的平均值。

高分子材料的性能包括以下四个方面：

① 加工性能。即熔体流动速率、熔化温度（结晶型聚合物为熔点）、加工温度范围、注塑压力、模塑压力、固液态压缩比、线性收缩率等。

② 力学性能。即拉伸强度、拉伸模量、拉伸屈服应力、断裂伸长率、压缩强度、弯曲强度、弯曲模量、冲击强度、硬度等。

③ 热性能。即线膨胀系数、热变形温度、热导率、比热容等。

④ 物理性能。即密度、吸水率、介电强度等。

高分子材料的性能测试是以特定尺寸的标准试样在规定的实验条件下进行的，测试试样与高分子制品在形状和尺寸上会有很大差异。而且，经加工后，绝大多数高分子材料的性能会在原材料基础上有所下降。因此，所选择树脂材料的性能要高于制品性能的要求，应该在基础数值上乘以一个安全系数。

另外，需要注意的是，在使用期限内，高分子材料制品可能因为极端环境或老化降解等问题，发生性能下降，甚至失效。例如：高分子材料制品在低温下受到冲击，比原材料的抗冲击性能下降 $w\%$；受到化学试剂的侵蚀，性能损失 $x\%$；受紫外线辐射的影响，性能损失 $y\%$；由于振动疲劳，性能损失 $z\%$。因此，在工作寿命期限内，高分子材料制品的抗冲击性能会有 $w\%+x\%+y\%+z\%$ 的总损失。总损失在 10% 之内，可被评估为优良制品；总损失在 $30\%\sim40\%$，属于不耐用制品；总损失 $>40\%$，属于不合格制品。

配方设计时，可根据工艺安全系数和老化损失系数处理分析，计算出高分子材料制品对原材料性能指标的要求，进而选择出合适的高分子材料品种和牌号。高分子材料的选择大致可以从以下几个方面考虑。

6.2.2.1 高分子材料的力学性能

高分子材料的基本性能指标中，力学性能主要有拉伸强度、拉伸伸长率、冲击强度、弯曲模量等，这些指标都可以通过查询资料获得。

高分子材料有成千上万种，其中实现商品化高分子材料的也有上千种，而且每种高分子材料还有几十个到上万个不同的牌号，所以明确制品的力学性能指标要求后，可以很容易地找到一批符合基本性能指标要求的高分子材料。但是，在实际生产的高分子材料制品中，$80\%\sim90\%$ 都是使用通用树脂制造的，如 PE、PP、PVC、PS、ABS 等；$10\%\sim18\%$ 是使用通用工程树脂制造的，仅有 $1\%\sim5\%$ 是使用特种工程树脂制造的。这是因为通用树脂和通用工程树脂具有价格相对低廉、加工工艺简单、货源供应充足等优势。若是基本满足使用要求，应首选通用树脂和通用工程树脂。若是在某些方面达不到使用要求时，也常常通过改性加工，提高通用树脂或通用工程树脂在这些方面的性能。

在选用高分子材料时，我们首先考虑如下几个方面：

（1）首先从通用树脂选择，且尽量选用通用树脂。如果通用树脂的大部分性能可以满足需要，只有小部分性能不能满足要求，则可以通过增强改性，针对性地提高通用树脂在这些方面的性能。这样就可以在满足性能要求的同时，又能够有效控制材料成本。

（2）如果通用树脂改性后也无法满足应用要求，则选用工程塑料。若是工程塑料有某些性能仍满足不了要求，则通过增强改性，提高工程塑料在这些方面的性能指标，使其满足应用需要，而且成本提高也不大。

（3）选定树脂材料后，可以通过添加填料的方式降低材料成本，即在不影响使用性能的前提下，应尽可能添加一些填料。因为填料的价格通常在 $500\sim1500$ 元/t，而通用树脂的价格通常为 $6000\sim10000$ 元/t。常用方法是直接添加混合表面有机化处理的填料或填充母粒，前者适合粉末状树脂，如 PVC；后者适合颗粒状树脂，如 PP、PE、ABS 等。此外，将选定树脂与一定量价格较低的树脂共混，也可以降低材料成本，前提是依然满足制品材料所需达到的性能指标。

（4）共混改性，即将几种相容性较好的树脂混合使用，或将两种牌号不同的树脂混合使用，实现树脂改性的目的。该工艺除了提高树脂材料性能以外，还可以将价格较高的树脂与一些价格较低的通用树脂共混，如在超高相对分子质量聚乙烯中混入少量的 HDPE 或 LDPE 等，在降低材料成本的同时，还提高了加工性能，只是会稍微降低超高相对分子质量聚乙烯的拉伸强度。不过，这种混合的前提是必须满足制品的性能指标和使用要求。

（5）树脂的加工性能，主要是考虑树脂是否易于加工，加工工艺是否简单。选择树脂材料时，应首先选择易于加工、加工工艺简单的树脂，而且要尽量选用现有设备可加工的树脂原料。例如：某工厂要生产农用塑料大棚膜，可选用的树脂有 LDPE 和 PVC。两种树脂的价格、性能以及来源都相差不多，只是在加工方法上有所不同。LDPE 常用吹塑工艺成型，而 PVC 则常用压延工艺成型。如果工厂现有设备为挤出机，则选用 LDPE 为原料；如果工厂现有设备为压延机，则选用 PVC 为原料。同时，还应尽量选用加工设备投资小的树脂，因为不同加工工艺所需的加工设备不同，由此产生的加工成本也不同。不同的加工工艺所需的设备投资大小为：

压延成型＞注塑成型＞挤出成型＞吹塑成型＞吸塑成型＞手糊成型

6.2.2.2　高分子材料的热性能

高分子材料的热性能决定了制品使用中所能承受的温度范围，主要在热变形温度、维卡软化温度、最高使用温度、低温脆化温度四个方面进行评价。

（1）热变形温度　热变形温度，是指树脂试样浸泡在恒速升温的液体传热介质中，在简支梁的静弯曲负载作用下，试样弯曲变形达到规定值时的测定温度。热变形温度的测试标准有 GB/T 1634、ASTM D648、ISO 75 等，而且不同测试标准测得的热变形温度也都相差不大。

（2）维卡软化温度　维卡软化温度是指树脂试样浸泡在恒速升温的液体传热介质

中，在一定载荷作用下，试样被直径为 1mm 的针头压入 1mm 时的测定温度。我国的维卡软化温度测试标准为 GB/T 1633，与 ASTM D1525 和 ISO 306 标准相似，适用于质量控制和材料热性能比较。对于无定形或低结晶度的树脂材料，该方法还排除了树脂材料软化前的蠕变影响。

（3）最高使用温度　最高使用温度是高分子材料的一个重要性能指标，包括分解温度、熔融温度以及可连续工作的温度范围。表 6-1 按照热性能高低的顺序，给出了各种高分子材料的最高使用温度。

（4）低温脆化温度　在低温下，无定形聚合物和结晶聚合物中的韧性无定形形态转变为脆性玻璃态，分子链上结合键的柔度降低、自由体积减小，使得树脂材料的质地变脆，抗冲击性能下降。

耐低温测试往往都比较复杂，而且数据分散性大，通常是将试样的自由端伸出液面 25.4mm，浸泡在低温液体中。在温度下降过程中，对试样进行冲击。当 10 个试样中有 5 个被击断时，认定为脆化温度。脆化温度测试标准有 GB/T 5470、ASTM D746、ISO 974 等。

表 6-1　　　　　　　　　　　高分子材料的最高使用温度　　　　　　　　　单位：℃

材料名称	连续工作温度范围	分解温度	熔融温度
聚酰亚胺	260～430	—	—
聚硅氧烷	200～300	—	—
碳氟树脂类	150～250	500～550	—
聚酰胺-酰亚胺	270～290	—	340～390
环氧树脂	85～250	—	150～220
聚苯硫醚	250～260	—	330～390
烯丙树脂	150～230	—	140～180
酚醛树脂	100～280	—	150～230
聚醚砜	150～200	—	330～420
双酚 A 型聚砜	170～200	—	330～420
三聚氰酰胺	150～200	—	120～200
热固性聚酯	65～200	—	140～200
脲甲醛树脂	100～175	—	150～200
聚酰胺	110～175	300～400	260～290
聚碳酸酯	80～150	340～440	280～350
聚苯醚	80～130	—	230～350
聚丙烯	80～130	320～400	200～300
聚氨酯	80～250	—	230～280
聚氯乙烯	70～110	200～300	160～180
缩醛树脂	90～110	—	185～225
ABS、SAN	70～105	250～400	180～240
聚苯乙烯	50～100	300～400	180～260
PC/ABS 合金	88～93		280～350
丙烯酸类树脂	60～93	180～280	180～250
纤维素类	50～93	—	60～120
聚乙烯	50～85		160～240
低温工作温度			
氯化聚乙烯	−60		150～220
聚氨酯	−60		230～280
氟硅树脂	−73		—
聚硅氧烷	−130		—
碳氟树脂	−185		—

6.2.2.3 高分子材料的耐化学性

耐化学性又称化学阻抗性或耐腐蚀性，一般要经过化学溶液浸渍试验来测试，且需要进行一系列不同化学溶液的浸渍试验，即在浸渍于设定温度下的化学溶液中一定时间后，取出试样，立即进行质量和力学性能测试。力学性能测试主要包含弹性模量、缺口冲击强度和硬度等。将测试结果与原始试样的质量和力学性能对比，即可获得试样的耐化学性参数。高分子材料耐化学性测试标准有 GB/T 11547、ASTM D543、ISO 175 等，涉及大约 50 种具有潜在腐蚀作用的化学溶液在无负载作用下的轮流浸渍测试。

经化学溶液浸渍后，试样有体积膨胀的现象，甚至出现裂纹或裂缝。试样在化学溶液中浸泡时，其膨胀过程经历聚合物表面被化学溶剂溶解和化学试剂通过试样基体的自由体积向内扩散两个过程。化学阻抗能力表现在化学溶液在试样基体中的扩散速率，归结于化学溶液与高分子材料产生的各种物理和化学反应。

实际使用中，高分子材料制品都会存在各种力学应力。将具有应力的试样浸渍到化学溶剂中，观察试样是否产生裂缝，称为环境应力裂缝测试。这种试验侧重于研究材料的化学阻抗性能。还有一种在弱负载下，浸渍于惰性非溶剂液体的环境应力裂缝测试，研究的是聚合物脆化和蠕变开裂。

6.2.2.4 高分子材料的吸水性

吸水性是高分子材料的一个重要性能，因为树脂基体中的水分不仅影响其加工，还会通过水解反应使许多高分子断链、降解，进而降低材料的拉伸强度和刚度，且使蠕变速率增加。最典型的水解过程，就是水中的氢原子能攻击聚酰胺中酰胺基上的氢原子，与带负电的氢原子结合后，促使主链断裂。因此，聚酰胺分子中酰胺基密度的减小，能改善材料吸水性能。在半结晶型聚酰胺中，无定形区的水解速率高于结晶区的水解速率，因此，在挤出或注射加工前，聚酰胺等高分子材料需要进行充分的干燥。聚酯和聚氨酯材料也存在类似的水解问题。

树脂基体中的水分会影响颗粒填料或增强纤维与基体的结合程度，使得结合界面容易脱粘，导致材料破裂。混料前，填料和玻璃纤维经硅烷等憎水性偶联剂处理后，可阻止水分扩散。热固性树脂的水分含量和水分扩散速率是很低的，但是用木粉等吸水性填料填充改性后，吸水率明显上升。

此外，树脂吸水后还会使制品尺寸不稳定，因此聚酰胺塑制品模塑成型后要进行调湿处理。同时，吸水树脂制品的绝缘性也会变差，使电气零件的潜在危险性升高。因此，吸水量和吸水百分率都是选择高分子材料时的重要参考指标。我国的高分子材料吸水性测试标准为 GB/T 1034，等同于 ASTM D570 和 ISO 62 标准。表 6-2 给出了各种高分子材料的吸水率。

6.2.2.5 高分子材料的阻透性

高分子材料的渗透性一般都比较大，因为在固态高分子链之间有很大的自由空间，气态和液态的小分子都能相对容易地渗过高分子材料表面，并在高分子结构中扩散。对于许多高分子材料而言，其固有的渗透性既是优点也是缺点。例如：液态饮料用塑料容器若是渗透 CO_2、O_2 等气体，容易引起饮料变质。再比如：涤纶纤维（PET 纤维）布料，因 PET 材质的憎水性，使得布料既不透气也不透水，穿着不舒服，与天然棉纤维

表 6-2 高分子材料的吸水率 单位：%

材料名称	吸水率	材料名称	吸水率
碳氟树脂（氟塑料）	0~0.01	聚碳酸酯	0.15~0.18
聚乙烯	<0.01	软质聚氯乙烯	0.15~0.75
热固性聚酯	0.02	ABS	0.20~0.45
聚苯乙烯	0.03~0.10	共聚甲醛	0.22
环氧树脂	0.04~0.20	聚酰胺 11	0.04
硬质聚氯乙烯	0.07~0.40	聚氨酯弹性体	0.70~0.90
热固性 PET 模压片材	0.10~0.15	硝酸纤维素	1.00~2.00
丙烯腈类	0.10~0.40	聚酰胺 66	1.00~2.80

混纺后，布料的透气透水性才有所改善。而包装食品的塑料薄膜则要求较好的阻隔性能，以保证食品在无氧的环境下长期保存。

在一定温度下，气体或液体从高分子材料的高浓度一侧，向低浓度一侧渗透，其单位时间的渗透量即为渗透系数。渗透是一个很复杂的溶解-扩散过程，气体和液体的渗透机理不同，无定形和结晶型聚合物的被渗透机理也不同。其中，气体对无定形聚合物的渗透最简单，常用 O_2 和 CO_2 等气体对各种高分子材料薄膜进行渗透实验，测试和比较各种高分子材料不同牌号产品的透气性，这对食品等包装材料的选择具有重要指导意义。我国的塑料薄膜透气性测试标准为 GB/T 1038，对应于 ASTM D1434 和 ISO 2556 标准。表 6-3 给出了依据 ASTM D1434 标准测得的各种高分子材料薄膜在 30℃ 下，对 O_2 和 CO_2 的渗透系数。其中，对水蒸气的渗透系数相当于透湿系数。

表 6-3 高分子材料薄膜在 30℃ 下的渗透系数

单位：$\times 10^{10}\,\mathrm{mL \cdot cm/(cm^2 \cdot s \cdot cmHg)}$

材料名称	对 O_2	对 CO_2	对水蒸气（90%RH）
聚丙烯腈	0.0003	0.0018	300
聚偏二氯乙烯	0.0053	0.029	1
聚对苯二甲酸乙二醇酯	0.035	0.17	175
聚酰胺 6	0.038	0.16	275
未增塑聚氯乙烯	0.045	0.16	275
高密度聚乙烯	0.40	1.80	12
异丁烯-异戊二烯橡胶	1.30	5.18	120
聚碳酸酯	1.40	8.0	1400
聚丙烯	2.20	9.2	65
聚苯乙烯	2.63	10.5	1200
氯丁橡胶	4.0	25.8	910
聚四氟乙烯	4.9	12.7	33
低密度聚氯乙烯	6.9	28.0	90
天然橡胶	23.3	153	2600
聚硅氧烷	605	3240	40000

注：$\mathrm{mL \cdot cm/(cm^2 \cdot s \cdot cmHg)} \times 1.333 \times 10^3 = \mathrm{mL \cdot cm/(cm^2 \cdot s \cdot 1.333 \times 10^3 Pa)}$。

6.2.2.6 高分子材料的燃烧性能

绝大多数高分子材料都属于易燃材料，如 PE、PP、PS 等，在实际应用过程中容易被引燃，而且引燃后难以熄灭，常常引发不同程度的火灾安全事故，危及人们的生命和财产安全。一些含氟、氯、溴等元素的高分子材料具有一定的阻燃性，难以引燃，或者引燃火焰离开后，容易自行熄灭。另外，聚碳酸酯材料中市场需求最大、应用范围最广泛的双酚 A 型聚碳酸酯材料也具有一定的阻燃性，引燃火焰离开后，会自行熄灭。近年来，随着高分子材料的火灾安全受到日益重视，世界各国都已在法律法规和标准中，相继对在电子电器、轨道交通以及建筑等火灾易发、频发领域的聚合物材料，提出了日益严格的阻燃性能要求。因此，提高高分子材料在抗引燃性、自熄性、抑烟性以及低燃烧热释放等方面的阻燃性能，既是满足相关法规和标准要求的必要举措，也是高分子材料安全使用的重要保障。

高分子材料的阻燃途径主要可以分为以下三个方面：①本质型阻燃，即在高分子材料的生产过程中，通过将具有阻燃功能的结构单元引入到高分子材料的分子结构中，获得具有自阻燃特性的高分子材料。②反应型阻燃，即在高分子材料的加工过程中，通过将具有反应官能基团的阻燃分子键接到高分子材料的分子结构上，获得阻燃高分子材料。③添加型阻燃，即在高分子材料加工过程中，通过将阻燃剂与高分子材料进行物理共混，获得阻燃高分子材料[8]。围绕上述三种解决方案，国内外研究人员在高分子材料阻燃改性方面开展了大量的研究工作，相继开发了含氟（F）、氯（Cl）或者溴（Br）元素的卤系阻燃材料，含磷（P）、氮（N）、硅（Si）、硼（B）或者硫（S）等元素的无卤阻燃材料，以及含 0 维、1 维或者 2 维纳米材料的纳米阻燃材料[9]。卤系、无卤以及纳米阻燃材料的主要阻燃成分如图 6-1 所示。

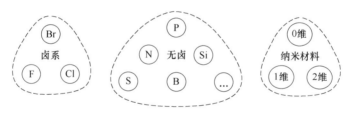

图 6-1　卤系、无卤以及纳米阻燃材料的主要阻燃成分

为了充分评价高分子材料的燃烧性能和火灾安全性，满足高分子材料在各应用领域面临的不同阻燃要求，世界各国都相继制定了全面、系统的测试标准体系，对高分子材料的燃烧性能参数和烟气释放进行了完善的测试评价。用于评价高分子材料的燃烧性能和火灾安全性的参数主要有极限氧指数、UL94 阻燃级别、热释放速率、总热释放量、有效燃烧热、总烟量、一氧化碳产量、二氧化碳产量、烟密度、灼热丝引燃温度以及点着温度等。

常用的高分子材料燃烧性能测试方法有 GB/T 2406、ASTM D2863、ISO 4589 等用于极限氧指数测试的标准；GB/T 2408、IEC 60695、美国保险业实验室 UL94 测试方法等用于阻燃级别测试的标准；GB/T 16172、ISO 5660 等用于测试燃烧过程的热释放速率、烟释放速率、总热释放量、有效燃烧热以及总烟量等参数的标准；GB/T 8323、ISO 5659 等用于烟密度测试的标准；GB/T 5169、IEC 60695 等用于灼热丝引燃温度测试的标准；GB/T 4610、ASTM D1929 等用于点着温度测试的标准。表 6-4 给出了各种高分子材料的部分燃烧性能参数。

表 6-4 高分子材料的燃烧性能参数

材料名称	极限氧指数/%	UL94 阻燃级别	点着温度/℃
聚甲基丙烯酸甲酯	17	—	—
聚丙烯	17	—	—
聚乙烯	17	—	340
聚苯乙烯	18	—	360
聚对苯二甲酸乙二酯	21	—	—
聚碳酸酯	26	V-2	—
ABS	30	HB	—
聚砜	30	V-0	—
聚酰亚胺	—	V-0	—
脲甲醛树脂	35	V-0	—
未增塑聚氯乙烯	43	V-0	390
聚酰胺-酰亚胺	50	V-0	—
聚四氟乙烯	90	V-0	—

6.2.2.7 高分子材料的电性能

高分子材料因具有优良的电绝缘性，被广泛地用来制造电线电缆、印刷线路板、电气开关、接插件以及电子电气设备机壳等器件。高分子材料的电性能指标主要有：介电强度、介电常数、介质损耗、绝缘电阻、耐电弧性能等。在高分子材料制品设计和应用过程中，必须注意高分子材料电性能在潮湿和高温环境下的变化。此外，石墨、炭黑以及金属粉末和纤维的填充可以赋予高分子材料一定的导电性，制得导电高分子材料。

（1）介电强度　介电强度也称为击穿强度。在规定试验条件下，连续升高电极电压，测定试样被击穿时的电压，击穿电压与试样厚度之比，即为介电强度，常用 kV/mm 作为单位。高分子材料介电强度测试标准有 GB/T 1408、IEC 60243、ASTM D149 等。

（2）介电常数　介电常数也称为相对介电系数。当电极形状一定时，对电极施加直流电场或交流电场，以试样为介质时的电容与以真空为介质的电容之比，即为介电常数。介电常数的测试标准为 GB/T 1409，适用于 $50 \sim 100 \mathrm{MHz}$ 频率下的测试，对应国外的 ASTM D150 和 IEC 60250 标准。

（3）介电损耗　介电损耗也称为介电损耗角正切，是表征试样材料在交流电场下能量损耗的一个参量，是外施电压与通过试样的电流之间相角的余角正切。引起材料介电损耗的因素有偶极损耗、界面极化损耗以及传导电流引起的损耗。介电损耗与频率、温度、湿度以及添加剂有关。

（4）电阻和电阻率　电阻分为体积电阻和表面电阻，均以 Ω 表示。直流电压与电极间的体积电流或表面传导电流之比，称为体积电阻或表面电阻。试样电阻与试样横截面积的乘积除以试样长度，即为试样的电阻率。高分子材料的电阻率是一定条件下的实验值，与试样形状、电压施加方法以及环境因素有关。电阻和电阻率的测试标准有 GB/T 1410、IEC 60093、ASTM D257 等。

（5）耐电弧性　耐电弧性是材料对电弧、电火花抵抗能力的体现。测试时，将两根钨电极以 6.35mm 的间距放置在试样上，并在两电极间施以高压，以电弧破坏试样所需时间来表示试样材料的耐电弧性，测试标准有 GB/T 1411、IEC 61621 等。表 6-5 给出了各种高分子材料的短时电性能。

表 6-5　　　　　　　　　　　　　　高分子材料的短时电性能

材料名称	耐电弧/s	介电强度/ （kV/mm）	介电常数 （23℃,60Hz）	介电损耗角正切 （23℃,60Hz）
聚四氟乙烯	＞200	160～200	2.1	0.0005
聚丙烯	150	—	2.2	0.0001
高密度聚乙烯	150	190～200	2.3	0.0001
ABS	—	130～200	3.2	0.0007
聚碳酸酯	10～20	150～180	3.2	0.0009
聚酰胺	＞600	200～300	3.7	0.05
环氧树脂	45	160～200	5.0	0.05

6.2.2.8　高分子材料的耐候性

耐候性是指高分子材料对日光、冷热和风雨等气候条件综合破坏的耐受能力，与热空气老化、湿热老化、臭氧老化及紫外线老化等有关。其中，紫外线照射是促使塑料老化的关键因素。由于紫外线不能透过玻璃，所以耐候性对户外使用的高分子材料尤其重要。正常情况下，室外的紫外线照射足以使聚合物分子链破裂，导致高分子材料变色、龟裂甚至粉化，恶化材料的力学强度。另外，在湿热环境下，高分子材料在紫外线照射下的降解速度会明显加快，使得材料的耐候性受到更严峻的考验。

高分子材料的耐候性测试标准包括 GB/T 3681、ISO 877 及 ASTM D1435 等。需要注意的是，在高分子材料的耐候性评价中，短期户外暴露试验的结果能够表征相应的户外性能，但不应用于预测材料长期的绝对老化性能。

表 6-6 给出了各种高分子材料的室外耐候性，并说明了紫外线（UV）稳定剂对高分子材料老化行为的抑制作用。

表 6-6　　　　　　　　　　　　　　高分子材料的室外耐候性

材料名称	UV 稳定剂	暴露时间/d	拉伸强度 变化/%	断裂伸长率 变化/%	可视变化
聚甲醛	有	3656	−3	−24	失去光泽
聚甲基丙烯酸甲酯	有	1825	−16	−36	微黄
乙酸丁酸纤维素	有	1277	−8	−2	无
全氟（乙烯-丙烯）共聚物	无	5475	0	0	无
聚酰胺 66	无	1825	−68	−98	—
聚酰胺 66	有	1825	−11	−78	—
聚酰胺 12	有	730	+5	−9	微黄
聚酰胺-酰亚胺	无	250	0	−7	无
聚对苯二甲酸丁二醇酯	无	1825	−50	−47	—
聚对苯二甲酸丁二醇酯	有	1825	−3	−20	—
高密度聚乙烯	有	1826	+6	−90	失去光泽
高密度聚乙烯	黑色	3652	−8	−22	失去光泽
聚丙烯	有	365	−24	−22	—
聚氨酯	黑色	1490	−25	+2	—
苯乙烯-丙烯腈共聚物	有	240	+2	−10	失去光泽
未增塑聚氯乙烯	有	720	−8	−12	灰色
未增塑聚氯乙烯	无	720	−5	−8	无
聚碳酸酯	有	1095	−1	−83	发黄

6.2.2.9　高分子材料的光学性能

高分子材料的光学性能主要包括透光率、雾度和折射率等。其中，透光率是可见光透过材料的光通量与其入射光通量之比，雾度是指扩散透光率与总透光率之比。透光率大且雾度小的高分子材料才是透明度好的透明材料。高度无定形聚合物是透明的。聚甲基丙烯酸甲酯、聚苯乙烯、聚碳酸酯和苯乙烯/丙烯腈共聚物等都是常见的透明高分子材料。而结晶型聚合物的散射现象减小了透光率，产生如雾玻璃的效果。聚乙烯、聚丙烯、聚氨酯、聚甲醛、聚酰胺和酚醛树脂等都是常见的半透明高分子材料。当半透明高分子材料制成薄膜制品时，又具有了透明性。

在实际中，常常需要根据应用场景对材料光学性能的具体要求，来选择合适的高分子材料。对于透光塑料板材玻璃和光学塑料透镜，要求透光率高且雾度小。对于透明的高分子涂料，也应该有最大透光率和最小雾度的要求。另外，照明灯罩材料既要求透光率高，也要求雾度要高，以消除光源的炫目影响。表 6-7 给出了各种高分子材料的光学性能。

表 6-7　　　　　　　　　　　　高分子材料的光学性能

材料名称	透光率 T_t/%	雾度 h_a/%	折射率 n_D	阳光影响
ABS	85	10	1.54	—
聚甲基丙烯酸甲酯	92	1~8	1.49	无
乙酸丁酸纤维素	90	1	1.47	无
环氧树脂	96	1	1.53	无
聚碳酸酯	85	1~3	1.59	稍黄
聚对苯二甲酸乙二醇酯	85	1.5	1.64	发黄
聚偏二氟乙烯	80	—	1.44	无
聚苯乙烯	88	3	1.59	发黄
聚氯乙烯	80	—	1.53	稍黄
离子交联聚合物	85	3~17	1.51	稍黄
苯乙烯-丙烯腈共聚物	88	3	1.57	稍黄
普通玻璃	99	—	1.52	无

近年来，经过改性、共聚，又推出改性聚丙烯酸、苯乙烯/甲基丙烯酸甲酯共聚物、醚砜/苯乙烯共聚物等光学高分子材料，用于制造激光器材、透明镜片和隐形眼镜片等。

6.2.2.10　高分子材料的硬度

硬度是指材料局部抵抗硬物压入其表面的能力。硬度是比较各种材料软硬的指标。由于规定了不同的测试方法，所以有不同的硬度标准。常见的硬度评价方法有：①邵氏硬度，采用 GB/T 2411 等标准进行测试。②洛氏硬度，采用 GB/T 3398 等标准进行测试。③布氏硬度，采用 GB/T 231 等标准进行测试。④巴氏硬度，采用 GB/T 3854 等标准进行测试。⑤刮痕硬度，采用 ISO 4586 等标准进行测试。表 6-8 给出了各种高分子材料的硬度，表 6-9 给出了高分子材料硬度标度的比较。

6.2.3　高分子材料的选择方法

（1）根据制品所要求的特殊使用性能选择材料，如：透明性、卫生性、阻透性等。

表 6-8　　　　　　　　　　　　　　高分子材料的硬度

材料名称	洛氏硬度		邵氏硬度 D	巴氏硬度
	M	R		
高抗冲 ABS	—	85～109	—	—
聚甲醛	94	120	—	—
丙烯酸树脂	85～105	—	—	49
纤维素塑料	—	30～125	—	—
玻纤增强环氧树脂	100	—	—	—
聚四氟乙烯		—	50～65	—
聚三氟氯乙烯		75～95	76	—
改性聚苯醚	78	119	—	—
聚酰胺 66	—	108～120	—	—
聚酰胺 6	—	120	—	—
聚碳酸酯	70	116	—	—
刚性聚酯	65～115	—	—	30～50
高密度聚乙烯	—	—	60～70	—
中密度聚乙烯	—	—	50～60	—
低密度聚乙烯	—	—	41～46	—
聚丙烯	—	90～110	75～85	—
硬质聚氯乙烯	—	117	65～85	—
聚硅氧烷	84	—	—	—
聚砜	69	120	—	—

表 6-9　　　　　　　　　　　　　　高分子材料硬度标度的比较

布氏硬度	洛氏硬度		邵氏硬度		典型制品
	M	R	D	A	
25	100	—	—	—	很硬
16	80	—	—	—	—
12	70	100	90	—	—
10	65	97	86	—	—
9	63	96	83	—	较软
8	60	93	80	—	—
7	57	90	77	—	—
6	54	88	74	—	软的
5	50	85	70	—	—
4	45	—	65	—	—
3	40	—	60	98	高尔夫球
2	32	—	55	96	—
1.5	28	—	50	94	—
1	23	—	42	90	阀的垫圈
0.8	20	—	38	88	—
0.6	17	—	35	85	—
0.5	15	—	30	80	—
—	—	—	—	60	内轮胎
—	—	—	—	50	橡胶软管
—	—	—	—	35	橡胶带
—	—	—	—	10	

这样可以快速缩小选择范围，因为实际上透明树脂的种类并不多，树脂的阻隔性能也相差较大。需要注意的是，大部分的半透明高分子材料，如聚乙烯、聚丙烯、聚氨酯、聚甲醛、聚酰胺和酚醛树脂等，当它们制成薄膜制品时，又具有较好透明性，只是透光率不如透明高分子材料高。

（2）对符合制品特殊性能要求的树脂进行力学性能比较。根据制品的使用要求和技术性能指标，如：拉伸强度、拉伸伸长率、冲击强度及弯曲强度等，选择符合制品力学性能要求的高分子材料。

（3）根据生产成本要求对符合制品力学性能要求的树脂进行筛选，从中找到生产成本较低，基本符合制品力学性能的高分子材料。需要注意的是，生产成本应包括生产工艺费用和原料成本。

（4）根据制品所要求的使用性能，如：阻燃性、抗静电性、防老化性能、电性能等要求，对符合制品力学性能要求的树脂进行功能化和高性能化增强改性，使其满足制品的使用性能要求。

6.2.4　高分子材料选择的举例

下面列举出一般塑料制品所使用的主要树脂原料。在实际生产中，同一类制品往往可以用不同的树脂原料和不同的工艺生产，而且这些制品都可以在市场中竞争生存，也必定有其特点和优势。例如：LDPE 和 PVC 树脂都可以作为农用大棚膜的生产原料。其中，PVC 薄膜从很早之前就已经开始生产和使用，而且它的生产工艺和控制条件都远远难于 LDPE 薄膜的生产。因此，LDPE 薄膜出现后，PVC 薄膜的生产就开始逐年减少。但是，PVC 农用大棚膜的生产近年来又开始增加，主要是因为以下两个原因：①PVC 农用大棚膜的生产工艺和设备有了长足的进步。原来生产 PVC 薄膜采用的是吹塑薄膜和压延薄膜这两种方法。其中，吹塑薄膜的工艺对于容易热分解的 PVC 树脂来说难于控制，而且质量也难以保证，已被市场淘汰。在压延薄膜工艺中，薄膜的宽度受压延机的辊面长度的限制。若是增加压延机的辊面长度，会使得设备投入费用成倍增加。为了解决这一问题，近年来采用了扩幅的方法，即在压延机之后衔接扩幅机，将原来压延出来薄膜由 2m 宽扩幅到 3～6m 宽，很好地解决了 PVC 薄膜幅宽不足的缺点。②PVC 薄膜的透明性和耐老化性能成为 PVC 农用大棚膜与 LDPE 农用大棚膜竞争的优势，由此形成了两种不同树脂生产农用大棚膜共存的市场状态。

当然，这种由多种不同树脂生产的同一类制品在市场中共存的情况还有很多，主要是因为不同树脂生产的制品，质量不同，特性不同，价格也不同。市场会根据具体需要选择不同树脂生产的制品。

以下是各种塑料产品一般所使用的树脂材料：

（1）塑料薄膜、片、板类产品

① 塑料薄膜

农用地膜，主要原料有 LDPE、LLDPE 等，其中 LLDPE 适合做薄型地膜。

农用大棚膜，主要原料有 LDPE、PVC 等。

软包装膜，主要原料有 LDPE、LLDPE、BOPP、BOPET、PVC 等。其中，BOPP

适合做透明的服装包装膜等。

重包装膜，主要原料有 HDPE、LDPE 等，背心袋一般使用 HDPE。

防潮包装膜，主要原料有 BOPP、PET、PA 等。

阻氧包装膜，主要原料有 EVOH、PVDC、PA 等。

日用膜，主要原料有 PVC、EVA 等，可印成各种花纹。

光学膜，主要原料为 PET，用于胶片、磁带、色带。

热收缩膜，主要原料有 PVC、LLDPE 等。

扭结膜，主要原料有 HDPE、PVC 等，可代替玻璃纸，用于糖果包装。

自粘膜，主要原料有 HDPE/EVA、LLDPE/EVA 共聚物等。

双向拉伸膜，主要原料有 PP、PET 等。

② 塑料片材

一般塑料片材主要原料有 PVC、PE、PP 等。

发泡片材主要原料有 PS、PE、PLA、PVC 等。

③ 塑料板材

一般塑料板材主要原料有 PVC、ABS 等。

透明板材主要原料有 PC、PMMA、PS 等。

发泡板材主要原料有 PS、PU 等。

（2）纤维材料

① 编织袋。主要原料有 PP、HDPE 等。

② 打包带。主要原料有 PP、HDPE、PVC 等。

③ 撕裂膜。主要原料有 PP、HDPE 等。

④ 地毯。主要原料有 PP、PET 等。

（3）塑料管材

① 硬管。主要原料有 HPVC、HDPE、PP、PPR、ABS 等，用于上下水管、煤气管及输油管等。

② 软管。主要原料有 LDPE、SPVC 等。

③ 透明管。主要原料有 SPVC、PET、PC、PA 等。

（4）异型材　异型材的主要原料有 HPVC、PS 等。如：采用 HPVC 生成的塑料门窗、建筑装饰材料、家具等；采用低发泡 HPVC 和 PS 等生产的包装材料、家具等。

（5）中空制品

① 不透明制品。主要原料有 HDPE、ABS、HIPS、PP 等。

② 透明制品。主要原料有 PVC、PET、PMMA、PC 等。

（6）吸塑制品

① 透明制品。主要原料有 PVC、PP、PS、PMMA、PE 等。

② 不透明制品。主要原料有 PVC、ABS、HIPS、PP、PE 等。

③ 发泡制品。主要原料有 PS、ABS、PVC 等。

（7）电缆料

① 绝缘级制品。主要原料有 PVC、PA、PE 等。

② 护套级制品。主要原料有交联 PE、PA 等。

（8）日用注塑制品

① 不透明类制品。HDPE、PP 材质制品用于周转箱、椅子等；PP、PS、PE 材质制品用于玩具；ABS 材质制品用于装饰体。

② 透明类制品。主要原料为 PS、PMMA、PC 等，用于光学、文具、磁带盒等。

以下是特殊用途产品一般所使用的树脂材料：

① 透明性。主要选择 PMMA、PS、PC、PET、AS、PVC、PP、PE（用于薄膜）等。

② 耐热性。主要选择增强 PA、增强 PBT、PET、均聚 POM、EP、PF、MF、PSF、PPO、PEEK、PI、氯化聚醚等。

③ 耐腐性。主要选择氟塑料、超高分子量 PE、EP、PVC、HDPE、PP 等。

④ 耐磨性。主要选择氟塑料、超高分子量 PE、PA、POM、HDPE、ABS 等。

⑤ 可发泡轻质化

隔音类，主要选择 PF、PVC、PM 等。

防震类，主要选择 PU、PS 等。

隔热类，主要选择 PF、PS、EP、PVC 等。

弹性类，主要选择 PU、PE、PVC、PA 等。

⑥ 表面装饰类。主要选择 ABS、HIPS、PP、POM、PC、氨基塑料等。

6.3 助剂的选择

在一个塑料制品的配方中，树脂材料是最主要的组分，在制品的性能上起主导作用。如果树脂材料已经可以满足制品的性能要求，则单独使用树脂加工制品，使配方设计和加工过程简化。但是，大部分实际情况是，一种树脂无法完全满足制品的性能要求，或者单独使用树脂的生产成本较高。因此，经常需要对树脂材料进行改性，使其满足制品的使用需求和成本要求。例如：在 PVC 制品生产中，通常都不会采用单独的 PVC 树脂来直接生产制品，而使必须加入热稳定剂、加工类改性剂以及提高材料力学性能和降低材料成本的助剂。

所谓的改性，就是使树脂材料取得原来不具有的性能。广义的改性，是指所有能赋予树脂新性能的方法，如：加工改性、填充改性、增强改性、增韧改性、着色等。改性是优化树脂材料应用性能的一种最为简单、快速且有效的方法。因为开发一个新结构的树脂材料，往往需要几年甚至更长的时间，而通过改性来提高树脂的性能，或是赋予树脂新的性能，这都可以在相对较短的时间内完成。例如：聚丙烯树脂的外观、刚性、加工性以及价格都适用于生产汽车部件，但其低温抗冲击性不好，无法满足汽车保险杠的性能要求。只有先对 PP 进行抗冲击改性，提高材料的低温抗冲击性能后，才可以用于生产汽车保险杠。

在配方设计中，为了达到目标应用性能，常常在树脂基体中混入其他物质，形成一个新的复合体系。而混入的其他物质，一般称为助剂或添加剂。助剂是指赋予树脂某种特殊性能的物质。常用的助剂有增塑剂、稳定剂、着色剂、阻燃剂、增韧剂、抗氧剂、发泡剂等。

6.3.1　助剂选择的原则

配方设计是确定树脂、选择助剂品种并确定其加入量的一个过程。可用于高分子材料配方设计的助剂有许多类，如热稳定剂、增塑剂、润滑剂、加工助剂、抗氧剂、抗紫外光剂、阻燃剂、发泡剂、抗静电剂、降解剂、着色剂、填料、增强剂、增韧剂、偶联剂、相容剂、成核剂、交联剂、防雾剂、防霉剂等，而且每类助剂又有几十种、甚至上百个品种。因此，对于一个具体的制品而言，如何从上述众多助剂品种中选择合适的品种，构建合适的配方体系，可以从以下几个方面进行考虑：

（1）根据制品的性能要求进行配方设计　从本章的一开始就强调配方设计的主要依据是制品的性能要求。根据制品的性能要求确定与此基本相近的树脂，再根据加工要求和制品的使用要求选择相应的助剂。例如：设计中空容器，可根据容器的基本力学性能选择某种树脂作为主要原料。如容器用于装油品，则要进行耐油改性；如用于装碳酸饮料，则要进行阻隔改性；如用于装光敏药品，则要加入颜料加工成黑色；如没有特殊的使用要求，则只需根据市场要求加入颜料加工成各种彩色的容器，或者还可以加入填料降低成本。

（2）助剂与树脂的相容性　用于配方中的助剂要与树脂有良好的相容性，这样才能均匀地分散在树脂中，与树脂有机地结合在一起，从而发挥其应有的作用。尤其是改性类助剂，这类助剂与树脂的相容性对其目标性能的实现有很大的影响。例如：增塑剂就具有较高的选择性，用在 PVC 树脂中增塑剂，通常就不能使用在 PP、PE 树脂中，因为这类增塑剂不仅与 PP 树脂根本不相容，也不会对 PP 树脂产生增塑作用。相反，功能性助剂则一般可以使用在大多数树脂上，如颜料酞菁蓝加入到大多数树脂中都可以使制品变成蓝色，紫外线吸收剂可以加入大多数树脂中都可以提高制品的耐光老化能力。

（3）助剂的耐热性和分散性　一般的助剂大都为小分子物质，热分解温度都不太高。特别是小分子有机助剂，在加热中还容易分解。因此，在选择助剂时，要保证其在加工过程中不能热分解。对于固体助剂，最好能在加工温度下熔化，这有利于其均匀分散在树脂中。当然，有一些固体助剂在加工中是不会熔化的。例如：大部分填料是无机粉末，它们的熔化温度高达上千摄氏度，因此在树脂的加工温度下是不可能熔化的。另外，无机粉末与有机高分子树脂相容性通常都较差，应该对其进行表面的有机化处理，从而提高填料在树脂中的分散性。

（4）加工方法对助剂的要求　不同的加工方法，对加入助剂的要求是不同的，尤其是对润滑性能的要求是不同的。例如：PVC 片材可以用挤出法和压延法两种方法生产，但是两种加工方法对润滑剂的要求完全不同。挤出法主要以加入内润滑剂为主，外润滑剂加入量则较少；而压延法则多选用外润滑剂，并且加入量稍大。另外，单螺杆挤出机和双螺杆挤出机挤出 PVC 制品的配方设计也有所不同，主要是由物料在挤出机中受热和受力状态不同所致。

（5）助剂的相互作用　大多数塑料制品配方中都含有两种或两种以上的助剂，而且这些添加剂之间往往会产生一定的相互作用，从而影响整个配方的性能发挥。

在制品配方中，各种添加剂之间的相互作用有时有利于制品性能的提高，而有时则无助于制品性能的提高。总体来说，制品配方中各组分的相互关系有三类，即协同作用、对抗作用以及加和作用。

① 协同作用。协同作用是指塑料配方中两种或两种以上的助剂一起加入时的效果高于其单独加入时的平均值。不同添加剂之间产生协同作用的原因，主要是它们之间产生了物理或化学作用。例如：链终止型抗氧剂的抗氧机理是向过氧自由基施放氢原子，使其形成氢过氧化物。当两种抗氧效果不同的主辅抗氧剂并用时，主抗氧剂与过氧自由基反应，使其活性终止时，辅抗氧剂向主抗氧剂自由基提供氢原子，使主抗氧剂再生，重新发挥主抗氧剂的抗氧作用。

在抗老化配方中，能够产生协同作用的体系有：

（a）两种邻位取代基位阻程度不同的酚类抗氧剂并用。

（b）两种结构和活性不同的胺类抗氧剂并用。

（c）一种仲二芳胺与一种受阻酚类抗氧剂并用。

（d）主抗氧剂与辅助抗氧剂亚磷酸酯并用。

在阻燃配方中，可以发挥协同作用的例子也很多：

（a）在卤系阻燃剂/三氧化二锑复合体系中，卤系阻燃剂可与三氧化二锑发生反应，生成的三卤化锑可以隔离氧气，从而达到增大阻燃效果的目的。

（b）在卤系/磷系阻燃剂复合体系中，两类阻燃剂也可以发生化学反应而生成卤化磷等高密度气体，这些气体可以起到隔离氧气的作用。另外，这两类阻燃剂还可分别在气相和凝聚相中共同作用、相互促进，提高阻燃效率。

② 对抗作用。对抗作用是指配方中两种或两种以上的助剂一起加入时的效果低于其单独加入时的平均值。产生对抗作用的原理同协同作用一样，也是不同助剂之间产生物理或化学作用的结果。不同的是，此种相互作用的结果不但没有促进各自作用的发挥，反而削弱了其应有的效果。

在防老化配方中，会发生对抗作用的例子很多，主要有：

（a）受阻胺类光稳定剂不能与硫醚类辅抗氧剂并用，因为硫醚化合物产生的酸性成分会抑制受阻胺化合物的光稳定作用。

（b）芳胺类和受阻酚类抗氧剂一般不与炭黑类紫外光屏蔽剂并用，因为炭黑对胺类或酚类化合物的氧化有催化作用，会抑制抗氧剂效果的发挥。

（c）常用的抗氧剂与某些含硫化合物，特别是多硫化物之间，也存在对抗作用，原因是多硫化物有助氧化作用。

在阻燃配方中，也存在对抗作用的例子，主要有：

（a）卤系阻燃剂与有机硅类阻燃剂并用，会降低阻燃效果。

（b）红磷阻燃剂与有机硅类阻燃剂并用，也存在对抗作用。

③ 加合作用。加合作用是指配方中两种或两种以上的助剂一起加入的效果等于其单独加入效果的平均值，一般又称作叠加作用或搭配作用。

加合作用最为常见，在增塑剂、稳定剂、润滑剂、抗氧剂、光稳定剂、阻燃剂以及抗静电剂中都存在。例如：不同类型的防老化剂并用后，可以提供不同类型的防护作用；抗氧剂可以防止热氧化降解，光稳定剂可以防止光降解，防霉剂可以防止生物降解等；润滑配方中也常用将内润滑剂和外润滑剂并用，从而发挥内部和表层的双润滑效果；阻燃配方中也常将气相型阻燃剂与固相型阻燃剂并用，将阻燃剂与消烟剂并用等。此外，不同类型助剂之间大都是加合作用。例如：增塑剂、抗氧剂、光稳定剂以及抗静电剂并用，通常都是加合作用。

6.3.2　助剂的成本

助剂的价格一般都比树脂高，尤其是着色剂、阻燃剂、增韧剂、抗氧剂以及发泡剂的价格都与树脂相差较大。当然，也有价格便宜的助剂。例如：填充剂的价格通常在树脂价格的 10% 左右，甚至更低。配方设计时，除了考虑制品的性能以外，制品成本也是必须重点考虑的问题。在保证制品性能的前提下，要尽量降低树脂和助剂的成本。

6.3.3　制品的透明性

如果制品要求透明，所能选择的树脂和助剂就不多了。选定树脂后，所选助剂应不影响其透明性。一般情况，助剂的折射率与树脂越相近，对制品的透明性能影响越小。无机助剂大都影响制品的透明性，只有云母、二氧化硅、硼酸锌等少数无机助剂对制品的透明性影响较小。

6.3.4　制品的卫生性

由于大部分助剂都有毒性或低毒性，对于食品包装和医药器具领域的塑料制品，配方设计时应对制品的卫生性和毒性要求尤为注意。对于与食品和药品接触的塑料制品，要求无毒或低毒时，所选择的助剂也应是无毒的。对于使用在高温环境的制品，在设计配方时要注意助剂在高温条件下的稳定性和析出性。例如：生产保鲜薄膜时，选择无毒的树脂和无毒的助剂就显得十分重要，因为保鲜膜不仅可能接触热食，还有可能接触油腻食品，而植物和动物油脂都容易造成助剂析出，进而污染食品。正常情况下，PE 保鲜膜中只需添加一定量的无毒增粘助剂，而 PVC 保鲜膜中一般需要添加稳定剂、增塑剂以及增粘助剂，因此 PE 保鲜膜更容易做到安全可靠。不过，与 PE 保鲜膜相比，PVC 保鲜膜具有更高的透明性，包装效果更好。

6.4　配方各组分的混合

设计一个好的配方固然关键，但是生产中如何使配方中各组分充分混合均匀，更是配方设计有效实施、塑料制品成功生产的重要保障，因为这决定了配方中各组分作用的发挥能否使最终制品的性能达到预期目标。

6.4.1　混合物料的种类

（1）含有大量液体物料的混合　含有大量液态助剂的混合物料较容易混合均匀，但在实际生产中并不常见。

（2）干粉末物料的混合　这类物料稍难混合均匀，但只要注意混合温度、混合剪切力以及物料的性能，也是可以混合均匀的，这是生产中常见的物料混合。需要注意的是，树脂为粉状物料时，配方中各添加组分也应尽量选择粒度相近的粉状物料。例如：PVC树脂加工时，配方中粉状添加物的粒度应尽可能与PVC树脂粉末相近，这样才容易混合均匀。

（3）干粉末物料与颗粒物料的混合　当树脂为粒状物料，而各种添加组分为粉状物料时，由于粒度相差太大，一般要加入助混剂。例如：在PP树脂中混合0.5%的颜料时，应加入一些高黏度液体，使颜料牢牢粘附在树脂上。

常用的助混剂为一些高黏度的液体物质，加入配方后，既不影响配方的预期性能，也能起到润滑作用，还能适当地改善树脂的加工流动性。具体品种有：白油、松节油、DOP、硬脂酸、金属皂类等。助混剂的加入量应严格控制在1%以下，否则会造成润滑过度，下料困难。

6.4.2　物料的混合原理

配方中的不同组分之所以能充分混合在一起，主要通过以下三种作用：

（1）扩散作用　所谓的扩散作用，即是凭借配方中各组分之间浓度差的推动，使各组分由浓度较大的区域移动到浓度较小的区域，从而达到组成的均一。

对于气—气之间的混合，扩散作用可以快速、自发地进行，不必施加外界力。

对于液—液之间的混合，扩散作用的效果也比较显著。

对于固—固之间的混合，扩散作用的效果很弱。在实际操作中，可以通过升高温度、增加各组分的接触面以及减少料层厚度等办法来增强扩散作用的效果。

（2）对流作用　所谓的对流作用，即是使两种或多种组分在相互占有的空间内发生流动，以达到组分混合均匀的目的。对流作用不是自发的，需要借助于外力的作用。这个外力一般多为机械搅拌力。无论配方中各组分的形态如何，对流作用总是必不可少的。

（3）剪切作用　所谓的剪切作用，即是利用剪切力促使配方中的各组分混合均一。具体为：假设有一力作用于物料块上平面而使其移动，但下平面不动，此时这个力会使物料发生变形、偏转以及拉长。在此过程中，物料块本身的体积不发生变化，只是截面变小，向倾斜方向伸长，表面积增大，从而扩大了物料分布区域，达到混合均匀的目的。

剪切作用的大小与剪切速率、剪切力方向这两个因素有关。剪切速率越大，越有利于物料的充分混合。剪切力对物料的作用方向，最好能90°互变，使物料连续承受互为90°的两个剪切力的交替作用。具体在混合过程中，可通过不断翻料的办法去改变剪切力方向。双辊压延机、挤出机、密炼机的混合机理主要为剪切作用。

6.4.3　提高物料混合均匀性的方法

（1）原料的预处理　主要是对含水量高的原料进行干燥处理，对粒径分布过大的原料进行过筛处理，对未有机化的无机填料进行有机化表面处理等。

（2）对于含有液体添加物的混合物料，可以适当预热其中的液体组分，以加快其扩散速度，增强传热过程，使树脂加速溶胀，从而提高混合效率。

（3）对于液体物料与少量粉末物料的混合，由于其中的粉末组分与增塑剂、稳定剂等液态组分易于发生凝聚现象，一般可先将其配成浆料，即将增塑剂与粉末组分研磨混合。

（4）对于含有大量无机添加物的混合物料，如填料、阻燃剂的混合物料，一般需要先对无机添加物进行表面有机化处理。具体方法为：将偶联剂与无机添加物预先混合处理。

（5）加料顺序　配方中各组分混合时，不同的加料顺序，可实现不同均匀性的混合效果。因此，制定合理的加料顺序十分重要。大体原则是：润滑剂后加，以防止降低混合的剪切力；液体物料与树脂先加；稳定剂与树脂一起加；熔点低的物料与树脂先加；用量少的物料与树脂先加；最后加填充剂。

（6）混合温度　升温可以促进物料的对流作用。因此，在混合时一般都需要进行适当升温。一般温度控制在 $100 \sim 125 ℃$ 出料，然后迅速进入冷却混合，冷却到室温。高温混合时，应以物料不分解和保证物料不粘连为前提。

6.5　配方中用量的表示方法

塑料配方中树脂和助剂的用量，有两种表示法：一种是以树脂为 100 份，其他助剂为树脂质量的百分之几；另一种是以树脂和助剂的混合物为 100 份，树脂和助剂各为混合物质量的百分之几。两种方法各有利弊，例如：表 6-10 给出了透明软质聚氯乙烯薄膜的配方有以下两种表示方法。

表 6-10　　　　　　　　　透明软质聚氯乙烯薄膜的配方表示方法

方法 1：以混合物质量为 100%		方法 2：以树脂质量为 100 份	
物料名称	用量	物料名称	用量
聚氯乙烯	65%	聚氯乙烯	100 份
邻苯二甲酸二辛酯	26.2%	邻苯二甲酸二辛酯	40 份
癸二酸二辛酯	8%	癸二酸二辛酯	10 份
硬脂酸钡	1.2%	硬脂酸钡	1.8 份
硬脂酸镉	0.4%	硬脂酸镉	0.6 份
硬脂酸	0.2%	硬脂酸	0.3 份
合计	100%	合计	152.7 份

在表 6-10 中，第一种方法是以混合物质量为 100% 计算，这种方法十分明确地反映了配方中每种组分在配方体系中所占的比例。该方法多在论文中采用，便于说明某种助剂的用量，同时在计算消耗量时也较为方便。第二种方法表明了每种助剂的数量对树脂的比例，能够很直观地明白一定量的树脂需要添加多少助剂，便于记录，使用方便。第二种方法多在实际生产和加工实验中使用，突出优点是，调整配方时，添加一种助剂或增减某种助剂的用量，都不会不会影响配方中其他组分的表示。而在第一种方法中，添

加一种助剂或增减某种助剂的用量，都会使配方中其他组分的表示发生改变。

6.6 配方设计试验方法

在配方设计时，往往要确定配方中各种助剂的添加量，确定各种助剂的搭配效果，这些都需要通过一定的科学试验来确定的。如果盲目地进行试验，这个过程会需要大量的时间来尝试。而采用先进的设计方法，则可以大大地减少试验的次数，节省工作量。若是通过计算机技术进行配方设计，更会使其准确快捷。因此，现在普遍使用电脑配色来使制品的调色工作变得简单、快捷、准确。

6.6.1 单因素变量配方试验设计法

单因素变量配方设计，是指只需要通过改变一种助剂的添加量来调整制品的性能，此设计方法一般常用消去法来确定。消去法的原理是，假定制品的物理性能指标是变量区间中的单峰函数，即在变量区间中，只有一个极值点，这个点就是所寻求的物理性能最佳点。在寻找最优试验点时，常利用函数在某一局部区域的性质或一些已知的数值来确定下一个试验点。这样一步步搜索、逼近，不断消去部分搜索区间，逐步缩小最优点的取值范围，最后达到最优点。消去法的基本方法是，在搜索区间内任取两点，比较它们的函数值，舍去一个，搜索区间缩小后，再进行下一步，使区间缩小到允许误差之内。常用的搜索方法有：爬山法、黄金分割法、平分法（或者"对分法"）、分批试验法。

6.6.1.1 爬山法

爬山法适用于对稳定生产中的某一种因素进行微量调整，得到改进的效果。

例如：PVC 型材的生产配方如表 6-11 所示。

表 6-11   **PVC 型材的生产配方**

组分	用量/份	组分	用量/份
PVC	100	ACR	2
稳定剂	4	碳酸钙	6
CPE	8		

由于采用了超细活性碳酸钙，希望通过增加超细活性碳酸钙的用量来降低原材料成本，前提是 PVC 型材的力学性能，特别是低温冲击性能符合产品出厂标准。由于碳酸钙用量增加受到力学性能的限制，因此需要在力学性能容许的条件下获得碳酸钙用量的最大值。

在实际试验操作中，可以在原先正常生产的配方中添加 6 份碳酸钙，并以此为基础，逐步增加碳酸钙的用量，逐步降低原料成本和检测制品的性能，当制品的性能下降到还可以超出检测制品的性能标准的 5%～10% 时，此时添加的碳酸钙量为最佳的加入量。

6.6.1.2 黄金分割法

黄金分割法适合在较大的范围快速找出最佳点。

例如：在 PVC 型材配方中，PVC 树脂 100 份，而 CPE 的用量的确定，则需在 1～10 份中寻找冲击性能最佳且拉伸性能也符合标准的平衡点。

采用黄金分割法，第一步做 1 份、6.18 和 10 份三点实验，检测其性能得到 1 份较差，6.18 份和 10 份较好；再在 6.18 份和 10 份中的 0.618 处（即 8.5 份）做实验，检测其性能得到 8.5 份较好；再在 6.18 份和 8.5 份中的 0.618 处（即 7.6 份）做实验，检测其性能仍为 8.5 份好；可以继续在 7.6 份和 8.5 份中的 0.618 处做实验，最终得到最佳配方。

6.6.1.3　平分法（或者"对分法"）

平分法与黄金分割法相似，只是在试验范围内，每个试验点都取在剩余范围的中点上，根据试验结果，去掉试验范围的某一半，然后再在保留范围的中点做第二次试验，再根据第二次试验结果，又将范围缩小一半，如此这般逐步逼近最佳点范围。

6.6.1.4　分批试验法

分批试验法可分为均分分批试验法和比例分割分批试验法。

均分分批试验法是把每批试验配方均匀地同时安排在试验范围内，将其试验结果比较，留下较好结果的范围。在留下的试验范围内，再均匀地分成数份，再做一批试验，这样不断做下去，就能找到最佳配方的范围。在这个窄小的范围内，等分点结果较好，又相当接近，即可终止试验。

比例分割分批试验法与均分分批试验法相似，只是试验点不是均匀划分，而是按照一定比例划分。该法由于试验效果、试验误差等原因，不易鉴别，所以工厂一般都采用均分分批试验法进行试验。但当原材料添加量变化较小，而制品的物理性能却有显著变化时，采用比例分割分批试验法的效果会更好。

6.6.2　多因素变量配方试验设计法

多因素变量配方设计，是指需要将配方中的二个或二个以上助剂都改变用量，来考察各助剂间的最佳协同效果。繁琐的方法是先改变一种助剂用量，其他助剂用量不变；当此种助剂的用量使制品性能达到最佳值后，此种助剂的用量固定不变，再改变另一种助剂的用量，制品性能达到最佳值后，再改变另外一种助剂的用量。如此这般，往往需要做几十到上百次实验，工作量十分大。为了提高多因素变量配方设计的工作效率，数学家们为这类多因素变量配方实验设计了一种简单实用的方法，称为正交设计法。

6.6.2.1　正交设计

正交设计方法是一种科学的实验设计方法，适用于研究多种因素协同变化产生的影响。正交设计的关键是确定目标指标，如以综合性能、某一项性能、加工工艺或者成本作为检测指标，制订正交表。通过正交表把指标、因素和水平按统一的格式排列，使试验过程简便、合理，从而尽快找出最优组合。

在处理多因素、多指标实验课题时，例如共混料配方，有的因素单独起作用，也有的多个因素相互促进或者相互制约，具有复杂多变的关系，给试验带来了极大困难。正交设计方法是解决多因素试验的一种科学的试验方法，它可以利用一种规格化的正交表，合理安排试验。采用这种方法，只需做较少的试验，便可得出较优的效果。若对试验结果进行统计分析（直观分析法、方差分析法），还可全面、系统地掌握试验结果，作出正确的判断。

（1）正交设计的因素的确定　正交设计的因素是指配方实验所改变的组分，或者工艺实验中所要改变的条件。例如：在PVC板材配方中，增塑剂、填充剂以及改性剂三者的用量是影响板材冲击强度的主要影响因素，可以把这三个参数定为配方实验的因素。又例如，在PVC混合塑化中，PVC的塑化质量受熔体温度、剪切速率、增塑剂用量以及加工改性剂用量的影响最大，因此可以把这四个参数定为该配方试验的因素。由此可知，正交设计时，应该把影响目标指标的主要成分定为因素。

（2）因素水平的确定　因素水平是指各因素的变化量。例如：在PVC板材配方中，增塑剂、填充剂以及改性剂三者的用量是影响板材冲击强度的主要因素。三个因素的用量如下：增塑剂的用量为5份、7份、9份，填充剂的用量为15份、20份、25份，改性剂的用量为4份、6份、8份，即每个因素变化三个点来考察板材冲击强度，该实验为三因素三水平实验。如不采用正交设计，则应该是先固定两个因素的用量，变化一个因素的用量，各因素照此逐一进行实验，一共要做27个实验。而在正交试验中，只需做9个实验。

因素水平的变化范围是正交设计的重要环节，它直接影响实验结果。当把一个因素的变化范围扩得很大，它可能就成了对整个实验影响最大的因素。例如：若是把上例中增塑剂的用量改为：5份、15份、25份，其他因素不变，那么增塑剂的用量就成了影响板材冲击强度的主要因素。因此，各因素的变化范围必须在合理的考查范围内。

（3）考核指标要明确　最终所要检验的指标（即考察指标）应该明确。这里一般指的是一项指标，也可以是以一项指标为主，其他指标作为参考，最后综合分析讨论。所要确定的指标最好能数字化，例如：拉伸强度、冲击强度、硬度、维卡软化点等，不要采用定性的指标，例如：塑化质量、柔软性等。例如：在上例的PVC板材配方实验中，将增塑剂、填充剂以及改性剂三者的用量作为主要因素，以冲击强度为主要考核指标，同时还要考察拉伸强度、硬度以及原材料成本等。因为在这个实验中增塑剂和改性剂的增加会使板材的冲击强度提高，拉伸强度下降，原材料成本上升。其中，拉伸强度下降后也应限制在质量标准指标之上，而成本的上升则是不希望的。另外，填充剂用量的增加会降低成本，使硬度增加。实际上，这三个因素是互相制约的，实验目的在于通过实验达到在质量指标满足要求下最低的原材料成本。在考察的三个因素中，填充剂的成本最低，增加填充剂的用量可以降低成本。但是填充料的用量增加后，板材的冲击强度下降得最严重。而增加增塑剂的用量可以提高冲击强度，但也会造成硬度和拉伸强度的明显下降，维卡软化点也会下降，因此不宜多用。理论上应从增加改性剂的用量着手，因为增加改性剂的用量可以使板材的韧性增加，冲击强度提高，而硬度和拉伸强度也下降得不明显。但是，改性剂的价格较高，一般是PVC树脂价格的2~3倍。改性剂的用量增加会明显抵消通过增加填充料的用量降低的成本。因此，应该选择一个既达到质量指标要求，又实现经济成本最低的三个因素最佳配合点。

（4）正交设计实验分析　因素水平的变化范围是正交设计的首要环节，对得出正确结论有着十分重要的意义。通过试验对指标值进行直观分析，可解决以下三个问题：

① 对指标的影响大小，确定主要影响因素，分清主次关系。

② 各个因素以哪个水平最好。

③ 各因素用什么样的水平组合起来指标值最好。

（5）正交设计实验具体实施方法

① 确定所要解决的问题。

② 确定影响该问题的主要因素。

③ 确定各因素的变化范围，建立各因素变化水平。

④ 确定考核指标，以一个为主，其他的作为参考。

⑤ 根据因素和水平的多少，选择一个合适的。

⑥ 将各因素和因素水平填入表中。

⑦ 按正交表中的配方进行实验，得到的考核指标和其他的参考指标，填写在相应实验表的右侧。

⑧ 试验结果分析。

从表中试验配方找出考核指标结果最好和其次的，再进行综合比较，判断出下列三点：

a. 三个因素中，哪个因素对考核指标影响最大，哪个因素影响最小。

b. 因素的哪个水平对结果影响大，取哪个水平最有利。

c. 组合起来最优水平之间的搭配形式。

（6）正交表 正交表是正交实验的设计表格，用 L_n (t^c) 表示。其中，L 为正交表的代号，n 为实验的次数，t 为水平数，c 为正交表列数，也就是可能安排最多的因素个数。例如：正交表 L_9 (3^4)，表示需要做 9 次实验，做多可观察 4 个因素，每个因素均为 3 水平。当然，一个正交表各列的水平数也可以不相等，称之为混合型正交表。例如：L_8 (4×2^4)，表示此表的 5 列中，有 1 列为 4 水平，4 列为 2 水平。此外，在正交表的每一列中，不同数字出现的次数相等。例如：在三水平正交表中，任何一列都有数字 "1" "2" "3"，且它们在任何一列中出现的次数是相等的。表 6-12 列举了三因素两水平的 L_4 (2^3) 正交表，表 6-13 列举了七因素两水平的 L_8 (2^7) 正交表，表 6-14 列举出了四因素三水平的 L_9 (3^4) 正交表。

表 6-12　　　　　　　　　三因素两水平的 L_4 (2^3) 正交表

实验号	列号			实验号	列号		
	1	2	3		1	2	3
1	1	1	1	3	2	1	2
2	1	2	2	4	2	2	1

（7）应用举例 在 PVC 板材生产中，为了降低原材料成本，通常在满足板材质量指标要求的前提下，增加填充剂的用量，同时调整配方中偶联剂、增塑剂以及改性剂的用量，使体系的性能和成本达到最佳的平衡。为此，可以通过以下步骤完成 PVC 板材配方的优化：

① 把配方中偶联剂、增塑剂、填充剂以及改性剂的用量定为四个变量因素。

表 6-13 七因素两水平的 L_8 (2^7) 正交表

实验号	列号							实验号	列号						
	1	2	3	4	5	6	7		1	2	3	4	5	6	7
1	1	1	1	1	1	1	1	5	2	1	2	1	2	1	2
2	1	1	1	2	2	2	2	6	2	1	2	2	1	2	1
3	1	2	2	1	1	2	2	7	2	2	1	1	2	2	1
4	1	2	2	2	2	1	1	8	2	2	1	2	1	1	2

表 6-14 四因素三水平的 L_9 (3^4) 正交表

实验号	列号				实验号	列号			
	1	2	3	4		1	2	3	4
1	1	1	1	1	6	2	3	1	2
2	1	2	2	2	7	3	1	3	2
3	1	3	3	3	8	3	2	1	3
4	2	1	2	3	9	3	3	2	1
5	2	2	3	1					

② 确定各因素的变化量：偶联剂的用量为 0.5 份、1.0 份、1.5 份，增塑剂的用量为 2 份、4 份、6 份，填充剂的用量为 15 份、20 份、25 份，改性剂的用量为 4 份、6份、8 份。

③ 将冲击强度作为主要考核指标，同时兼顾拉伸强度、硬度及原材料成本。

④ 选用四因素三水平的 L_9 (3^4) 正交表，将各因素及其变化量填入表 6-15 中。

表 6-15 四因素三水平 L_9 (3^4) 的板材实验配方表

实验号	列号			
	A 因素 偶联剂的用量	B 因素 增塑剂的用量	C 因素 填充剂的用量	D 因素 改性剂的用量
1	1(0.5)	1(2)	1(15)	1(4)
2	1(0.5)	2(4)	2(20)	2(6)
3	1(0.5)	3(6)	3(25)	3(8)
4	2(1.0)	1(2)	2(20)	3(8)
5	2(1.0)	2(4)	3(25)	1(4)
6	2(1.0)	3(6)	1(15)	2(6)
7	3(1.5)	1(2)	3(25)	2(6)
8	3(1.5)	2(4)	1(15)	3(8)
9	3(1.5)	3(6)	2(20)	1(4)

⑤ 按表 6-15 给出的四因素三水平 L_9 (3^4) 配方表进行实验，并将实验结果填入表 6-16 中。

⑥ 试验结果分析。由表 6-16 中的 9 个实验结果可知，第 8 个实验测得的冲击强度最好，但是原材料成本也最高。

为了确定三个因素中哪个对各项性能的影响最大，哪个因素影响最小，可以通过对各水平的结果进行叠加，即将各实验中含有因素 I 水平的各性能分别加合。例如：A 因素 I 水平的冲击强度加合：5.16＋6.32＋6.21＝17.69；B 因素 I 水平的冲击强度加

表 6-16　　　　　　　　　四因素三水平 L₉（3⁴）正交实验数据分析

实验号	列号				实验结果			
	A 因素 偶联剂 的用量	B 因素 增塑剂 的用量	C 因素 填充剂 的用量	D 因素 改性剂 的用量	缺口冲击强度 /(kJ/m²)	拉伸强度 /MPa	布氏硬度 /Pa×10⁷	原材料成本 /(元/kg)
1	1(0.5)	1(2)	1(15)	1(4)	5.16	38.3	9.80	6.93
2	1(0.5)	2(4)	2(20)	2(6)	6.32	34.5	9.23	6.78
3	1(0.5)	3(6)	3(25)	3(8)	6.21	30.2	9.12	6.85
4	2(1.0)	1(2)	2(20)	3(8)	6.56	35.6	9.35	6.78
5	2(1.0)	2(4)	3(25)	1(4)	3.62	33.1	9.45	6.65
6	2(1.0)	3(6)	1(15)	2(6)	5.56	32.5	8.96	7.12
7	3(1.5)	1(2)	3(25)	2(6)	4.67	35.2	9.43	6.72
8	3(1.5)	2(4)	1(15)	3(8)	7.32	36.8	9.33	7.21
9	3(1.5)	3(6)	2(20)	1(4)	6.86	34.6	9.32	6.82
冲击强度ΣⅠ 冲击强度ΣⅡ 冲击强度ΣⅢ	17.69 15.74 18.85	16.39 17.26 18.63	18.04 19.74 14.50	15.64 16.55 20.09	冲击强度最佳搭配为 A3/B3/C2/D3			
冲击强度加合值的极差	3.11	2.24	5.24	4.45	填充剂的用量对冲击强度影响最大			
拉伸强度ΣⅠ 拉伸强度ΣⅡ 拉伸强度ΣⅢ	103.0 101.2 106.6	109.1 104.4 97.3	107.6 104.7 98.5	106.0 102.2 102.6	拉伸强度最佳搭配为 A3/B1/C1/D1			
拉伸强度加合值的极差	5.4	11.8	9.1	3.4	增塑剂的用量对拉伸强度影响最大			
硬度ΣⅠ 硬度ΣⅡ 硬度ΣⅢ	28.15 27.76 28.08	28.58 28.01 28.0	28.09 27.62 28.00	15.64 16.55 20.09	硬度的最佳搭配为 A1/B1/C1/D3			
硬度加合值的极差	3.11	2.24	0.47	4.45	改性剂的用量对硬度影响最大			
原材料成本ΣⅠ 原材料成本ΣⅡ 原材料成本ΣⅢ	20.56 20.55 20.75	20.43 20.64 20.79	21.26 19.74 20.38	20.40 20.22 20.84	原材料成本最低的搭配为 A2/B1/C2/D2			
原材料成本加合值的极差	0.20	0.36	1.52	0.62	填充剂的用量对原材料成本影响最大			

合：5.16＋6.56＋4.67＝16.39；C 因素Ⅰ水平的冲击强度加合：5.16＋5.56＋7.32＝18.04；D 因素Ⅰ水平的冲击强度加合：5.16＋3.62＋6.86＝15.64。

按照上述方法，继续进行 A 因素Ⅱ水平的冲击强度加合；B 因素Ⅱ水平的冲击强度加合；C 因素Ⅱ水平的冲击强度加合；D 因素Ⅱ水平的冲击强度加合。再做 A 因素Ⅲ水平的冲击强度加合；B 因素Ⅲ水平的冲击强度加合；C 因素Ⅲ水平的冲击强度加合；C 因素Ⅲ水平的冲击强度加合。

极差计算：分别将 A 因素Ⅰ、Ⅱ、Ⅲ水平的加合冲击强度值中的最大值减去最小值，得到极差值并填写入表 6-16 中；分别将 B 因素Ⅰ、Ⅱ、Ⅲ水平的加合冲击强度值中的最大值减去最小值，得到极差值并填写入表 6-16 中……具体结果参见表 6-16。

依据上述方法，再依次计算 A、B、C、D 因素Ⅰ、Ⅱ、Ⅲ水平的拉伸强度加合及其极差、硬度加合及其极差、原材料成本加合及其极差。

⑦ 计算结果分析

a. 四个因素中对冲击强度影响最大者，即为冲击极差最大者。

由表 6-16 中的计算结果可知，填充剂的用量对冲击强度影响最大。以此类推，增塑剂的用量对拉伸强度影响最大，改性剂的用量对硬度的影响最大，填充剂的用量对原材料成本的影响最大。

b. 确定各个考核指标下的最优水平之间的搭配。

从冲击强度的ΣⅠ、ΣⅡ、ΣⅢ中每个因素三个水平的最高值作为最优水平之间的搭配，即 A 因素偶联剂的用量为三水平 A3、B 因素增塑剂的用量为三水平 B3、C 因素填充剂的用量为二水平 C2、D 因素改性剂的用量为三水平 D3。因此，冲击强度最优水平之间的搭配应该是 A3/B3/C2/D3。需要注意的是，A3/B3/C2/D3 搭配并不在所做的 9 个实验配方中，故预计可以达到更高的指标。

按照上述方法，可以确定拉伸强度的最佳搭配为 A3/B1/C1/D1，硬度的最佳搭配为 A1/B1/C1/D3，原材料成本的最低的搭配为 A2/B1/C2/D2。

c. 综合考虑分析

将冲击强度最佳搭配 A3/B3/C2/D3、拉伸强度最佳搭配 A3/B1/C1/D1、硬度的最佳搭配 A1/B1/C1/D3、原材料成本最低的搭配 A2/B1/C2/D2 进行综合比较。其中，各因素中出现较多是水平分别是 A3、B1、C2、D3。由于此配比也不在所做的 9 个实验中，因此还需进行进一步实验，验证该配比是否有较好的综合性能。

一般情况下，制品的要求指标是确定的，如：冲击强度标准指标$\geqslant 6.3 \text{kJ/m}^2$，拉伸强度标准指标$\geqslant 35 \text{MPa}$，硬度标准指标$\geqslant 9.0$，原材料成本尽量最低。由于原材料成本最低的搭配为 A2/B1/C2/D2，因此需要确认按该配比是否可以达到以上性能指标。分析结果表明，该原材料成本最低的配比并不在所做的 9 个配方实验里，与其相近的是 4$^{\#}$实验。4$^{\#}$实验的结果满足冲击强度标准指标$\geqslant 6.3 \text{kJ/m}^2$，拉伸强度标准指标$\geqslant 35 \text{MPa}$，硬度$\geqslant 9.0$，只是原材料成本为 6.78 元/kg，有些偏高。由 4$^{\#}$实验的数据分析可知，其冲击强度标准指标达到 6.56kJ/m^2，影响冲击强度标准指标的因素主要是因素 D 改性剂、因素 B 增塑剂和因素 C 填充剂，而因素 B 增塑剂的用量已经是最低的。因此，可以从增加因素 C 填充剂的用量和减少因素 D 改性剂的用量来进一步优化配方，降低原材料的成本。从 4$^{\#}$实验的数据看来，降低因素 D 改性剂的用量更合适，因为 4$^{\#}$实验的拉伸强度标准指标仅为 35.6MPa，再增加填充剂用量的话，也会导致拉伸强度下降。而降低因素 D 改性剂的用量则不会使拉伸强度降低，而且改性剂的价格较高，减少用量可以明显降低原材料的成本。以上分析完全是基于各因素对制品性能的影响来考虑的，还需通过实验进行验证。

思 考 题

1. 采用正交设计实验可以达到什么目的？

2. 从下表实验结果分析最佳配方和最大影响因素。

试验号 \ 列号	因素 1 模板温度/℃	因素 2 交联时间/s	因素 3 交联剂用量/份	硬度/%
1	1(180)	1(60)	1(0.5)	90
2	1(180)	2(80)	2(1.0)	85
3	2(200)	1(60)	2(1.0)	45
4	2(200)	2(80)	1(0.5)	70

3. 配方设计的依据是什么？

4. 如何选择树脂，又如何选择助剂？

5. 简述一下工艺条件和加工设备不同对配方设计有何影响？

6. 材料的力学性能主要有哪些？请指出主要的三个性能。

7. 请写出三种阻隔性能好的树脂。

8. 在 PVC 型材生产中为了降低原材料成本，在型材质量达到标准指标的前提下，增加填充剂的用量，同时调整配方中偶联剂、增塑剂以及改性剂的用量。四个因素的用量如下：偶联剂的用量为 0.5 份、1.0 份、1.5 份；增塑剂的用量为 1 份、2 份、3 份；填充剂的用量为 15 份、20 份、25 份；改性剂的用量为 4 份、8 份、12 份。以 PVC 型材的冲击强度为主要考核指标，制定正交试验表。

第7章 聚合物制品配方设计实例

7.1 PVC 型材配方设计

PVC 型材是由 PVC 树脂添加各种功能助剂后，经过高温挤出成型的工业和生活用 PVC 树脂产品，多用于建筑方面的门窗、地板及管材等。PVC 型材的配方体系主要包括：PVC 树脂、热稳定体系、润滑体系、改性体系、填充体系及着色体系等。

7.1.1 PVC 型材配方的组成

（1）PVC 树脂 PVC 树脂的牌号主要根据其聚合度进行划分。聚合度越大，相对分子质量越高，强度也越大，但是加工也越困难。例如：PVC-SG2、PVC-SG3 树脂的相对分子质量较大，一般都用在加入增塑剂的软质材料上。型材是不加增塑剂的硬制品，通常选择 PVC-SG5 或 PVC-SG4 树脂，即聚合度在 1000～1200 的 PVC 树脂。在选择 PVC 树脂牌号时，应重点关注 PVC 树脂的特性黏度、水分、色泽及颗粒度等参数。

（2）热稳定剂 PVC 型材配方设计时，可以根据实际生产要求选择不同的热稳定体系，能防止 PVC 在加工、使用和储藏过程因受热而发生降解、交联、变色和老化。需要注意的是，选择复合热稳定体系时，应注意热稳定剂之间的协同效应和对抗效应。

（3）润滑剂 润滑体系包括内润滑剂和外润滑剂，在挤出型材加工中内外润滑应均衡。硬脂酸单甘油酯是较好的内润滑剂，而硬脂酸用量较少时也能起到内润滑作用。PE 蜡和氧化 PE 蜡都是较好的外润滑剂，而石蜡和液体石蜡虽然具有较好的外润滑效果，只是其润滑效果一般难以控制，所以用得较少。配方设计时，一定要严格控制润滑剂的用量，否则润滑剂的过量会造成焊角强度的下降。

（4）冲击改性剂 PVC 型材配方设计时，可以选择 CPE 和 ACR 冲击改性剂，并根据配方中的其他组分和挤出机塑化能力，加入 8～12 份。其中，CPE 冲击改性剂的价格较低且来源广泛，而 ACR 冲击改性剂的耐老化能力和焊角强度高，只是价格也稍高。需要注意的是，ACR 树脂可分为冲击改性剂和加工助剂两类产品，分别用于改善 PVC 的抗冲击性和加工性，使用时应该区分清楚。

（5）加工改性剂 由于 PVC 硬质型材中没有添加增塑剂，这使得 PVC 树脂加工时的熔融塑化十分困难，通常需要加入加工改性剂来提高 PVC 树脂的塑化均匀性。目前，一般都采用 ACR 加工改性剂来提高 PVC 树脂的加工性能，加入量为 1～2 份。ACR 加工改性剂最明显的效果是缩短塑化时间，相当于延长了 PVC 树脂在螺杆中塑化均化的时间，提高了物料的塑化质量。

（6）填料 PVC 型材配方设计时，可以通过加入填料来降低成本，并增加型材的刚性，但是填料的加入对材料低温冲击强度影响较大，最好选择细度较高的活性轻质碳酸钙，加入量在 5～20 份。填料与冲击改性剂往往是一对矛盾的因素，大量的填料加入到型材中，会显著地降低原材料成本，但也会造成型材变脆，密度增大。而解决型材变脆的方法通常是加入冲击改性剂，只是冲击改性剂价格较高，过多使用会造成原材料成本快速上升，因此需要找到一个最佳的性价比平衡点。

（7）钛白　PVC 型材通常是白色的，除了为了型材的美观外，更重要的是为了起到屏蔽紫外线的抗老化作用。应该选择金红石型钛白，且加入量在 4～6 份。必要时，还可以在体系中加入紫外线吸收剂 UV-531、UV-327 等，增加型材的耐老化能力。

（8）蓝色染料和荧光增白剂　在实际 PVC 型材生产中，加入适量的蓝色染料和荧光增白剂，可以明显改善型材的色泽，其主要目的是为了让产品的色泽显得更加鲜亮、白靓。一般所采用的蓝色染料以群青和钛青为主，用量要少，加入量一般在 0.001％～0.1％，而荧光增白剂用量则在 0.01％～0.1％。

7.1.2　PVC 型材配方设计的注意事项

（1）设计配方时，应尽量简化，从操作上降低差错概率和成本。

（2）注意液体助剂的加入方法和时间，并根据混合工序要求和加料顺序把配方分为Ⅰ号料、Ⅱ号料、Ⅲ号料，分别包装，按照时间和温度顺序加入到混合设备中。

（3）配方设计时，应该充分发挥生产设备的最佳能力，同时也要保证型材良好的质量和最佳的经济效益。PVC 型材配方设计时应考虑的生产设备能力包括：①高速混合设备的混合能力；②双螺杆挤出机的塑化能力；③模具结构。

7.1.3　PVC 型材各类配方实例及其特点

（1）有机锡稳定剂配方　有机锡稳定剂配方如表 7-1 所示，该配方的优点是无毒，粉尘污染小，且型材焊接强度高；缺点是价格高，生产时有味。

表 7-1　　　　　　　　　　　　　　有机锡稳定剂配方

原料	用量/份	原料	用量/份
PVCSG-5	100	CPE(35％)	8～10
硫醇锡(京锡 8113)	2～3	活性轻钙	6～18
硬脂酸钙	1～2	钛白(金红石型)	4～6
ACR401	1～2	PE 蜡	0.5～1

（2）稀土稳定剂配方　稀土稳定剂配方如表 7-2 所示，该配方的优点是无毒，型材焊接强度较高；缺点是价格较高。

表 7-2　　　　　　　　　　　　　　稀土稳定剂配方

原料	用量/份	原料	用量/份
PVC-SG5	100	活性轻钙	6～20
稀土复合稳定剂	4～6	钛白(金红石型)	4～6
ACR401	1～2	E 蜡	0.2～0.5
CPE(35％)	8～10		

（3）ACR 冲击改性剂配方（表 7-3）

表 7-3 ACR 冲击改性剂配方

原料	用量/份	原料	用量/份
PVC(K65)	100	ACR K175	0.5
硬脂酸锌	3	ACRKM355P	6
硬脂酸钙	0.5	活性轻钙	6
硬脂酸钡	1	钛白(金红石型)	4
硬脂酸	0.5	PE 蜡	0.2
ACR K125P	0.8		

思 考 题

1. PVC 型材配方由哪几部分组成？
2. 在 PVC 型材配方中，影响型材低温冲击性能的主要助剂是什么？为什么？
3. PVC 型材生产中对 PVC 树脂有何要求？
4. 设计一个有机锡热稳定剂体系的 PVC 型材配方。

7.2 PVC 电缆料配方设计

电缆料是用于包覆导线的电绝缘材料，由于特殊的电性能要求，用于 PVC 电缆料生产的 PVC 树脂、增塑剂、稳定剂、润滑剂、填充剂、着色剂及抗氧剂等原料应具备如下特点：

① 物理力学性能好，电绝缘性能优良，来源广泛且价格便宜。

② 光、热稳定性好，挥发性低、相容性好，加工及使用过程中无析出、渗出现象。

③ 加工性能良好，容易塑化造粒，挤出工艺易于控制。

④ 耐热高，低温性能好。

⑤ 颜色浅，不会影响制品色彩；不含有任何杂质，且不影响电线表面质量和电性能。

7.2.1 PVC 电缆料配方的组成

（1）PVC 树脂 PVC 电缆料配方设计时，应选择黏度高、聚合度高、热稳定性好、电导率低、杂质少、白度好、鱼眼少、增塑剂吸收量大及挥发性低的 PVC 树脂。电缆料常用的 PVC 树脂牌号为 SG-1、SG-2 及 SG-3。此外，近年来开发的高聚合度 PVC 电线电缆用热塑性弹性体，物理力学性能较普通 PVC 电缆料有很大提高，可用于电梯电缆、电焊机电缆、污水泵电缆、汽车及计算机、航天工业产品用电线，大多采用平均聚合度为 2500 的超高相对分子质量 PVC 树脂。

（2）增塑剂 电缆料要求具有较好的低温柔韧性，因此需要在 PVC 树脂中加入大量的增塑剂。加入大量的增塑剂可以明显地降低聚合物分子间的相互吸引力，增加 PVC 分子链的移动性，降低分子链的结晶性，改善 PVC 的加工性能，增加聚合物的塑性，使 PVC 树脂成为柔软可用的弹性材料。

增塑剂是 PVC 电缆料中最重要的助剂，应具有相容性好、无毒、使用方便、增塑效率高、使用过程中无析出和渗出现象、价格低廉、来源广泛及挥发性低等特点。此外，EVA、CPE 及 NBR 也可作为 PVC 电缆料的增塑剂使用，最大特点是永久性增塑，不挥发，不析出。

（3）稳定剂　PVC 电缆料常用的热稳定剂主要是金属皂类、有机锡类、环氧化合物、亚磷酸酯、多元醇等热稳定剂。若按作用大小还可将这些稳定剂分为主稳定剂和辅助稳定剂。其中，辅助稳定剂本身只有很小的稳定作用或没有热稳定效果，但它和主稳定剂并用时能够产生协同效应。主稳定剂一般是含有金属的热稳定剂，而环氧化合物、亚磷酸酯及多元醇等纯有机化合物一般是作为辅助稳定剂使用。此外，为了达到更好的热稳定效果，通常还将多种热稳定剂复合使用，常用的复合热稳定体系有钙锌复合稳定剂、钡锌复合稳定剂及钾锌复合稳定剂等。

（4）润滑剂　润滑剂的加入可以提高 PVC 熔体的流动性，防止由于摩擦而产生过热现象，减少加工机械所需要的功率，提高生产效率，防止 PVC 电缆料在加工过程中粘附设备，并改进电缆料的表面质量。PVC 电缆料最常用的润滑剂为金属皂类、硬脂酸、高熔点石蜡及 PE 蜡。其中，金属皂类润滑剂具有润滑和稳定双重功效，应用广泛。润滑剂在软质 PVC 中的用量少于其在硬质 PVC 制品中的用量。

（5）填充剂　填充剂的添加，可以降低产品成本，并提高树脂材料的某些性能。但若填充剂加入量过大，不仅会降低材料的拉伸强度、断裂伸长率及低温性能等，还会影响树脂的加工性能。PVC 电缆料常用的填充剂有：重质和轻质碳酸钙、煅烧陶土、黏土、高岭土、滑石粉及硅灰石粉等，其中以碳酸钙的应用最为广泛。PVC 电缆料配方设计时，应尽量选用粒度较细的活性填充剂。

（6）着色剂　着色剂的加入，可以赋予电缆料各种色彩。适用于 PVC 电缆料的着色剂应满足一下要求：耐热性、耐迁移性、耐酸性及耐光性好、着色力强、遮盖率大、价格低廉、用量小、无毒、不影响制品物理力学性能和电绝缘性，且纯净无杂质。

（7）其他助剂　PVC 电缆料生产中，有时还需要加入抗氧剂、阻燃剂、消光剂、改性剂、防霉剂、防（白）蚁剂、避鼠剂等助剂。其中，抗氧剂的加入，既可以防止 PVC 在加工过程中的热降解，也可以防止增塑剂的氧化。PVC 电缆料常用的抗氧剂有抗氧剂 1010、DLTDP、亚磷酸三苯酯、亚磷酸二苯基辛基酯等。

实际上，电缆应该是阻燃的。虽然 PVC 树脂本身是一种优异的阻燃材料，但是 PVC 电缆料中需要加入大量易燃的增塑剂，致使 PVC 电缆料又成为了可燃材料。为了提高 PVC 电缆料的阻燃性能，就需要加入阻燃的增塑剂或者直接加入阻燃剂。PVC 电缆料常用的阻燃剂有：磷酸三甲苯酯、氯化石蜡、三氧化二锑及氢氧化铝等。

PVC 电缆料生产时，为了改善其加工性能，有时需要加入改性剂，如生产超高相对分子质量聚氯乙烯电缆料时，由于其加工性能较差，通常需要加入改性剂来改善其加工性能，常用的改性剂有超低相对分子质量聚氯乙烯等。若是 PVC 电缆料生产中使用了不耐霉菌的增塑剂、稳定剂或者润滑剂，且该电缆需要在温热地区使用，那就有可能会大量霉菌在其上繁殖，这时可以加入3％的水杨酸苯胺来抑制霉菌的繁殖和生长。有防白蚁需求的PVC电缆料生产时，需要加入防（白）蚁剂，常用的有艾氏剂、狄氏剂等。

7.2.2 PVC电缆料配方设计的要点

PVC电缆料应具备以下特点：耐热性、耐候性、耐迁移性、耐老化性能、物理力学性能、电绝缘性好；电缆料加工性能好、塑化均匀、无明显生料及杂质；电缆料颜色均匀鲜艳，成本低廉、毒性低。

PVC电缆料配方设计时，应注意以下几条原则：

绝缘级电缆料添加剂的用量：增塑剂35～50份，稳定剂3～5份，填充剂5～15份，润滑剂1～3份。增塑剂的用量应随填充剂用量的增加而增加，或者随电缆料柔韧性要求的提高而增加。主要注意的是，PVC电缆料不能使用挥发性大的DBP类增塑剂。

耐热等级高的电缆料，稳定剂的用量应增加。但是稳定剂的用量也不能太大，否则会导致电缆料力学性能和加工性能的下降。此外，还可以用一部分热稳定性高的环氧类增塑剂，选用煅烧陶土作为填充剂，并加入适量的抗氧剂。

护套级电缆料要求柔韧性较强，增塑剂用量一般为50～60份，另外还需加入5份左右的耐寒增塑剂，4～6份的稳定剂，1～2份的润滑剂，填充剂用量可比绝缘的电缆料略多些。

透明电缆料不能填充剂，稳定剂方面可以选用有机锡及Ca/Zn类透明稳定剂。

设计阻燃电缆料配方时，应选用复合增塑剂体系，可以选择一些阻燃的增塑剂，如磷酸酯、氯化石蜡类增塑剂，还可以直接加入阻燃剂，同时也应增加耐热增塑剂的用量。

7.2.3 电缆料参考配方

电缆料参考配方（表7-4～表7-6）。

表7-4　　　　　　　　　　　　阻燃PVC电缆料配方

原料	用量/份	原料	用量/份
PVC(SG-2)	100	氯化石蜡(52％)	15
CPE	20	DOP	20
钙锌热稳定剂	7	DOS	5
碳酸锌	2	三氧化二锑	4
硼酸锌	3	活性轻质碳酸钙	15

表7-5　　　　　　　　　　　　耐热PVC电缆料配方

原料	用量/份	原料	用量/份
PVC(SG-2)	100	环氧酯	8
CPE	10	钙锌热稳定剂	5
偏苯三酸三辛酯	50	煅烧陶土	15

表 7-6　　　　　　　　　　　　　　高透明性 PVC 电缆料配方

原料	用量/份	原料	用量/份
PVC(SG-2)	100	亚磷酸二苯异辛酯	4
有机锡稳定剂	3	群青蓝	0.05
氯化石蜡(52%)	5	增白剂	0.01
DOP	20	PE 蜡	0.5
DOS	5		

思 考 题

1. PVC 电缆料配方由哪几部分组成？

2. PVC 电缆料配方设计时应注意哪些问题？

3. PVC 电缆料配方中影响电缆料低温性能的主要助剂是什么？影响电缆料耐高温性能的助剂是什么？

4. PVC 电缆料生产中对 PVC 树脂有何要求？

5. 设计一个高透明性 PVC 电缆料和耐热型 PVC 电缆料配方。

7.3　橡胶配方设计

7.3.1　橡胶配方设计内容和原则

橡胶配方设计比塑料配方设计更为复杂，因为橡胶制品生产涉及了成型和分子链交联两个过程。橡胶配方设计是橡胶制品生产过程中的关键环节，它对产品的质量、加工性能和成本均有着决定性的影响。

橡胶配方设计的内容包括：

① 确定符合制品工艺性能要求的硫化胶。

② 确定适用于生产设备和制造工艺所需胶料的工艺性能。

③ 选择能达到胶料和硫化胶指定性能的主体材料和配合剂以及用量。

橡胶配方设计的原则是保证硫化橡胶具有指定的技术性能和良好的加工工艺性能，且原材料来源广泛，价格低廉，劳动生产率高，在加工制造过程中能耗少，环保及卫生条件好。

7.3.2　橡胶配方设计基础

橡胶的配合剂种类繁多，包括无机配合剂、有机配合剂、固体配合剂及液体配合剂。随着科学技术的发展，橡胶制品的应用范围越来越广泛，对其性能的要求也越来越高，具有各种特性的合成橡胶不断出现，各种新型、优良的配合剂也不断问世。配合剂在橡胶中所起的作用是复杂的，有些与橡胶之间发生化学作用，使橡胶结构发生变化，从而提高橡胶制品使用性能；有些与橡胶之间发生物理作用，改善橡胶加工工艺性能；有些则兼有两种作用。根据配合剂在橡胶中所起的主要作用，可以分为硫化体系（包括硫化剂、促进剂、活性剂、防焦剂）、防护体系（防老剂）、填充补强体系（炭黑、矿质填料、短纤维）、软化增塑体系（操作油系列、松焦油系列、煤焦油系列、合成酯类）。

基础配方，又称为标准配方，一般是当某种橡胶和配合剂首次面世时，以此检验其基本加工性能和物理性能所设计的配方。其设计原则是：①采用传统的配合量，以便对比；②配方应尽可能地简化，且重现性较好。基础配方仅包括最基本的组分，由这些基本的组分组成的胶料，既可反映出胶料的基本工艺性能，又可反映硫化橡胶的基本物理性能。再在基础配方的基础上，逐步完善、优化，以获得具有某些特性要求的橡胶配方。不同单位的基础配方往往不同，但同一胶种的基础配方基本上大同小异。

例如：天然橡胶和氯丁橡胶可用不加补强剂的纯胶配合，而一般合成橡胶的纯胶配合，其物理机械性能太差而无实用性，所以要添加补强剂。目前较有代表性的基础配方实例是 ASTM（美国材料试验协会）以标准形式提出的各类橡胶基础配方。基础配方是我们设计橡胶配方所依据的基本，各种配合剂的选择和确定则是设计橡胶配方的灵活应用。

7.3.2.1 硫化体系

硫化是指橡胶的线性大分子链通过化学交联而构成三维网状结构的化学变化过程，这个过程可使胶料的物理性能及其他性能都发生根本变化。硫化胶的结构是复杂的，其中有化学共价键交联和离子键交联，也有分子间相互作用力所形成的物理交联，如结晶区和氢键。这些形式所缔合的硫化胶结构形成三维网状交联结构。

硫化是橡胶加工过程中一个很重要的化学反应过程，硫化后橡胶的性能得到了很大的变化，并具有更好的使用价值。橡胶硫化体系包括硫化剂、促进剂、活性剂、防焦剂，它们直接或间接参与橡胶大分子的化学交联反应，使橡胶由线形大分子交联成网状结构。其中，硫化剂直接与橡胶大分子产生硫化，促进剂可提高硫化反应的效率，活性剂通过活化促进剂来提高硫化效率，防焦剂可延长硫化诱导期，防止橡胶在加工过程中过早交联而产生焦烧现象，同时它基本上不影响硫化速度。

7.3.2.2 填充补强体系

橡胶制品在制造过程中通常要加入大量的填充补强剂，用以改善橡胶的力学性能，例如提高拉伸强度、耐磨性、撕裂强度及定伸应力，从而达到提高使用性能、延长使用寿命的目的。填充补强剂主要包括炭黑、白炭黑、硅酸盐、活性碳酸钙、氧化锌以及一些有机化合物。而非补强型填料又简称增容剂，其主要作用在于增加体积，降低橡胶成本，包括一些无机矿物质、再生胶胶粉及短纤维等。

填充补强体系主要包括填充剂和补强剂两大类，按材质主要有炭黑、矿质填料及短纤维等，其作用是提高橡胶的力学性能（强度、耐磨性）和加工工艺性能，并降低成本。有时由于不能严格地将填充和补强作用分开，一般将填充剂和补强剂统称为填料。

填料也可按化学成分分为无机填料和有机填料。无机填料有氧化硅、硅酸盐化合物、碳酸盐类及金属氧化物等，有机填料有再生胶、硫化胶粉、木粉及短纤维等。

填料还可按外形分为粉状填料、纤维状填料、片状填料及树脂填料。

7.3.2.3 防护体系

橡胶在加工和使用过程中，由于自身不饱和键的存在很容易发生老化现象，因为长期受热、氧、光、机械力、辐射、化学介质、空气中的臭氧等外部因素的作用，使其大分子链发生化学变化，破坏了橡胶原有化学结构，从而导致橡胶性能变差。橡胶老化过程中常常会出现一些显著的现象，如在外观上，变软、发黏及出现斑点；在形状上，变形、变脆、变硬、龟裂、发霉、失光及颜色改变等；在力学性能上，拉伸强度、断裂伸长率、冲击强度、弯曲强度、压缩率、弹性等指标下降。

由于橡胶老化是一种复杂且不可逆的化学反应过程，要绝对防止橡胶老化的发生是不可能的，只能延缓橡胶老化的速度，从而达到延长橡胶使用寿命的目的。由于导致橡胶制品老化的因素各不相同，主要有物理防护法及化学防护法。

物理防护法是指尽量避免橡胶与各种老化因素相互作用，例如采用橡塑共混、表面镀层或涂层处理、加光屏蔽剂、加石蜡等。

化学防护法是指加入助剂来防止或延缓橡胶老化反应的进行，例如加入胺类或酚类化学防老剂。

橡胶防护体系主要是防老剂，防老剂按作用原理可分为化学防老剂和物理防老剂，按防护的目标分为抗氧剂、抗臭氧剂、光屏蔽剂、金属钝化剂等，也可按化学结构进行分类。

7.3.2.4　软化增塑体系

橡胶的增塑是指在橡胶中加入一些助剂，使得橡胶分子间的作用力降低，从而降低橡胶的玻璃化温度，增加橡胶的可塑性和流动性，便于压延和压制等成型操作，同时还能改善硫化胶的某些物理机械性能，例如降低硬度和定伸应力，提高弹性和提高耐寒性等。

橡胶的增塑可以采用物理和化学方法。化学增塑包括塑炼和内增塑，在塑炼工艺中通过大分子链断链提高橡胶分子链的运动能力，而内增塑则是在合成橡胶时，通过化学反应在橡胶分子链上引入可增加分子柔性的结构，达到增塑的目的。化学增塑不会因为起增塑作用的物质挥发或析出而丧失其作用，增塑效果长久，因而越来越受到重视。物理增塑是指通过添加软化增塑剂的方法来达到增塑的目的。

橡胶软化增塑剂通常按照其极性和用途分为软化剂和增塑剂。来源于天然物质，用于非极性橡胶的叫软化剂；主要应用于极性橡胶或塑料合成的物质叫增塑剂。一般统称增塑剂。

增塑剂在生产使用过程中应满足增塑效果好，用量少，吸收速度快，与橡胶的相容性好、挥发性小、不迁移、耐寒性好、耐水、油和耐溶剂、耐热、耐光性好、电绝缘性好、耐燃性好、耐菌、无色、无毒及价廉易得等条件。

在实际使用时，常常把两种或更多种增塑剂混合使用，以相互弥补不足。其中，用量大的一般称为主增塑剂，其他的称为辅助增塑剂。

增塑剂还可以按来源分为石油系增塑剂、煤焦油系增塑剂、松油系增塑剂、脂肪系增塑剂及合成增塑剂。

7.3.2.5　其他类配合剂

橡胶中其他的配合剂的品种也较多，常用的有着色剂、发泡剂、阻燃剂、磁性材料及抗静电剂等。

7.3.3 橡胶基本配方

橡胶基本配方（表 7-7～表 7-13）。

表 7-7　　　　　　　　　　　　　天然橡胶基本配方

原料	用量/份	原料	用量/份
天然橡胶	100	防老剂 PBN	1
氧化锌	5	促进剂 DM	1
硬脂酸	2	硫黄	2.5

表 7-8　　　　　　　　　　　　　丁苯橡胶基本配方

原料	用量/份	原料	用量/份
丁苯橡胶(非充油)	100	炉法炭黑	50
氧化锌	3	促进剂 NS	1
硬脂酸	1	硫黄	1.75

表 7-9　　　　　　　　　　　　　氯丁橡胶基本配方

原料	用量/份	原料	用量/份
氯丁橡胶	100	促进剂 NA-22	1
氧化镁	4	防老剂 D	2
硬脂酸	1	氧化锌	5
SRF	29		

表 7-10　　　　　　　　　　　　　丁基橡胶基本配方

原料	用量/份	原料	用量/份
丁基橡胶	100	促进剂 DM	0.5
氧化锌	5	促进剂 TMTD	1
硬脂酸	3	硫黄	2
槽法炭黑	59		

表 7-11　　　　　　　　　　　　　丁腈橡胶基本配方

原料	用量/份	原料	用量/份
丁腈橡胶	100	瓦斯炭黑	40
氧化锌	5	促进剂 DM	1
硬脂酸	1	硫黄	2

表 7-12　　　　　　　　　　　　　顺丁橡胶基本配方

原料	用量/份	原料	用量/份
顺丁橡胶	100	促进剂 NS	0.9
氧化锌	3	ASTM 型 103 油	15
硬脂酸	2	硫黄	1.5
HAF	60		

表 7-13　　　　　　　　　　　　三元乙丙橡胶基本配方

原料	用量/份	原料	用量/份
三元乙丙橡胶	100	促进剂 M	0.9
氧化锌	5	促进剂 TMTD	1.5
硬脂酸	1	环烷油	15
HAF	50		

思 考 题

1. 橡胶配方设计的原则是什么？

2. 橡胶配方都包括哪些体系？

3. 硫化体系，软化增塑体系，防护体系，填充补强体系的作用分别是什么？

4. 请指出橡胶配方设计与塑料配方设计的不同点，举出 3 点。

5. 请设计出三元乙丙橡胶基本配方、天然橡胶基本配方以及丁苯橡胶基本配方。

第8章　塑料母粒配方设计

8.1　概　　述

塑料母粒是一种塑料助剂的浓缩物。例如：将防老化剂、抗氧化剂、阻燃剂、抗静电剂等加入特定的载体中制成粒料，再将含高浓度助剂的粒料加入树脂中混合均匀，用于生产各种有特殊要求的塑料制品。高浓度助剂的粒料与树脂在加工中熔化，均匀混合成型，减少了许多现场配制的生产环节，也减少了环境的污染，是一种专业化生产的有效途径。

早期的塑料加工是将各种助剂直接加入到树脂中，少量的粉状助剂加入到树脂中，再加入微量的液态助剂使其在混合过程中粘附在树脂粒料表面，经加工熔化、混合成型，制成所需的塑料制品。这种方法多用于颗粒状树脂的着色，如 PP、PE、PS、ABS等，现在已被基本淘汰。该方法的最大缺点是：污染严重，沾有液体的着色剂会污染其所经过的任何地方。若是不用液体助剂，则会造成粉末助剂与树脂粒料在料斗中分离。同时，当助剂用量增加时，这种直接加入的方法会造成助剂在树脂中分散不匀，影响加工的正常进行。因此，塑料母粒已经形成专业化生产，成为现代塑料加工业不可缺少的重要组成部分。

塑料母粒具有以下优点：

（1）简化了助剂直接加入树脂的复杂混合工序，母粒与树脂只需简单混合即可，尤其对于颗粒状树脂的加工更为合适。

（2）改善了配料的劳动环境。大多数助剂都为粉状材料，直接混合会造成粉尘飞扬，给操作人员身体带来危害。

（3）有利于助剂在树脂中均匀分散，使助剂充分发挥其性能，节省贵重助剂的用量，因为助剂在母粒中的分散性好。

（4）有利于专业化生产。技术分工的细化，有助于技术的提高。

8.2　塑料母粒的品种

按照用途的不同，塑料母粒可分为：填充母粒、着色母粒、改性母粒及加工母粒四大类。

8.2.1　填　充　母　粒

这是一种以填料为主，加入其他组分而制成的母粒。使用这种母粒的最大目的是为了降低原材料成本，因此一般填充母粒的价格仅为树脂的 $1/5 \sim 1/3$，这样才会得到大量使用。

　　填充母粒的主要作用是降低产品的成本，并适当提高制品的某些性能，例如刚性、耐热性等。一般情况下，加入填充母粒后也会造成制品拉伸强度、拉伸伸长率及冲击强度的降低。因此，填充母粒不仅是价格的竞争，更是价格与性能统一的竞争。

　　常用的填充母粒有 $CaCO_3$ 填充母粒、滑石粉填充母粒、硅灰石填充母粒及粉煤灰填充母粒等，其中以 $CaCO_3$ 填充母粒的应用最为普遍。

8.2.2　着 色 母 粒

　　着色母粒是一种由着色剂、载体及分散剂等组分构成的着色剂的浓缩物。

　　着色母粒的发展十分迅速，目前塑料的着色配料基本上都改用着色母粒。使用着色母粒，可以降低着色剂的用量，减少污染并适当提高制品颜色的均匀性。

8.2.3　改 性 母 粒

　　改性母粒是由一些塑料改性剂与载体及其他组分一起制成的母粒。这种母粒的专业性较强，是具有较强针对性的特殊母粒。改性母粒的开发晚于填充母粒和着色母粒，但在近几年的发展十分迅速。

　　改性母粒的主要品种有阻燃母粒、抗静电母粒、降解母粒、长寿母粒、无滴母粒、香味母粒、消光母粒等。

　　使用改性母粒，比直接加入改性剂节省用量，并能明显提高改性效果，但是每种改性母粒都有其特定的使用范围和应用效果，这一点应该特别注意。

8.2.4　加 工 母 粒

　　加工母粒是一种用于改善加工性能的母粒，它由加工助剂与载体等组分组成。

　　常规的加工母粒有降粘母粒、提高加工效率的润滑母粒及发泡母粒等。发泡母粒由发泡剂、载体、发泡促进剂及成核剂等组分组成。

8.3　塑料母粒的基本组成

　　不同品种的塑料母粒，其组成也各不相同，但基本由四部分组成，即核心助剂、偶联部分、分散部分和载体部分。

8.3.1　核 心 助 剂

　　核心助剂是母粒中最重要的组分，它决定母粒的性质和用途。例如：以 $CaCO_3$ 填料为母粒核心助剂，其产品即为填充母粒；以着色剂为核心助剂，其产品为着色母粒；以防雾剂为核心助剂，其产品为防雾滴母粒。

　　对于核心助剂的要求如下：

　　① 核心助剂的粒度要小，一般应大于 400 目以上，最好在 800 目以上。

　　② 核心助剂的效率要高，有时核心助剂是由几种助剂复合协同构成的。例如：防老化

母粒，核心助剂一般由紫外线吸收剂、淬灭剂及自由基捕捉剂复合组成以达到效率最高。

核心助剂的添加量一般在 10％以上，它是最主要的功能成分。

8.3.2 偶联部分

偶联部分的作用是增大核心助剂与载体之间的亲和力，使核心助剂与载体紧密地结合在一起。

偶联部分不是每种母粒都必须有的。一般情况下，填充母粒常添加偶联剂，用以增加无机填料和有机树脂的亲和能力，降低填充母粒对制品性能的影响。而有机助剂一般不需使用偶联剂。例如：采用有机阻燃剂制备阻燃母粒时，一般不添加偶联剂。此外，防雾滴母粒和防老化母粒也都不使用偶联剂。

偶联剂的品种主要有硅烷类偶联剂、钛酸酯类偶联剂及铝酸酯类偶联剂。偶联剂的添加量比较少，一般为 0.5％～3％。

8.3.3 分散部分

分散层的作用是促进粉末状核心助剂在载体中均匀地分散，防止其结成小块，同时也在加工过程中提高母粒核心助剂在树脂中的流动性，促进助剂的均匀分散，提高制品的光泽和手感等。

分散层由分散剂组成。常用的分散剂有低分子 PE、低分子 PP、低分子 PS、液体石蜡、硬脂酸、硬脂酸盐、氧化聚乙烯、固体石蜡等。分散剂的添加量一般为 5％左右，有时还需加入助分散剂。助分散剂的品种有 DOP、松节油、白油及磷酸三苯酯等。

8.3.4 载体部分

载体是母粒的基本基体，是粘连母粒中各种成分的结构部分，对载体的要求主要有如下几点：

（1）载体与母粒核心助剂及其所要添加的树脂都有良好的相容性，这就要求载体树脂与基本树脂的结构相同或相近。例如：用于 LDPE 树脂的母粒，其载体一般选用结构相同的高流动性的 LDPE 或结构类似的 LLDPE、HDPE 或 EVA 树脂。

一些通用母粒是选择几种不同结构的载体构成复合载体，以使其与所有树脂都具有一定相容性。还有一种通用母粒无载体，只由母粒核心助剂和粘附剂组成，这类结构主要用于万能着色母粒。

（2）载体应具有较高的流动性。载体树脂的相对分子质量要略低于基本树脂，换而言之，其流动速率要略大于基本树脂的熔体指数。

（3）要求载体树脂基本不影响应用树脂的性能，尤其当载体树脂与应用树脂不同时更应注意。

（4）载体的熔点要低于基本树脂的熔点，这有利于母粒在应用树脂中的分散。

常用的载体品种有 APP（无规聚丙烯）、LDPE、LLDPE、PP、HIPS、PVC、CPE、EVA 等，此外还有一些极性聚合物，如无水马来酸接枝 PE 和 PP 以及氯磺化PE 等。

载体的选用原则主要看应用树脂的品种，尽量选择相同或相近的载体材料。载体的添加量一般为母粒核心助剂的 15%～50%，加入过多会影响母粒的效率和制品的性能。

8.4　塑料母粒的加工工艺

塑料母粒的加工方法与一般的塑料加工有所不同，主要强调核心助剂在载体中的分散均匀，要求使用有较强剪切力的塑化混合设备，采用一般的挤出机是达不到很好的混合效果的，多采用开炼机、密炼机或混炼式双螺杆挤出机来生产，其中以混炼式双螺杆挤出机生产为最普遍。

生产母粒的方式主要有：

（1）配料→混合→炼塑→出片→切粒。

（2）配料→混合→密炼→炼塑→出片→切粒。

（3）配料→混合→混炼式双螺杆造粒。

8.5　几种塑料母粒配方设计

8.5.1　填　充　母　粒

填充母粒主要有以下四部分：填料、载体、偶联剂及分散剂。使用填充母粒的目的是在尽量少地降低制品性能的条件下降低成本。因此，填充母粒配方设计的原则应以填充母粒价格低、核心助剂添加量较大、对制品性能的影响较小为目标，应从解决好填充剂在应用树脂中的分散性和相容性着手。

我国的填充母粒生产经历了几个阶段的发展，第一代填充母粒以无规聚丙烯为载体、$CaCO_3$ 为填料核心制成；第二代填充母粒以 LDPE 为载体、重质 $CaCO_3$ 为填料核心、铝钛复合偶联剂为偶联层制成；第三代填充母粒以小本体 PP 为载体、重质 $CaCO_3$ 为填料制成。

填充母粒的发展趋势是高填充、低成本、高性能，目前主要采用细度在 $1\sim10\,\mu m$ 的超细活性 $CaCO_3$ 为填充剂，铝钛复合偶联剂为偶联层，载体为与应用树脂一致或相近的高流动性树脂。

8.5.1.1　填料的选择

对填料的要求主要是成本低、来源广、易加工、色泽越白越好，并能适当改善塑料制品的某些性能。填料的加入量往往都很大，一般可占母粒质量的 70%～85%。

填料是填充母粒的核心，常用的填料品种有碳酸钙、滑石粉、高岭土、硅灰石、粉煤灰及红泥等。

有些填料本身的含水量较大，例如高岭土、氢氧化物等，因此在母粒制造前需要充分干燥，使含水量达到 0.5% 以下，否则会影响母粒的制造。

填料的粒度对填充体系的分散性影响很大。一般情况下，填料的粒度越小，比表面越大，与聚合物树脂的结合面积也越大，填料在应用树脂中的分散性越好，对成型制品力学性能的影响也越小。但是填料粒度过小时，容易产生凝聚，反而不利于分散。所以填料的粒度要适当，一般轻质碳酸钙的粒径以 3～15μm 为宜，重质碳酸钙的粒径以 1～10μm 为宜，滑石粉的粒径以 3～20μm 最理想。

选择无机填料时应尽量选择经过活性处理的超细填料，如果采用的不是经过活性处理的填料，加工前应该进行活性处理。

8.5.1.2 载体的选择

可用于填充母粒的载体有很多种。常用的载体主要有 APP、LDPE、LLDPE、HDPE、PP、HIPS、CPE、EVA 等分子量低、流动性好、成本低的聚合物。

载体既可以单独使用，也可以两种或两种以上混合使用，如 LDPE/LLDPE、LLDPE/HDPE 等。EVA、CPE、EAA 与大多数树脂的相容性都比较好，同时由于这些树脂分子具有较强的极性，能够与无机填料有较好的相容性，是很好的载体，制成的母粒适应性更广，但价格也相对更高些。

从理论上讲，所选择载体应与被填充树脂相同，此时两者的相容性最好。但实际上载体树脂与被填充树脂相近即可。例如：添加到 PE、PP 中的母粒，常选 LDPE 或 APP 为载体；而添加到 PS、ABS 中的母粒，常选用 HIPS 为载体；添加到 PVC 中母粒，可选用 CPE 为载体。

载体的添加量一般为母粒质量的 15％～30％，有时为了提高母粒的效率，降低母粒的成本，也有只加入 10％左右的载体。

8.5.1.3 偶联剂的选择

由于填料与载体的相容性往往都很差，有时需要加入偶联剂，以提高填料与载体的相容性。偶联剂的选用要依据填料的品种而定。

（1）硅烷类偶联剂的适用填料为黏土、云母、滑石粉、氢氧化铝、SiO_2 及硅灰石等，适用树脂为 PVC、PP、PU 等。

（2）钛酸酯类偶联剂的适用填料为 $CaCO_3$、TiO_2、石墨及滑石粉等，适用树脂为 PO、PU、PE、PA、PVC、PS 及 ABS 等。

（3）磷酸酯类偶联剂主要用于 $CaCO_3$ 填料，除了偶联作用外，还可提高母粒的加工性、机械性及阻燃性。

（4）铝酸酯类及硼酸酯类偶联剂，其中的铝酸酯偶联剂价格较低，主要应用填充母粒偶联。

8.5.1.4 分散剂的选择

常用的分散剂主要为低分子 PE、低分子 PS、硬酯酸及其盐。分散剂的用量为 5％～10％，其主要作用是提高核心助剂分散性、降低母粒加工黏度、提高母粒加工流动性。

8.5.1.5 填充母粒配方设计举例（表 8-1～表 8-5）

表 8-1　　　　　　　　　　　　$CaCO_3$ 填充母粒配方 1

原料	$CaCO_3$	LDPE	低分子聚乙烯	钛酸酯偶联剂
用量/份	100	20	5	1

表 8-2　　　　　　　　　　　　　　　　CaCO₃ 填充母粒配方 2

原料	CaCO₃	APP	LDPE	钛酸酯偶联剂	硬脂酸
用量/份	100	20	10	1	2

表 8-3　　　　　　　　　　　　　　　　CaCO₃ 填充母粒配方 3

原料	CaCO₃	PP	HDPE	钛酸酯偶联剂
用量/份	100	20	5	1

表 8-4　　　　　　　　　　　　　　　　滑石粉填充母粒配方

原料	滑石粉	LDPE	低分子聚乙烯	硅烷偶联剂
用量/份	100	20	3	1

表 8-5　　　　　　　　　　　　　　　　粉煤灰填充母粒配方

原料	粉煤灰	LDPE	液体石蜡	硅烷偶联剂
用量/份	100	20	1	1

8.5.2　着　色　母　粒

着色母粒多由着色剂、分散剂及载体层三部分组成，设计原则是保证颜色的分散性，包括着色剂在色母粒中的分散和着色母粒在应用树脂中的分散。着色母粒中很少加入偶联剂，但有时需要加入少量的润滑剂、抗氧剂及热稳定剂等。

8.5.2.1　着色剂的选择

着色剂可选用无机颜料、有机颜料及少量染料。

无机颜料主要有钛白、炭黑、氧化铁红、镉红及铬黄等。

有机颜料主要有酞菁绿、酞菁蓝、耐晒艳红、耐晒大红、永固艳黄、透明黄及立索而宝红等。

染料主要有还原性红和分散橙等。

着色剂的添加量一般占母粒质量的 10％～30％。

8.5.2.2　载体的选择

着色母粒载体的选择同填充母粒基本相同，根据应用树脂的不同选择不同的载体。用于 PE、PP 树脂的着色母粒载体选择 LDPE，用于 PS、ABS 树脂的着色母粒载体选择 HIPS，用于 PVC 树脂的着色母粒载体选择 CPE。着色母粒也可以选择复合载体，也可以无载体或者如 EVA、CPE 及 SBS 等万用载体。载体的添加量为母粒质量的 30％～70％。

8.5.2.3　分散剂的选择

分散剂在着色母粒中主要有两方面的作用：①促进着色剂在载体中的分散。②提高母粒在加工中的流动性，提高母粒的分散性。

常用的分散剂有低分子 PE、氧化聚乙烯蜡、硬脂酸、白油（液体石蜡）、Znst、Cast、月桂酸钡、软（硬）脂酸甘油酯、DOP、松节油、磷酸三苯酯及 DBP 等。分散剂的添加量约占母粒质量的 15％左右。

8.5.2.4 着色母粒的分类

按着色母粒的适用范围不同，可将其分为专用着色母粒和万用着色母粒两大类。

（1）专用着色母粒　专用着色母粒是指载体与所加入的树脂相容性好，且只与一种或两种树脂相容，这种母粒的用途仅局限于一种或几种树脂。例如：以 LDPE 为载体的着色母粒，只适用于 PE 和 PP，而不适用于 ABS、PS、PVC 等树脂。

（2）万用着色母粒　万用着色母粒又称为通用着色母粒，这类着色母粒运用范围广泛，几乎适用于所有树脂的着色。万用着色母粒又可分为有载体万用着色母粒和无载体万用着色母粒（着色晶）两种。

① 有载体万用着色母粒。这种万用着色母粒往往选择一种能与所有树脂相容的载体，如 EVA、CPE、SBS、无规 PP、马来酸酐接枝 PE 及苯乙烯/丁二烯共聚物等，或者选择两种或两种以上相容范围不同的载体复合使用，以增大其相容范围，使之与所有树脂都具有良好的相容性。

② 无载体万用着色母粒。这种万用着色母粒又称为着色晶，由于其母粒内无载体，所以可与所有树脂相容，适于所有树脂的着色。着色晶具有如下优点：

（a）着色剂浓度高，在树脂中的添加量少。

（b）色泽鲜艳。

（c）成本低。

8.5.2.5 着色母粒的应用

着色母粒在树脂中的添加量分两种情况：在浅色塑料制品中的添加量为 0.3%～1%；在深色塑料制品中的添加量为 2%～5%。着色母粒配方设计举例如表 8-6～表8-12所示。

表 8-6　　　　　　　　　　用于 PE 和 PP 树脂的着色母粒配方 1

原料	LDPE	低分子聚乙烯	酞菁绿
用量/份	100	15	10

表 8-7　　　　　　　　　　用于 PE 和 PP 树脂的着色母粒配方 2

原料	LDPE	低分子聚乙烯	钛白
用量/份	100	20	60

表 8-8　　　　　　　　　　用于 PS 和 ABS 树脂的着色母粒配方

原料	HIPS	硬脂酸	耐晒大红
用量/份	100	10	20

表 8-9　　　　　　　　　　用于 PVC 树脂的着色母粒配方

原料	PVC SG-8	DOP	硬脂酸	耐晒大红	有机锡稳定剂
用量/份	100	100	1	20	2

表 8-10　　　　　　　　　　银色着色母粒配方

原料	EVA	DOP	银粉(800目)	偶联剂
用量/份	100	40	80	2

注：银粉应先与 DOP 和偶联剂研磨成浆。

表 8-11 　　　　　　　　　　　　　　　**黑色着色母粒配方**

原料	EVA	DOP	炭黑(5~20μm)	偶联剂
用量/份	100	50	50	1

表 8-12 　　　　　　　　　　　　　　　**通用浓色着色母粒配方**

原料	EVA/EAA	低分子聚乙烯	酞菁绿
用量/份	100	15	20

8.5.3　改　性　母　粒

改性母粒是指母粒核心助剂为各种改性剂,也就是将不同功效的助剂加入到母粒中,使该种母粒具有特殊的用途。例如:由阻燃剂、导电剂或者降解剂等组成的母粒。改性母粒是专业性较强、技术含量较高、品种最多的母粒。

按照母粒核心助剂品种的不同,可将改性母粒分成阻燃母粒、抗静电母粒、长寿母粒、降解母粒、无滴母粒及导电母粒等。

8.5.3.1　阻燃母粒

阻燃母粒主要由载体、阻燃剂、热稳定剂及加工助剂等成分组成。

载体的选择以与应用树脂相容性好为原则,常用载体有 LDPE、HDPE、PP、CPE、EVA、SBS 及 ACR 等,其中 CPE 为载体且兼有阻燃效果,而 CPE、EVA、SBS、ACR 等载体可与几乎所有树脂相容。载体的添加量一般占母粒质量的 5%~20%。

阻燃剂常选择卤/锑复合阻燃体系,它是十分有效的阻燃剂,但烟雾较大。卤系阻燃剂有溴化聚苯乙烯、溴化环氧树脂、溴化 SBS、八溴醚、甲基八溴醚及十溴二苯乙烷等,与之配合的锑化物为 Sb_2O_3,通常还添加适量 MoO_2 作为消烟剂。

膨胀型无卤阻燃剂也是当前的常用阻燃体系,是当今无卤阻燃材料发展热点之一,由酸源、碳源、气源组成,具有阻燃效果好、无熔融滴落物、低烟、无毒、无腐蚀性气体释放等特点。此外,纳米复合材料也是当前研究得较多的新型阻燃材料,具有高效、无毒的特点,也是阻燃材料研究的重点方向。

需要注意的是,氢氧化铝、氢氧化镁是用量最大的一种阻燃剂,也是环保的阻燃剂,但由于这类阻燃剂的效率不高,添加量过高,不适合做母粒。

阻燃剂添加量一般占母粒质量的 50%~70%。复合阻燃体系中可以加入适量的热稳定剂,主要提高有机阻燃剂的加工稳定性,常用的热稳定剂为有机金属化合物及螯合剂等,添加量一般为 3% 左右。阻燃母粒配方设计举例如表 8-13、表 8-14 所示。

表 8-13 　　　　　　　　　　　　　**用于 PS 树脂的阻燃母粒配方**

原料	HIPS	十溴二苯乙烷	Sb_2O_3	ED3	硬脂酸
用量/份	100	50~70	25~35	3	5

表 8-14 　　　　　　　　　　　　**用于 PE 和 PP 树脂的阻燃母粒配方**

原料	LDPE	十溴二苯乙烷	Sb_2O_3	ED3	PE 蜡	氢氧化镁
用量/份	100	60~100	30~50	5	10	20

8.5.3.2　抗静电母粒

以抗静电剂为核心助剂的一类改性母粒称之为抗静电母粒。抗静电母粒主要由载体、抗静电剂及吸附剂三部分组成。载材的选择与填充母粒基本相同，一般选用流动性好的低相对分子质量树脂。抗静电剂主要为导电填料、离子型抗静电剂、非离子型抗静电剂。吸附剂采用离子型抗静电剂和非离子型抗静电剂，通常还需添加一些表面多孔、粒径超细的无机矿物粉末，主要起到两个作用：①将离子型抗静电剂和非离子型抗静电剂熔化的液体吸附在无机矿物粉末表面的多孔结构中，易于挤出造粒加工。②在制品使用过程中缓慢释放，有利于长期有效使用。抗静电母粒配方设计举例如表 8-15、表 8-16 所示。

表 8-15　　　　　　　　用于 PE 和 PP 树脂的抗静电母粒配方

原料	LDPE	抗静电剂 SN	SiO$_2$
用量/份	100	30	10

表 8-16　　　　　　　　用于 ABS 树脂的抗静电母粒配方

原料	HIPS	山梨糖醇单月桂酸酯	SiO$_2$
用量/份	100	30	10

8.5.3.3　降解母粒

以降解剂为核心助剂的一类改性母粒称之为降解母粒。按降解剂的不同，又可分为生物降解母粒、光降解母粒及光/生物降解母粒三大类。降解母粒由载体、降解剂及分散剂三部分组成。降解母粒配方设计举例如表 8-17 所示。

表 8-17　　　　　　　　基于淀粉的生物降解母粒配方

原料	玉米淀粉	LDPE	甘油	硬脂酸	EAA
用量/份	100	120	50	10	10

8.5.3.4　防老化母粒

防老化母粒的核心助剂以各类稳定剂为主，如抗氧剂、光稳定剂等，其主要组成为载体、抗氧剂、光稳定剂及分散剂。防老化母粒主要用于农用薄膜，其配方设计举例如表 8-18、表 8-19 所示。

表 8-18　　　　　　　　大棚膜防老化母粒配方

原料	LDPE	UV-327	944	2020	PE 蜡
用量/份	100	5	5	2	10

表 8-19　　　　　　　　白色防老化母粒配方

原料	LDPE	UV-531	钛白(金红石型)	PE 蜡
用量/份	100	5	20	10

8.5.3.5　防雾滴母粒

以防雾滴剂为核心助剂的一类改性母粒称为防雾滴母粒，主要用于农用大棚膜，防止大棚膜内产生水滴后，降低阳光的透过率，减慢农作物的生长。一般情况下，防雾滴母粒与耐老化母粒复合使用，也可以将防雾滴剂与防老化剂加入同一母粒，制成农用大棚膜的专用母粒，起到长寿和防雾滴的作用，其配方设计举例如表 8-20 所示。

表 8-20　　　　　　　　　　　　　　大棚膜防雾滴/防老化母粒配方

原料	LDPE	UV-327	GW540	2020	乙氧化脱水山梨糖醇酯	SiO₂
用量/份	100	5	5	2	10	3

思　考　题

1. 塑料母粒配方由哪几部分组成？

2. 设计填充母粒配方时应注意哪些问题？

3. 设计一个农用大棚膜防雾滴/防老化母粒配方，一个 PP 抗静电母粒。

4. 设计一个 PS 阻燃母粒配方，一个 PP 填充母粒配方。

5. 设计一个用于 PVC 树脂的红色着色母粒，一个用于 PP 树脂的蓝色着色母粒。

参 考 文 献

[1] 冯春祥. 复合材料用高性能增强剂研究现状与发展 [J]. 材料导报，1990 (03)：5-8.

[2] 王滨. 一种车用耐磨植物纤维增强聚丙烯微发泡材料及其制备方法 [P]. 中国：CN201910467368.1，2019-08-09.

[3] 吴水珠. 一种高强高韧聚丙烯复合材料及其制备方法 [P]. 中国：CN200910214555.5，2010-07-07.

[4] 缪建良. 一种碳纤维增强尼龙复合材料 [P]. 中国：CN201510591894.0，2015-12-09.

[5] 孙举涛. 一种白炭黑-极性橡胶杂化网络增强橡胶材料的制备方法 [P]. 中国：CN201310454660.2，2014-01-22.

[6] 彭晓，盖国胜，郑龙熙. 聚合物复合材料的填料的改性 [J]. 粉体技术，1997 (2)：33-40.

[7] 马艾丽，张二进，詹世景，等. 不同相容剂对聚碳酸酯/聚乳酸复合材料的改性研究 [J]. 塑料工业，2018，46 (12)：128-131.

[8] 刘洋. 相容剂对 PC/ABS 合金界面性能的影响 [D]. 北京：北京化工大学，2015.

[9] 陈锐彬，沈旭渠，刘俊，等. 相容剂的添加量对玻纤增强聚丙烯性能的影响 [J]. 广东化工，2018，22 (45)：29-30.

[10] 郑赟，黄宝铨，陈庆华，等. 相容剂对 PE-HD/回收纸塑铝复合材料性能的影响 [J]. 中国塑料，2015，29 (12)：23-28.

[11] 张超，徐洪耀，夏建盟，等. 长玻纤增强 PP/PA6 合金材料的性能 [J]. 工程塑料应用，2017，45 (11)：7-12.

[12] 王文超，丁超，夏建盟，等. PPE/PP 合金相容性及阻燃研究 [J]. 合成材料老化与应用，2018，47 (3)：1-5.

[13] 杨宇，张巍. 我国 PVC 用稀土类热稳定剂专利技术综述 [J]. 塑料助剂，2015 (05)：15-19.

[14] 陈忠厚. 用于表面高光泽 PVC 线管料的钙锌复合热稳定剂及其制备方法 [P]. 中国：CN201710528180.4，2017-09-26.

[15] 沈卫锋，陶宇，徐良坤，等. 一种液体钡锌无酚石墨烯 PVC 热稳定剂及其制备方法 [P]. 中国：CN201410476944.6，2015-01-07.

[16] 王玮，白倩，汤力. 一种 PE 木塑复合膜 [P]. 中国：CN201611007688.1，2017-05-01.

[17] 吴道民，吴道祥，冯奋. 一种耐光照不变色的 PE 膜及其制备方法 [P]. 中国：CN201711375818.1，2018-05-15.

[18] 方海林，刘方，董锐，等. 高分子材料加工助剂 [M]. 北京：化学工业出版社，2007：58-79.

[19] 莽佑，李雷，陈立功. 受阻胺类光稳定剂的研究进展 [J]. 精细化工，2013，30 (04)：385-391.

[20] 杨士亮，杨宏伟，马玉红，等. 塑料润滑剂的发展现状及应用 [J]. 广州化工，2013，41 (2)：20-15.

[21] 中国脱模剂市场调查与发展前景研究报告（2020 版）[R]. 北京：北京中经视野信息咨询有限公司，2019.

[22] 蒋崇文，雷志刚，吴周安，等. 脱模剂的制备与应用研究进展 [J]. 精细与专用化学品，2007，15 (6)：16-22.

[23] 2018 全球与中国市场脱模剂深度研究报告 [R]. 深圳：中商产业研究院，2018.

[24] 史亚鹏，周向东. 交联剂在纺织品中的应用及进展 [J]. 印染助剂. 2012 (28)：9-13.

［25］ 王欣，陈其，张宇，等. 乳酸乙酯型硅烷交联剂的合成及应用研究 ［J］. 有机硅材料. 2018 （32）：263-268.

［26］ 陈杰，马春柳，刘邦，等. 热固性树脂及其固化剂的研究进展 ［J］. 塑料科技，2019，47 （02）：100-107.

［27］ 钟辉，黄红军，王晓梅，等. 环氧固化剂及其应用与发展 ［J］. 装备环境工程，2016，13（4）：136-142.

［28］ 全国科学技术名词审定委员会. 材料科学技术名词 ［M］. 北京：科学出版社，2011.

［29］ 孙成伦，王海鹰，武文，等. 抗菌塑料的研发及应用进展 ［J］. 塑料科技，2013，41（03）：96-98.

［30］ 童忠良. 无机抗菌新材料与技术 ［M］. 北京：化学工业出版社，2006. 5.

［31］ 李毕忠. 抗菌产业及其发展 ［J］. 城乡建设，2020（01）：58-60.

［32］ 良友. 国内外抗菌材料应用技术和产业发展 ［J］. 精细化工原料及中间体，2010（06）：28-31.

［33］ 郭云亮，张涑戎，李立平. 偶联剂的种类和特点及应用 ［J］. 橡胶工业，2003（11）：50-54.

［34］ 方传杰，樊云峰，赵燕超. 硅烷偶联剂在橡胶中的应用研究进展 ［J］. 橡胶科技，2019，17（3）：0125-0131.

［35］ 高红云，张招贵. 硅烷偶联剂的偶联机理及研究现状 ［J］. 江西化工，2003（02）：32-36.

［36］ 沈玺，高雅男，徐政. 硅烷偶联剂的研究与应用 ［J］. 上海生物医学工程，2006（01）：16-19.

［37］ 殷榕灿，张文保. 硅烷偶联剂的研究进展 ［J］. 中国科技信息，2010（10）.

［38］ 陈世容，瞿晚星，徐卡秋. 硅烷偶联剂的应用进展 ［J］. 有机硅材料，2003（05）：28-31.

［39］ 徐溢，滕毅，徐铭熙. 硅烷偶联剂应用现状及金属表面处理新应用 ［J］. 表面技术，2001（03）：50-53.

［40］ 王艺，高冰心，梁珊，等. 硅烷偶联剂对玻璃纤维外观及性能的影响 ［J］. 玻璃纤维，2018，283（05）：18-20.

［41］ 王雪明，李爱菊，李国丽，等. 硅烷偶联剂在防腐涂层金属预处理中的应用研究 ［J］. 材料科学与工程学报，2005（01）：146-150.

［42］ 罗士平，曹佳杰. 钛酯酯偶联剂对无机填料表面改性的研究 ［J］. 合成材料老化与应用，2001（1）：9-14.

［43］ 宋永明，李春桃，王伟宏，等. 硅烷偶联剂对木粉／HDPE 复合材料力学与吸水性能的影响 ［J］. 林业科学，2011，47（6）：122-127.

［44］ 谭秀民，冯安生，赵恒勤. 硅烷偶联剂对纳米二氧化硅表面接枝改性研究 ［J］. 中国粉体技术，2011，17（01）：14-17.

［45］ 王海平，王标兵，杨云峰. 聚丙烯增韧改性的研究进展 ［J］. 绝缘材料，2009，42（1）：000029-32.

［46］ 杨娇娥. 透明高韧 PP 制备及结晶动力学的研究 ［D］. 北京化工大学，2018. ［47］ 张国辉，王雷，王丽. 不同晶型成核剂在聚丙烯改性中的应用 ［J］. 塑料制造，2009（3）：49-52.

［47］ 刘可华. 聚丙烯 β 晶成核剂庚二酸锌的制备及其成核效应 ［D］. 2018.

［48］ 黄兆阁，冯绍华，邱桂学. 成核剂对聚丙烯结晶形态和力学性能的影响 ［J］. 塑料工业，2003（05）：43-44.

［49］ 胡峰. 成核剂对 PET 结晶及力学性能影响的研究 ［D］. 2017.

［50］ 黄伟江，何文涛，秦舒浩，等. 有机类成核剂改善 PP 性能的研究进展 ［J］. 现代塑料加工应用，2016（28）：56.

［51］ 钱欣，程蓉，周珏. α 和 β 成核剂对聚丙烯结晶行为的影响 ［J］. 塑料工业，2003（01）：26-28.

［52］ 肖文昌. β 晶型聚丙烯的结晶行为及结晶动力学［D］. 复旦大学，2009.

［53］ 马承银，杨翠纯，陈红梅. 聚丙烯成核剂研究的进展［J］. 现代塑料加工应用，2002（01）：41-44.

［54］ 冯凯，胡小明，曹祥薇. 成核剂对 PET 结晶行为及形态结构的影响［J］. 塑料助剂，2011（1）：40-44.

［55］ 白雪，史建公，张敏宏. 聚乙烯成核剂研究及应用进展［J］. 中外能源，2009（04）：69-75.

［56］ 王东亮，郭绍辉，冯嘉春，等. 聚丙烯的晶型及常用成核剂［J］. 塑料助剂，2007（02）：1-7.

［57］ 王克智. 塑料助剂开发及应用——加工改性剂［J］. 塑料科技，1996（01）：44-51＋4.

［58］ 张惠芳. 含氟聚合物加工助剂在聚丙烯中的应用研究［J］. 化工中间体，2011，8（09）：21-24.

［59］ 洪臻，王长松，梁兵，等. 环氧树脂胺类固化剂的研究进展［J］. 化工新型材料，2014，42（8）：12-15.

［60］ 赵玉春，刘浩，李智慧，等. 环氧树脂中温潜伏型固化剂研究进展［J］. 热固性树脂，2019，34（4）：66-70.